U0279829

室内设计专业教学丛书

Interior Design

居住空间室内设计速查

第2版

丛书主编　高　钰
本书主编　王云霞
副 主 编　孙仕文　张　峥
参　　编　刘健威　张雪梅　李新天　马　前　王馨茹

机械工业出版社

本书为校企“双元”合作编写的教材。本书以模块式教学为体系、以速查为目的，讲述了室内设计及制图的内容、设计要点与设计元素。全书共分四篇：

第一篇设计速查：主要讲解了居住空间的主要设计功能、界面设计以及软硬装设计。

第二篇制图速查：从工具的使用技巧讲起，详细地讲解了方案设计图的制图规范、常用图例及绘图技巧。

第三篇实战速查：讲解了居住空间室内设计步骤，并针对居住空间的设计大作业，提供了详细的实施方案与具体细则。

第四篇快题速查：讲解了快题考试的实战技巧。

本书可作为普通高等学校、职业院校或培训机构室内设计专业教学用书，也可作为相关从业人员及爱好者的参考用书。

为便于教学，本书配套有电子课件和二维码视频资源。凡使用本书作为授课教材的教师，均可登录 www. cmpedu. com 下载使用，或加入装饰设计交流 QQ 群 492524835 免费索取。如有疑问，请拨打编辑电话 010-88379373。

图书在版编目（CIP）数据

居住空间室内设计速查/王云霞主编. —2 版. —北京：机械工业出版社，2019. 8（2021. 9 重印）
（室内设计专业教学丛书）
ISBN 978-7-111-63115-6

Ⅰ. ①居… Ⅱ. ①王… Ⅲ. ①住宅－室内装饰设计 Ⅳ. ①TU241

中国版本图书馆 CIP 数据核字（2019）第 132580 号

机械工业出版社（北京市百万庄大街 22 号 邮政编码 100037）
策划编辑：陈紫青 责任编辑：陈紫青
责任校对：张 力 封面设计：马精明
责任印制：李 昂
北京瑞禾彩色印刷有限公司印刷
2021 年 9 月第 2 版第 2 次印刷
210mm×230mm · 13. 8 印张 · 2 插页 · 409 千字
标准书号：ISBN 978-7-111-63115-6
定价：59. 90 元

电话服务
客服电话：010-88361066
010-88379833
010-68326294

网络服务
机 工 官 网：www. cmpbook. com
机 工 官 博：weibo. com/cmp1952
金 书 网：www. golden-book. com
机工教育服务网：www. cmpedu. com

第2版前言

《居住空间室内设计速查手册》在出版后，得到了广大读者的好评。本书在《居住空间室内设计速查手册》的基础上，顺应目前家居设计市场的发展趋势（如对软装的需求不断加大、智能家居的不断普及等，进行修订，调整了编写结构，更换了老旧图片，补充了经典工程案例等具有针对性的内容，使全书结构更加严谨，内容更加完善。本书具有如下几个特点：

1. 校企“双元”合作教材：本书为校企“双元”合作编写的教材，书中针对行业发展趋势加入了诸多流行元素，并引入相关实际案例，实践性强。

2. 简单易学，定位初级：本书定位明确，是针对初学者的设计入门教材。因此将居住空间室内设计诸多内容精简，保留初学者必须掌握的内容。

3. 清楚明白，以图为主：内容完全针对设计课的方案设计与制图需要。如会用图示的方法列出居住空间有哪些功能，各有什么要求，家具如何绘制等。

4. 内容全面，查询图典：本书主要分四方面讲解。一是设计，包含了居住空间室内设计的各项要求与具体指标。二是制图，具体讲授了从平面图到透视图的画法，既有制图规范，又有实际运用，以达到设计图典的作用，供学生在疑惑时查询。三是实战，分析了实际工程项目的设计步骤以及居住空间室内设计大作业的实施方案。四是快题，讲解了快题的步骤和画法，语言简单明了，使学生达到快速学习的目的。

5. 程式教育，效果速成：本书的目的不是培养学生的创意和艺术修养，而是提供程式的制图方法，目的是使初学者可以参考本书绘制出一套规范、优美的图样。

本书为“室内设计专业教学丛书”之一（上海城建职业学院高钰担任丛书主编），由上海济光职业技术学院王云霞担任主编，上海济光职业技术学院孙仕文和同济大学继续教育学院张峥担任副主编，上海东方创意设计职业技能学校刘健威、上海益埃毕建筑科技有限公司张雪梅、上海城建职业学院李新天、上海济光职业技术学院马前和烟台绿庭景观装饰工程有限公司王馨茹参与了编写。

室内空间照片及资料由上海奥宣室内设计有限公司、上海逸民智能化工程有限公司、白书（上海）文化创意有限公司、上海康诺室内设计有限公司、上海筑纳建筑装饰工程有限公司、广东三雄极光照明股份有限公司友情提供。部分图样及资料由同济大学继续教育学院室内专业李多文和上海济光职业技术学院建筑室内设计专业唐逸杰、俞浩、李彦霖、郭志昂绘制并整理。在此向以上单位和个人一并表示感谢。

由于编者水平有限，书中难免存在不足之处，欢迎广大读者批评指正。

编　者

第1版前言

这不仅仅是一本可供阅读的书，还是一本可以“使用”的工具。因此，它更像是一个实用的产品，诸如椅子或茶杯。

《居住空间室内设计速查手册》是一本讲授室内设计元素和技巧的教材，重点讲解如何掌握最基本的设计元素和制图技巧。它不仅为学生和室内设计师提供基本的设计指导，也包括具体操作和相关资料的查询。这些内容不仅对于学生，而且对于初出茅庐的年轻设计师都具有很高的参考价值。本书具有如下几个特点：

1. 简单易学，定位初级： 本书定位明确，是针对初学者的设计入门教材。因此将居住空间室内设计诸多内容精简，选出必须掌握的部分。

2. 清楚明白，以图为主： 内容完全针对设计课的方案设计与制图需要。比如会用图示的方法列出居住空间有哪些功能，各有什么要求，家具如何绘制。

3. 内容全面，查询图典： 本书主要分三方面讲解，一是设计，包含了居住空间室内设计的各项要求与具体指标。二是制图，具体讲授了从平面图到透视图的画法，既有制图规范，又有实际运用，以达到设计图典的作用，供学生在疑惑时查询。三是实战，分析了设计大作业的实施方案与快题考试的技巧。

4. 程式教育，效果速成： 本书的目的不是培养学生的创意和艺术修养，而是提供程式的制图方法，目的是使用这本书可以使初学者绘制出一套规范、优美的图样。

本书编写成员的分工如下：孙耀龙负责制图规范，李新天负责手绘透视效果图，高钰负责剩余部分的编写。

室内空间照片由上海康诺室内设计有限公司与上海筑纳建筑装饰工程有限公司友情提供，学生范图与部分图样由上海城市管理学院05~08级学生绘制。

编　者

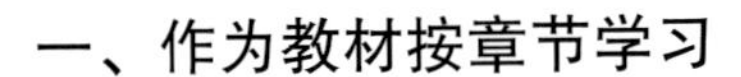

一、作为教材按章节学习

对于初学者来说，可以从每一篇的第一章开始学起，从中了解设计的基本功能要求、规范要求和绘图所需的必要知识。然后，可以按照居住空间室内设计大作业的具体安排进行方案设计练习。这些大作业练习分为多个循序渐进的小作业，是将设计理论与制图技巧相结合的必要训练。

二、作为教学参考书，在学生设计、制图时查询

专业人员及水平较高的学生可以很快地略过已经熟悉的部分，如基本设计理论与工程制图规范部分，而根据个人需要在不同章节的内容中查询所需要的资料，如查询某些建筑材料的特性、不同室内功能空间所需要的设备等，也可以在制图速查篇章中查询制图的图例和材料的绘制方法。

三、作为教师设计课大作业与快题考试的任务书，工作程序安排也可参考本书

许多院校的课程设置是将设计理论和室内设计制图分别安排课程讲授，设计课只是实战的练习课程。对于这类读者，可以将本书作为设计课大作业的任务书与快题考试的考前辅导书，书中的操作细则及时间节点安排都可以作为教师布置作业的参考。另外，书中的学生范图也会起到抛砖引玉的作用，让使用本书的学生站在较高的起点开始做设计，以创作出更加出色的作品。

四、本书配图可以作为设计前导课程的临摹范图

许多院校在讲授室内设计专业课之前都会开设一门前导课程，目的是练习专业设计的绘图基本功，同时初步完成设计资料收集的任务。这门课程有时被称为“室内设计实务”。本书也可作为这门课的教材，书中的制图规范、制图技巧及范图都可供学生学习、临摹。

五、使用本书大作业操作系统的教师可以参考以下教学程序

1. 确定主题：教师与学生模拟实际项目，互相转换角色，以业主、伙伴、咨询者的身份共同讨论确定设计的风格、流派、普遍功能和特殊功能的要求，完成设计任务书。

2. 划分小组：小组人数以3~6人为宜，建议推选组长。组与组之间大体上要平衡，控制小组成员的变量很多，如学习者的学习成绩、知识结构、认知能力、认知方式等。

3. 调查研究和展示式的调研结果汇报：调查研究的内容主要包括人文环境、业主背景、风格流派、建筑材料、家具及软装饰品市场行情。

4. 观摩：由施工工艺教师带领参观居住空间样板房、施工现场，并在讲解过程中与学生讨论，不断解决学生提出的问题。

5. 设计、讨论、推敲：由设计课教师指导，对以上的调研和参观结果进行总结，帮助学生开始建立自己的设计理念，绘制草图——从空间设计到家具、装饰的设计，并在此过程中不断地讨论、修正，以达到尽可能理想的效果。

6. 制图。

7. 评价结果：学生完成任务之后，教师要展示其作品，进行讨论、总结、评比，使教学效果得到进一步的强化。

目录

Interior
Design
Manual

第一篇
设计速查

第一章　功能空间设计

居住空间功能设计主要包括各功能空间的功能分析、平面布局、流线组织、界面设计，以及整体空间、各功能空间的环境设计。下图为某居住空间户型效果图。

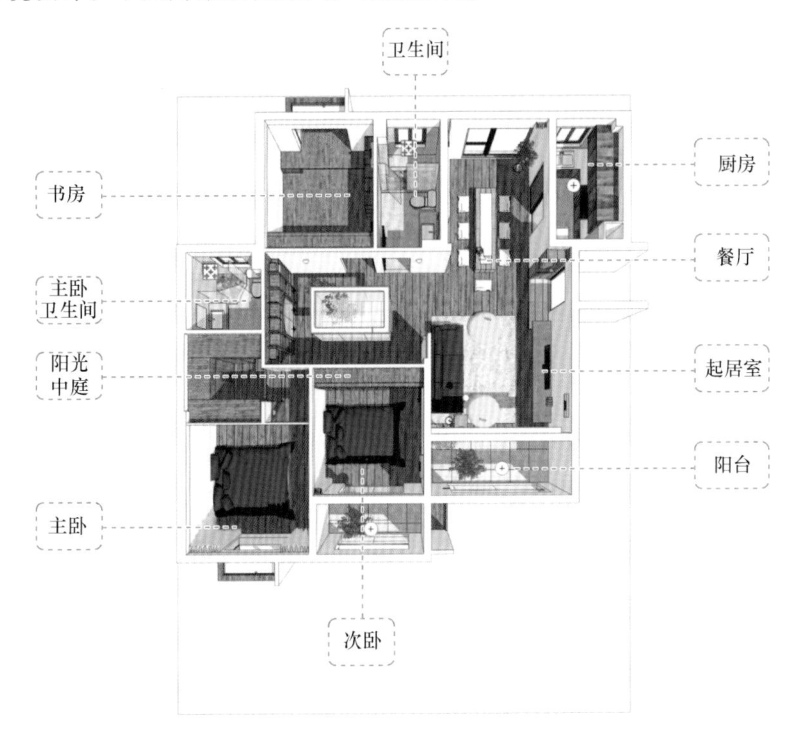

第一节　主要功能空间设计

一、起居室

起居室是接待宾客的客厅空间与家庭群体生活的起居空间的总称。它是住宅设计的重要区域，有着使用时间长、人流量大、使用频率高、使用功能多样的特点。

（一）功能

为了配合家庭各成员活动的需要，在空间条件允许的情况下，客厅的布局可采取多样化的功能布置方式。可分设会客、聚会、阅读、娱乐、视听等多个功能区域，也可根据居住者的爱好进行特殊功能的设置。（见右图）

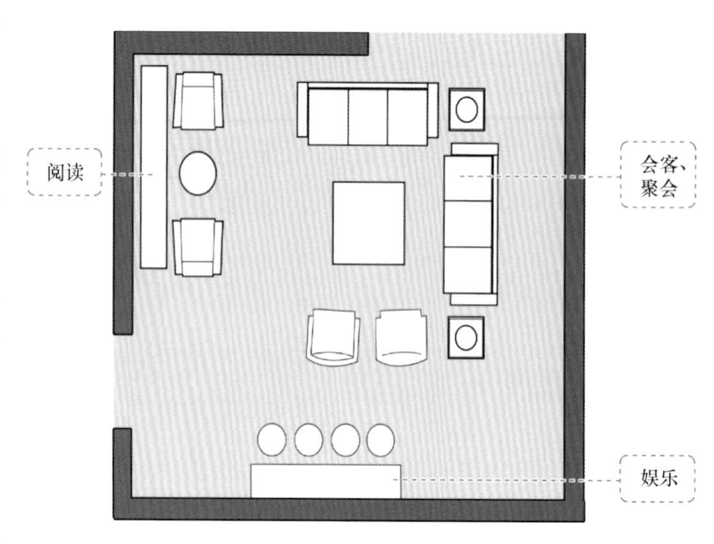

（二）平面布局

常见的起居室形状为矩形、方形等规则形状。根据背景墙和家具的布置方法不同，常见布局有一字形、L 形、U 形、围合形、对坐形等。（见下图）

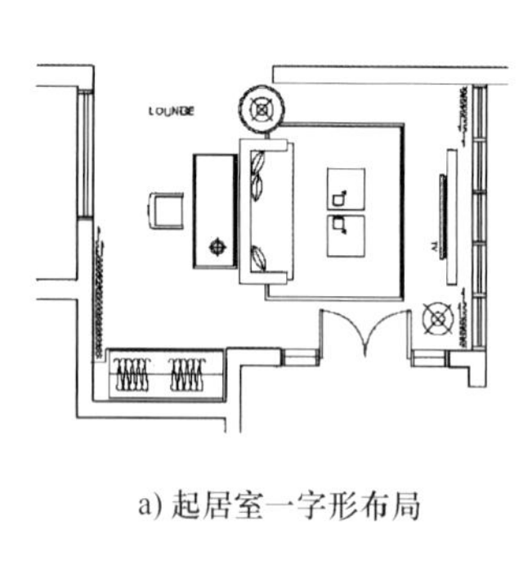

a) 起居室一字形布局

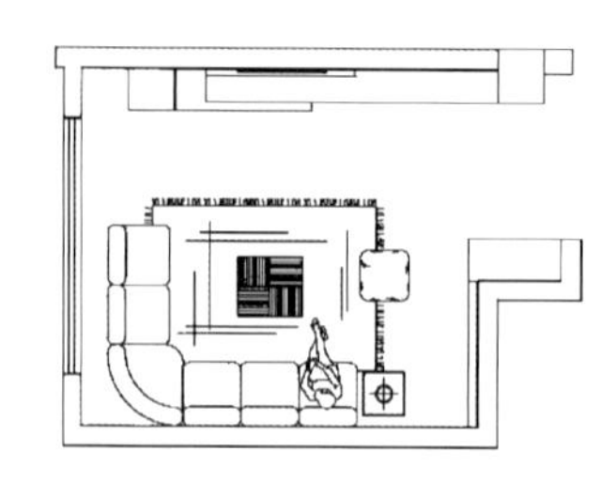

b) 起居室L形布局

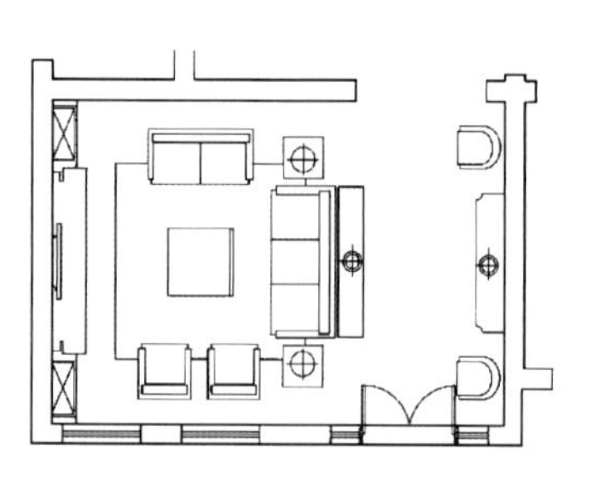

c) 起居室U形布局

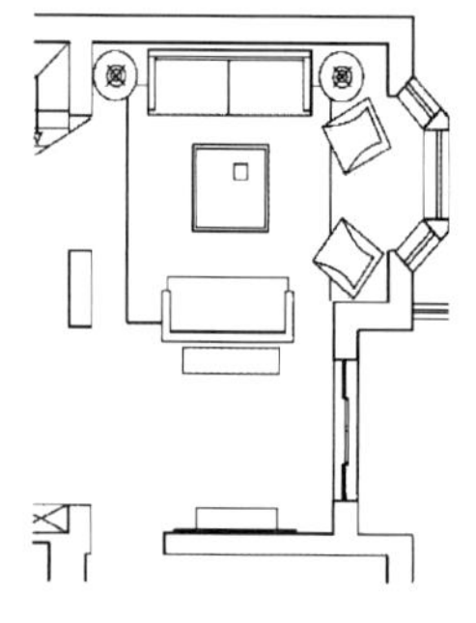

d) 起居室围合形布局

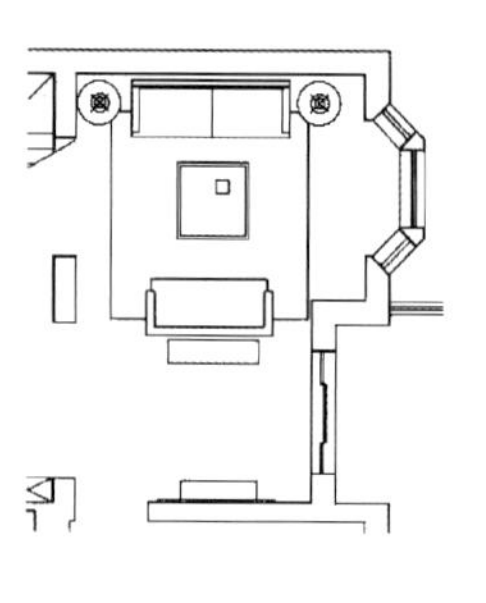

e) 起居室对坐形布局

同一空间还可以有不同的布局方案。（见下页图）

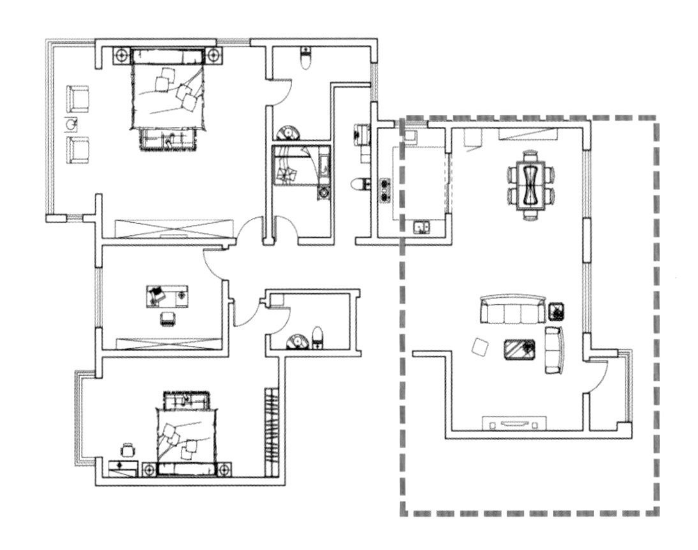

a) 起居室对坐形布局方案（一）

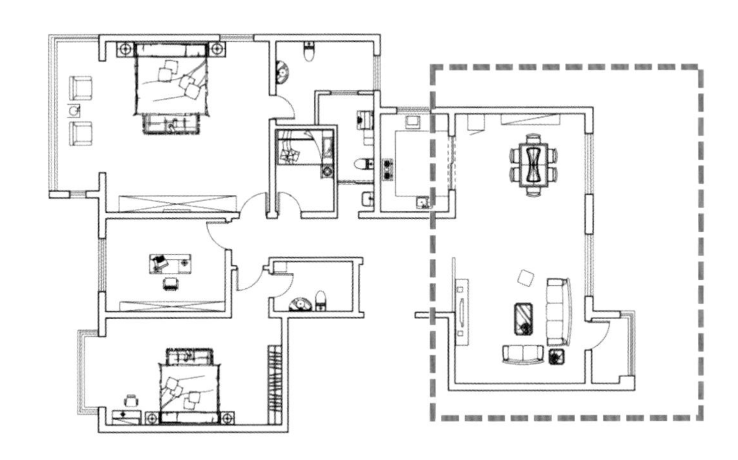

b) 起居室对坐形布局方案（二）

不同的空间布局，适用的房型、场地情况不尽相同，在使用功能上也有较大区别，应在设计之初准确测绘原始建筑空间，力求做到科学合理。

（三）界面设计

1. 顶面

起居室的顶面设计一是要考虑吊顶的形式，二是要考虑灯具的选择，三是要考虑设备的安装（如中央空调）。吊顶的形式受到层高的制约，一般来说公寓的层高较低，不宜设计过于复杂的吊顶，而别墅或有共享空间的起居室可以根据整体风格设计与立面相协调的吊顶。（见下页图）

局部吊顶的设计要与整体风格统一，也可选用不同的材质和样式。

顶面设计前，需先对原始建筑结构进行现场测绘，并注意结构梁的位置。在保证室内空间层高充足的前提下，方可进行造型方案设计。顶面材料最常用的是石膏板，可做出不同的风格造型。

异形吊顶的设计取决于材料的特性，轻质石膏板吊顶的弧线设计可以与墙面完美融合。

地毯温暖、舒适，配合实木地板，营造出温馨的家庭气氛。

2. 地面

起居室的地面材料选择余地较大，如地毯、地砖、天然石材、人造石材、木地板、水泥漆面等。需注意的是，地面的色彩和图案是影响整个空间色彩主调的重要因素，不宜变化过多。如设置地暖装置时，应选择地暖专用铺装材料。（见左图及下页图）

石材铺地的颜色与空间整体风格搭配，拼贴花纹的设计简洁、凸显大气。

3. 立面

起居室的墙面是起居室装修的重点部分，因为它面积大、位置重要，是视线集中的地方，对整个室内的风格、样式及色调起着决定性的作用，它的风格也就是整个室内的风格。因此，起居室墙面的设计非常重要。

进行立面设计时，要分清主次关系。立面设计的重点基本集中在电视背景、沙发背景等部位，其他部位在设计时要注意处理好墙面空间的过渡与衔接，切忌出现一个空间内不同立面间的风格迥异、色彩反差较大等问题，影响整体效果。

现代住宅装饰中，立面可以用造型设计、软装设计、家具设计、灯光设计等加以美化，也可以利用材质的对比点缀来取得丰富的视觉效果。丰富的搭配与设计，可以达到千变万化的视觉效果。同时，还要注重视觉效果与实际使用功能需求之间的平衡。（见右图及下页图）

墙面的装饰忌繁琐，对某个主要墙面进行重点装饰即可，以集中视线，表现家庭的个性及主人的爱好。

沙发、背景墙通过蓝色的协调达到呼应，蓝色与金色的补色关系创造强烈的视觉效果，同时丰富空间的变化。

（四）环境设计

1. 照明设计

起居室的照明应综合考虑实用和装饰性，可以结合吊灯、壁灯、筒灯、灯带、落地灯等获得整体照明和均匀的散光，创造不同的氛围，满足客厅不同功能的使用。

灯光方面，起居室的灯光要求相对较高，不仅需要满足基本照明使用，也应满足美观需求。通常在灯光设计上，会设置 ·个或 个以上的主光源，搭配点状光源（如射灯）或带状光源（如灯带）进行效果辅助。设计时应注意，主光源的位置应尽量处于起居室居中区域，以暖色光源为宜。装饰性光源，依据整体空间布局及顶面、立面造型等进行对应设计，且电路需分开设置。（见下页图）

西方传统的起居室以壁炉作为家庭的中心，因此它所在的墙面是装饰的重点。壁炉上通常摆放着小雕塑、瓷器、肖像等工艺品，此面墙上也会悬挂绘画、浮雕、兽头或刀剑、盾牌等装饰。

主光源选用中式艺术型吊灯。色温：2700~3300K暖色温；氛围：简约、尊贵。

a) 现代中式风格客厅

主灯选用吸顶灯/简易吊灯。色温：4000K中性色温；氛围：宁静、舒缓。

b) 欧式古典风格客厅

2. 家具配置

起居室中，家具配置基本由沙发、茶几、边柜、电视柜等组成。其中沙发与茶几构成起居室的核心部分，最容易表现出风格效果。沙发与茶几的规格、组合形态、摆放位置及方向应根据实际户型来设计，搭配时需注意空间的整体环境效果。

（1）沙发　沙发的规格一般有单人、双人、多人、组合式等，在设计时应充分考虑空间的实用性，选择相对较为合理的规格及款式。在材质上，以木质、皮革、布艺、复合材质等为主。（见右图）

（2）茶几、边柜　茶几、边柜往往与沙发结合摆放，因此在选择的时候基本也会与沙发同时考虑，以保持风格的连续性与协调性。在材质上，以木质、金属、复合材质为主；在规格上，不宜选择过大尺寸，避免影响整体空间的灵活与流畅。

北欧现代简约风格，具有地方特色的实木家具与棉麻布艺搭配。

电视的位置与沙发的摆放距离合适。

（3）电视柜 由于电视机的安装方式多样化（如挂在墙上、放在柜子上等）和娱乐视觉播放产品的多样化（如传统电视、投影仪、VR 设备等），现代家居中的电视柜已不仅用于放置电器设备，也可用于收纳、展示等。电视柜主要有地柜式、组合式、板架式三种形式。（见左图）

沙发与电视的距离适合，但角度不利于观看。

3. 陈设艺术品搭配

起居室的陈设艺术品对室内整体风格有着很大的影响，有时甚至可以起到画龙定睛的作用，因此，从整体上把握陈设艺术品的设计风格至关重要。（见左图）

陈设艺术品的种类多样，装饰性陈设艺术品本身没有实用性，纯粹作为观赏品用，如装饰品、纪念品、收藏品、动物摆件、盆景花卉等。各种

泥塑人和旁边的茶具、插花的搭配，诠释出欧式设计风格的精髓。

物品的材质、颜色、形状、数量等的搭配都会对室内风格产生影响，甚至起到决定性的作用（见下图）。如传统的中国画、书法，其特有的画法、画风及意境表达适合陈设在雅致、清静的空间环境中；西方的油画往往表达深沉、凝重的内涵，适合陈设在新古典风格的空间中；西方现代绘画却往往表现出轻松自如的风格，可与现代风格的室内装饰相匹配。

不同的民族、地域有不同的传统特点和思维习惯，每个人的审美要求和文化品位更是千差万别，因此陈设艺术品还必须根据居住者的需求选择。（见右图）

家中要有点植物，哪怕是人造的，植物会增添起居室的生气，使房间充满爱意。

陈设用品的选择要与室内设计整体风格协调一致，否则会使居室有零乱的感觉。

不要忽略陈设的色彩，陈设摆放不宜过多，过杂。

仿古造型和材质的摆件与深色的茶几，打造了古典文化的情调。

小锦问

1. 起居室是公共空间，是住宅中各功能区域的衔接区域，最好设在住宅的中央位置。此外，由于使用功能的特点，起居室的设计应充分考虑朝向、采光、通风等因素。

2. 起居室的布局应以开敞为主，在起居室入口处不宜看到其他房间的小厨房灶台；走道也应该避免直向或横向地贯穿全室。起居室的空间可通过家具的摆放合理利用，有时还可结合玄关进行整体设计。

3. 起居室作为居住空间内较重要的一部分，在功能使用上，应满足日常居住者的活动、休憩需求；在空间设计上，不宜布置过多家具、陈设，应留出一定的开阔区域，用于交通流线、活动聚集、灵活缓冲等。

4. 吊顶是室内（尤其对于起居室）的重要部位，可以用来遮挡结构构件、设备管道和装置，应结合室内设计进行统筹考虑。装设在顶面上的各种灯具和空调风口应与吊顶形成有机整体。

二、餐厅

（一）功能

餐厅是家人日常进餐及宴请亲友的活动空间。从合理需要看，每一个家庭都应设置一个独立的餐厅，住宅条件不具备设立餐厅的也应在起居室或厨房设置一个开放式或半独立的用餐区。倘若餐厅处于一个闭合空间，其表现形式可自由发挥；倘若是开放型布置，应和与其同处一个空间的其他区域保持格调的统一。（见右图）

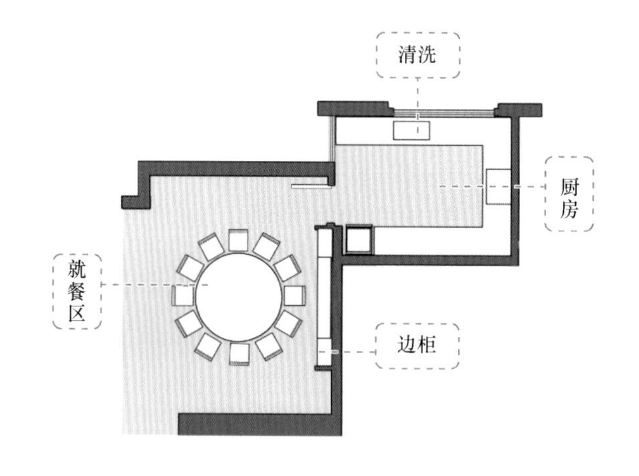

（二）平面布局

餐厅的位置应临近厨房，以使交通顺畅，便于使用。

● 独立式餐厅

在空间面积条件理想的情况下，将餐厅设置为独立的空间，可大幅度提升使用者的就餐环境品质。独立式餐厅同时可兼具展示、交流等功能，更易于营造气氛。（见右图）

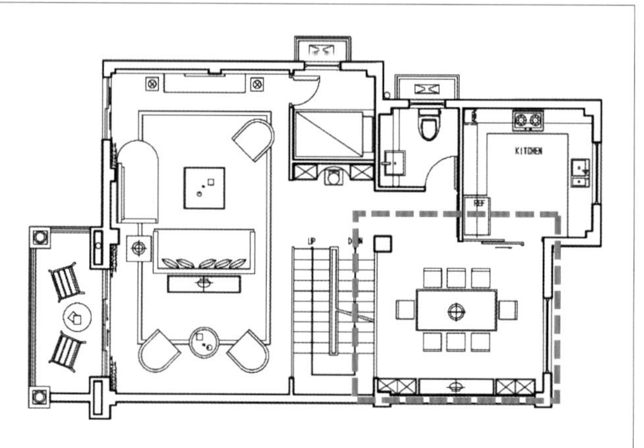

● 起居室兼餐厅

当由于户型或者面积局限等原因而不具备设置独立式餐厅的条件时，一般将餐厅与起居室构建成为一个连续性整体空间。其优点是具备独立式餐厅的基本功能结构且相对较为完整，缺点是无法与起居空间明显分离而形成独立区域。（见右图）

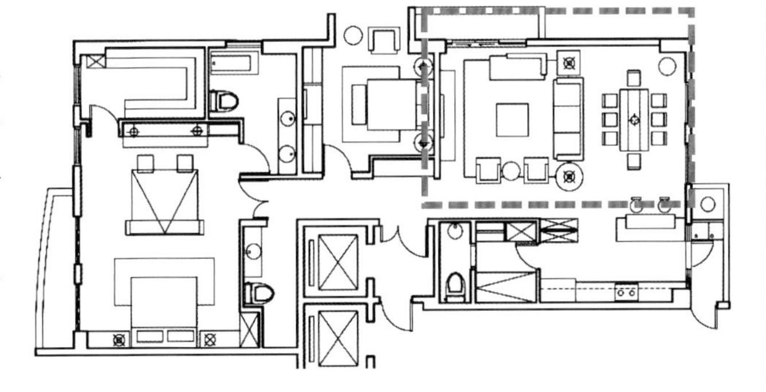

● 餐厨一体

此类设置是将厨房与餐厅结合，通常情况下在厨房空间内设置一处就餐区，多用于紧凑型或开敞式厨房的布置。值得一提的是，很多面积较大的厨房中也会设置一处吧台或简餐区，与独立式厨房并存，形成一个混合式功能区域。（见右图）

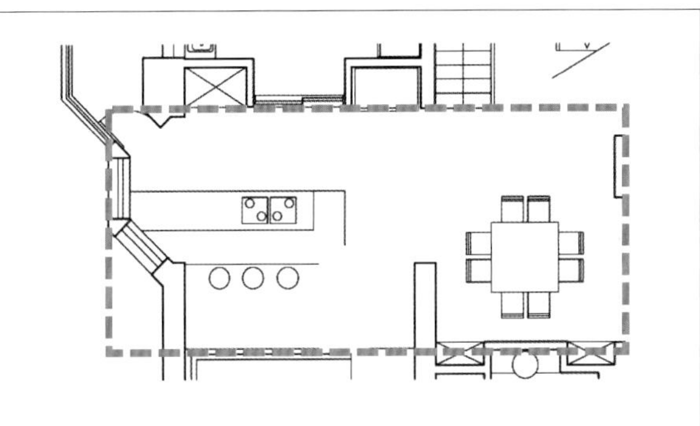

（三）界面设计

1. 顶面

餐厅顶面设计通常采用中心对称的形式，以强调中心，对应餐桌的位置。对起居室兼餐厅的方式，设计顶面时可以将起居室综合考虑进来。顶面的造型变化还可以起到分割空间的作用。（见下页图）

在设计顶面时，应将原始建筑结构作为首要考虑条件，横梁处应进行合理的装饰，巧妙地将装饰与空间划分融为一体，使得整个空间更为自然和谐。

2. 地面

餐厅地面的设计除了在图案样式上与居室整体风格统一外，还要从功能使用的角度出发，材质上可以选择防水和防油污的石材、瓷砖等材料，便于清洁。

3. 立面

餐厅的立面设计手法和形式多样，可根据具体情况，满足实用与艺术效果的需求。可设置平时使用的餐柜，但要注意与整体风格的协调以及与相邻界面的过渡。

无论采取何种用餐方式，餐厅的位置居于厨房和起居室之间最为有利，这在使用上可节约食品供应时间和就座进餐的交通路线。

餐厅选用矩形长桌、方桌还是圆桌主要视使用者的生活习惯和用餐习惯而定。传统的中式大家庭较多采用圆桌。

餐厅顶面的设计不应过于繁琐、花哨，注意与整个空间的统一。造型也可以采用不对称的自由形式，但应注意强调主题，突出整个空间的秩序感。

对起居室兼餐厅的方式，往往将地面材质进行统一设计，避免出现两种材质相接处的不美观等情况。

（四）环境设计

1. 照明设计

餐厅的照明一定要具备足够的亮度，光源的显色性要好，能够正确地反映食物的色彩与质感，促进用餐者的食欲。餐厅顶部的吊灯或灯棚属于餐厅的主光源，也是形成情调的中心。在空间允许的前提下，最好能在主光源周围布设一些低照度的辅助灯具，以丰富光线的层次，营造轻松愉快的气氛。餐厅的灯要位于餐桌的正中，可以悬挂得低些，也可以采用能够调节高度的吊灯。（见下页图）

灯具的样式要与室内的整体风格相协调。灯罩最好选用易于清洗、不沾油污的材料。

筒灯或射灯，将点光源照射范围控制在餐桌桌面内，光源以暖色为主，且座位上方不宜设置灯光。

用餐区照度与周围空间照度的差别不能太大，否则过亮的桌面容易使人产生视觉疲劳。

2. 家具配置

在餐厅空间内，餐桌与座椅是较为重要的家具组成部分。餐桌的大小及样式应根据家庭日常进餐人数来确定，同时应考虑宴请亲友的需要。在面积不足的情况下，可采用折叠式的餐桌，以增强在使用上的机动性。(见下图)

现代感十足的家具会成为餐厅室内的工艺品，选择家具时应注意质感的组合与搭配。

3. 陈设艺术品设计

餐厅中的陈设艺术品（如餐柜的造型、酒具的样式）能使人赏心悦目。(见下页图)

不要忘记摆盆鲜花或其他植物可以赏心悦目。
餐具的样式直接体现居住者的生活习惯和审美。

小疑问

餐厅的顶面设计中心有时候会存在一定的偏差，这与餐桌的位置有直接关系，这里所提及的中心对称，其中心并非物理中的绝对中心点，而是以餐桌为中心范围进行定位，避免出现顶地错位的视觉问题。

三、厨房

厨房是居住空间内进行食物烹饪和贮藏的场所，通常由食品存贮区、初加工切配区、烹调加工区、成品配餐区等组成，整个流程为流线型操作，对场地规模要求较为宽泛。（见右图）

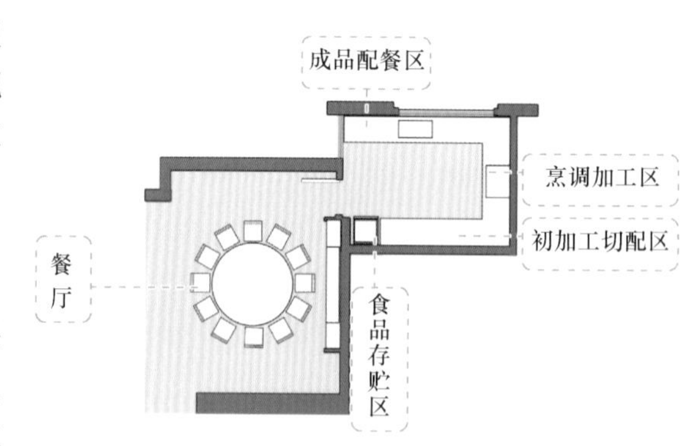

（一）功能

1. 烹饪功能

这是厨房的主要功能，烹饪功能的实现依赖于烹饪设备。现代厨房的主要设备有：排油烟机、燃气灶、电磁炉、烤箱、微波炉等，此外还有一些辅助设备，如冰箱、洗碗机、热水器、烤箱、咖啡机、面包机、垃圾处理机、暖水宝、净水机等。设计时要根据居住者要求和空间的形状予以合理布置。

2. 洗涤等其他家务活动功能

厨房主要满足两方面的洗涤功能：一是对食物进行洗涤初加工；二是对餐具及厨房进行清洁。前者要求在水槽附近设置垃圾桶，后者要求在水槽附近设置餐具收纳空间。（见下页图）

现代厨房配备食物垃圾粉碎机，注重环保功能。

厨房空间中配备洗衣设备，则可以一边做饭、一边洗衣，节约了做家务的时间。

现代整体式厨房将电器、设备和柜体设计成一个统一的整体，使厨房空间更加美观和整洁。

3. 贮藏功能

贮藏空间的设计是橱柜设计的主要部分。厨房内部无论是食物还是餐具、器具都需要有足够大的贮藏空间来贮藏。合理规划与设计橱柜，使其功能合理，符合使用者需求，是厨房设计中的难点之一。（见下图）

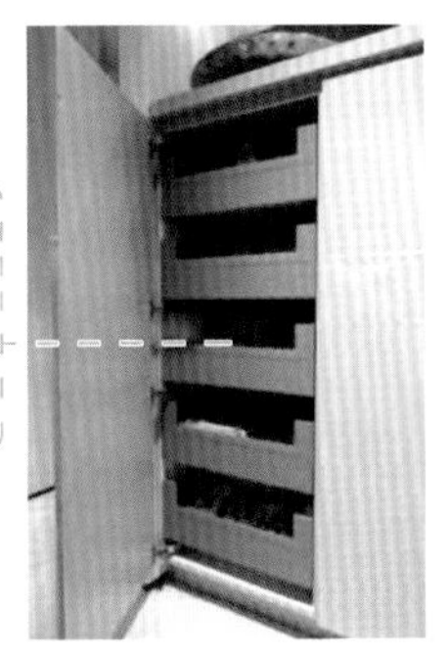

根据使用需要设计大量的贮藏空间，将厨房空间最大化利用起来。

冰箱也与橱柜融为一体，保证整体的美观与整洁。现代智能冰箱还有人性化的功能，能查阅菜谱，还具有娱乐功能等。

将调料瓶罐、铲子、锅盖等琐碎物件，以悬挂的方式进行放置。

厨房空间如果面宽较大，要充分利用拐角的空间，比如使用转篮可摆放更多的厨具用品。小厨房的储物空间往往会显得比较紧张，使用吊柜是充分利用纵向空间的好方法。在洗涤区的上方设计一组玻璃顶柜，有极强的通透感。吊柜和低柜之间的墙面要充分规划，像调料瓶罐、铲子、锅盖等琐碎的东西，最好都能挂上去，这样橱柜上面的台面才能空出来，使厨房整洁、干净。

合理利用厨房空间，根据需要增设快餐柜台。此处吊顶具有限定空间的作用。

4. 简餐功能

很多家庭有在厨房就餐的习惯。条件允许的话可以设置小型用餐区，在厨房设餐桌和快餐柜台。常用的做法是就餐区和厨房之间用低矮的柜台隔开，使内空间混为一体。此外，柜子还兼具贮藏功能。(见右图)

5. 交流功能

如果厨房较大，可以把餐桌同操作台结合在一起形成岛形，主人可以一边同就餐人讲话，一边备餐。既节约空间，又节省能源。(见下图)

有交流功能的厨房最好注意一下陈设的物品以增强厨房的趣味与温馨感。

这种生活模式能提高家人间的亲密度，尤其对于有孩子的家庭。全家人可以有很多时间在厨房聊天、玩耍，此时的厨房具有重要的交流功能。

（二）平面布局

厨房的平面布局通常有以下几种：

1. U 形厨房

厨房内工作中心位于 U 形的两个或三个边上，形成一个便利的三角形。布置面积不需很大，用起来却十分方便。(见下页图)

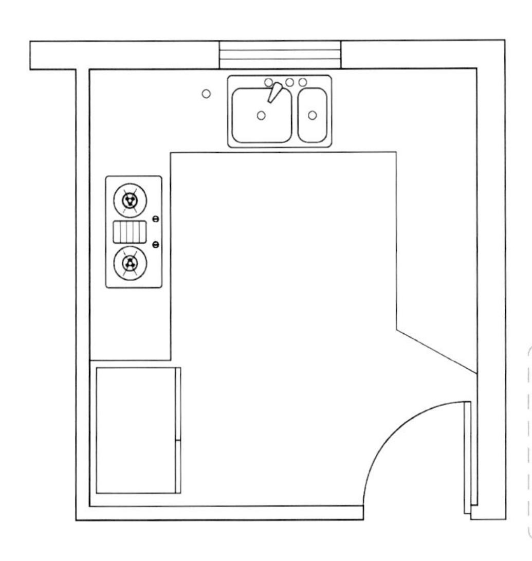

U形厨房空间在使用上最为集约，很小的空间就可以包含洗涤、烹饪、贮藏功能，甚至还可以拥有个人用餐的便餐台。

2. 半岛式厨房

半岛式厨房适用于开放式厨房。它与U形厨房类似，但有一条边不贴墙，配餐中心常常布置在半岛上，而且一般用半岛把厨房与餐厅或家庭活动区相联系。（见下图）

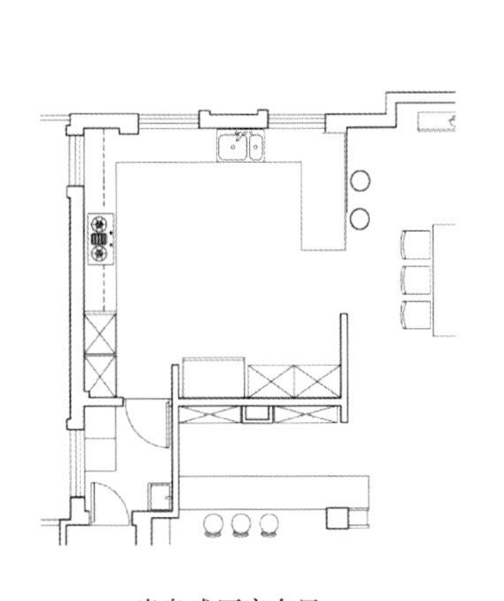

半岛式厨房布局

半岛类似于吧台，灯具的造型要与整体风格协调，又要有一定特色。

半岛的形式是此类厨房设计的最大亮点。半岛可以是架空的，也可以包含部分贮藏空间。

设计半岛式厨房时一定要考虑不同家庭的烹饪习惯。当烹饪的油烟较重时，不适合采用半岛式厨房。

3. L形厨房

L形厨房把柜台、器具和设备贴在两面相邻的墙上连续布置。当L形厨房的墙过长时，使用起来略感不够紧凑。(见下图)

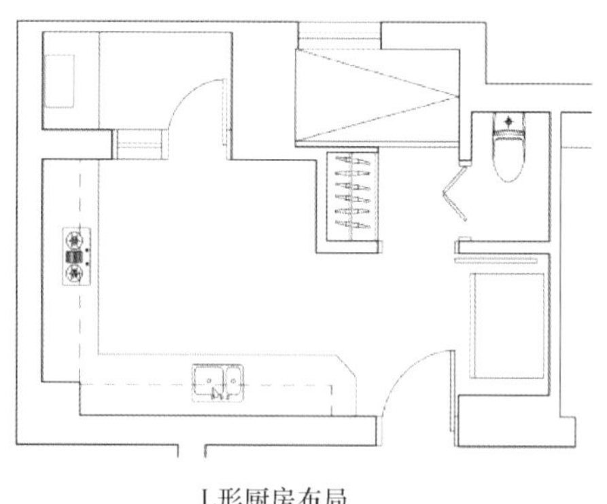

L形厨房布局

空间过于狭窄时台面可以做得窄一点，水槽和灶台适量突出在台面之外。

厨房采用何种形式是由场地的条件和家庭生活习惯决定的。L形厨房所占用的开间最小，适合比较狭窄的空间。

4. 一字形厨房

对于面积狭小的公寓，常用的方案是将所有家具与设备布置于一面墙上，构成一个非常简明的布局。这种布置必须提供足够的贮藏设备和足够的操作台面。

为了巧妙利用小空间，也可以将厨房的阳台封闭作为烹饪区，这样就自然地区分了有烟区与无烟区。(见右图)

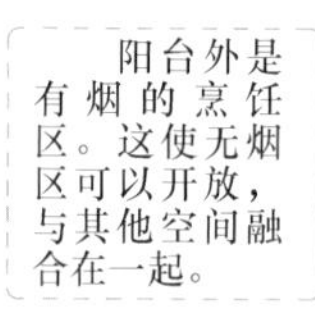

阳台外是有烟的烹饪区。这使无烟区可以开放，与其他空间融合在一起。

5. 岛式厨房

空间较大的厨房在设置了周边的操作台之后，中间还有剩余面积，为了更好地利用这个空间，可以设计一个“岛”放在中间。它起到了连接两侧操作空间的作用。（见右图）

这个“岛”充当了厨房里几个不同部分的分隔物。通常设置一个炉台或一个水池，或者两者兼有，同时从所有各边都可以接近使用它。有时在岛上还布置一些其他的设施，如调配中心、便餐柜台等。

（三）界面设计

1. 顶面

厨房的顶面设计应该选择防火和不易变形的材料。现代厨房顶面较多采用 PVC 板或铝型材板，此类产品安装便捷，易于维护清洁，可以有效地避免水汽与油烟的侵扰。厨房顶面的高度主要依据顶面上方管线的位置设计，一般略低于管线最低位置即可。

（1）PVC 板吊顶　PVC 板具有重量轻、安装简便、防水、防潮、防虫蛀的特点，它表面的花色、图案变化多端，并且耐污染、好清洗，有隔声、隔热的良好性能，特别是新工艺中加入了阻燃材料，使用更为安全。

（2）铝扣板吊顶　常用的铝型板材，它是以铝合金板材为基础，通过开料、剪角、模压成型得到的。家装集成铝扣板种类繁多，各种不同的加工工艺都可以运用到其中，热转印、釉面、油墨印花、镜面、3D 等系列是近年来很受欢迎的家装集成铝扣板。铝扣板以板面花式丰富、使用寿命长、板面强度高等优势取得了市场认可，逐渐成为家装集成吊顶的主流。铝扣板采用配套轻钢龙骨吊装的方式安装，价格相对塑料扣板较高。

石膏板加防水涂料可以塑造出个性化的设计效果，适用于开放式厨房。其缺点是使用过程中维护清理不易，且安装制作较为复杂，成本较高。

（3）石膏板吊顶　厨房的顶面设计也可使用石膏板加防水涂料的材质工艺（见右图）。基于石膏板材质的高可塑性及易于加工的特点，石膏板适用于吊顶造型较为复杂的情况。

（4）其他材质及造型吊顶　根据不同设计风格的要求，也可采用木、玻璃等材质设计不同造型的厨房吊顶。此类吊顶具有较大的个性化设计特点，可以明显区别于常规顶面设计，但往往存在维护清理不便、制作成本高等问题。

2. 地面

厨房的地面设计同时考虑功能性与装饰性，应采用防滑、易于清洗的材料。强度高、易于清洗的地砖或石材一般是首选，常用的有釉面砖、通体砖、抛光砖、玻化砖、大理石等，此外还可采用地板、漆面地面等。现代厨房地面一般不适合用小尺寸的地砖，以减少地砖拼缝，获得更整体的视觉效果。

各种材料的性能优缺点都是相对的，并没有绝对的好坏之分。厨房的地面无论选择哪一种材料，在瓷砖色彩和图案样式选择上都需要考虑与空间整体的协调统一。（见下图）

3. 立面

厨房立面宜选用抗热防火、方便清洗的材料。花色丰富的釉面瓷砖很受欢迎，它具有物理稳定性好、耐高温、易擦洗等特点。厨房墙面瓷砖的颜色和橱柜如属于同一色系，会产生协调统一的视觉效果；反之，则会有较强的视觉冲击效果和时尚前卫的感觉。

厨房中的立面存在着大量的橱柜及设备设施，橱柜的组合形态与面板的款式会影响到立面的整体效果。设计时应充分考虑到橱柜与墙面露出部分的整体性效果，切忌出现分离式的设计方案。

此外，在立面设计时，应注意厨房窗的位置，与之相对应的橱柜功能布局设计也应有所选择。水池等设施在使用过程中会产生大量水汽与泼溅，上方如设置吊柜，容易积聚潮气，因此选择窗口位置较为合理。而炉灶特别是燃气灶类的明火设施，就不宜设置在窗口位置。

（四）环境设计

1. 照明设计

厨房照明采用整体照明和局部照明结合的形式。

（1）整体照明　整体照明是指利用自然光源或者吊顶的主光源，对厨房空间进行照明。整体照明在厨房照明设计中有着非常重要的地位。厨房使用者在洗菜、切菜、炒菜等一系列操作中应用最多的也是整体照明。厨房整体照明的光源应该采用暖色光源，因为厨房需要加工食物，暖色光源可以准确地反映出食物本身的色彩。点光源的选择上，基本以吸顶式或嵌入式灯具为主。此外，节能灯组及 LED 灯组为时下主流光源。

（2）局部照明　在厨房中应用得较多，例如油烟机、切菜区与烹饪区等的照明大都采用局部照明。吊顶灯位于厨房居中位置，在使用过程中经常会出现阴影区域，给操作者的使用带来了诸多不便，局部照明是对整体照明的一种补充。局部照明的灯具和光源选择应该注意其使用要求和特性。厨房中的水池和操作台等局部照明应该采用荧光灯类冷光源，因为荧光灯类冷光源的发光效率高，而其本身散发的热量小，可以减少因操作者近距离操作而产生的灼热感。（见右图）

局部照明可以起到一定的装饰作用，例如悬挂的小吊灯除了照亮台面外，还给装饰物提亮，提高了厨房的整体设计档次。

开放式厨房的照明，一方面要求满足基本功能照明，另一方面要确保操作台平面及柜体的垂直面明亮以及无暗区。

2. 家具配置

合理的厨房空间和配置，才能保证使用的便利和高效。对于有限的厨房面积来说，贮藏空间显得更加重要。厨房越小，越要有足够的台面操作空间，U 形橱柜设计可以最大限度地增加台面的面积。（见下图）

利用拉篮方式储物，提高空间利用率，使台面整洁，方便实用。

厨房台面的转角是不好处理的空间，可充分用来储物。

小提问

1. 厨房的每个工作中心都应设有电源插座。
2. 厨房应为准备饮食提供良好的工作台面。
3. 厨房应通风良好。
4. 炉灶和冰箱间至少要隔有一个橱柜。

四、卫生间

卫生间在整个家居空间中是相对比较私密的部分，且与使用者的日常生活与健康休憩关系密切。卫生间的空间设计是否科学合理，是衡量使用者生活质量的一项标准。

（一）功能

卫生间是居住空间中不可缺少的功能组成部分，通俗意义上的卫生间可以归纳为厕所、洗手间、浴池等的合称。卫生间按照使用对象的不同可分为专用卫生间和公共卫生间。专用卫生间只服务于专用对象空间（如主卧室）；公共卫生间与公共走道相连接，由其他家庭成员和客人共用。（见右图）

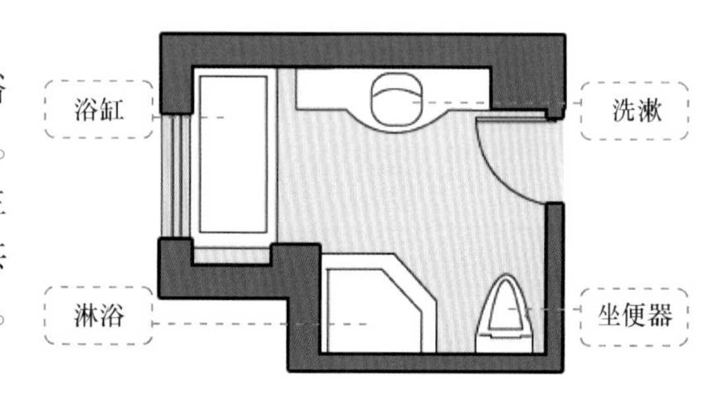

（二）平面布局

卫生间根据布局可分为独立型和兼用型；根据形式可分为半开放式、开放式和封闭式。目前比较流行的是半开放式，其特点为将湿区与干区分离开，有效地隔绝湿区水汽等的交叉传递，同时也易于维护清理。

独立型卫生间，顾名思义，即将浴室、厕所等独立布局。优点是各个功能可以同时使用，特别是使用高峰期可以减少相互干扰；缺点是所需空间相对较大，不适用于小面积户型，且建造成本相对较高。

兼用型卫生间，是将所有或部分功能设备集中在一个空间内。优点是可以在相对紧凑的空间内满足相关使用需求，节省空间、经济；缺点是使用其功能时会影响其他功能使用，不适用于人口较多的家庭。

（1）公共卫生间的常见布局（见下图）

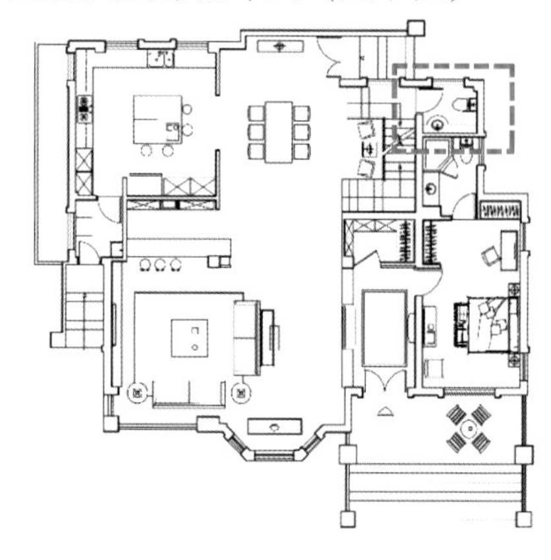

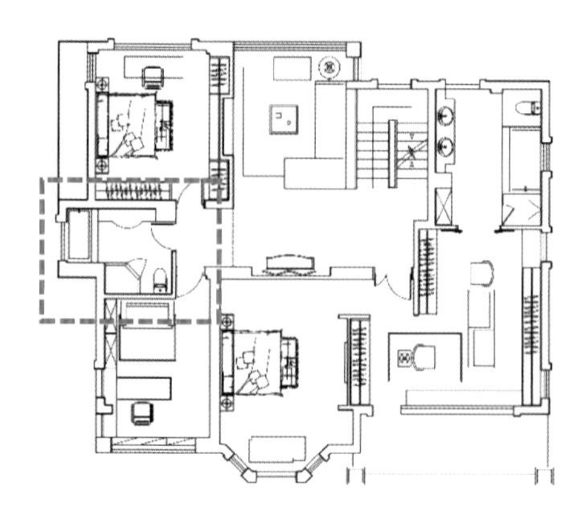

（2）专用卫生间的常见布局（见下图）

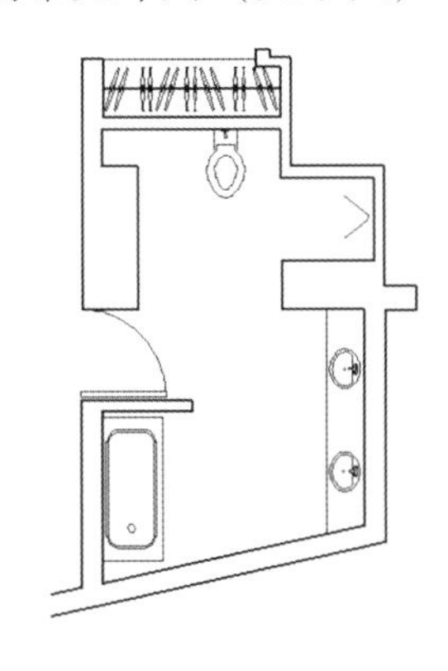

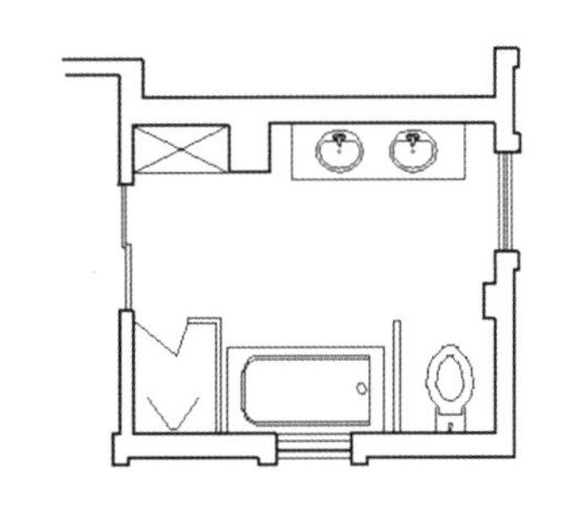

（三）界面设计

卫生间的界面设计基本上以方便、安全、易于清洗及美观得体为主。由于卫生间的水汽很重，因此装修用材必须以防水材料为主。在日本等国家，也有一体式非陶瓷界面的卫生间设计，其界面基本采用复合材料整体制作，此类工艺适用于微小型卫生间。

1. 顶面

卫生间顶面与厨房顶面的处理方法基本相同。卫生间顶面由于受水汽影响较大，因此可用轻钢龙骨或铝合金龙骨吊顶，配以微孔方形铝扣板，保证防潮通气、不变形。另外，在潮气不大的非洗浴区域，卫生间的顶面也可使用石膏板加防水涂料。（见右图）

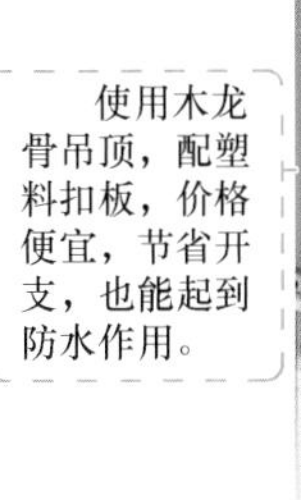

使用木龙骨吊顶，配塑料扣板，价格便宜，节省开支，也能起到防水作用。

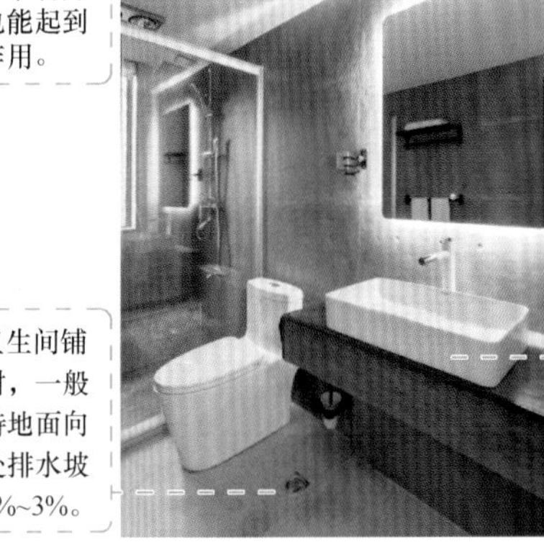

卫生间铺地砖时，一般应保持地面向地漏处排水坡度为2%~3%。
洗手台是卫生间造型设计的重点，它与台盆、化妆镜、灯具等构成了卫生间的一道景观墙。

2. 地面

卫生间地面应采用防滑、易于清洗的地砖，根据空间大小，可选用300mm×300mm、200mm×300mm、200mm×200mm等规格（为制作地面排水坡度，故不采用大规格瓷砖）。为避免漏水、返潮，在铺地砖之前必须使用防水材料对地面进行防水处理，此后还应该进行闭水试验，检验防水效果。

3. 立面

卫生间立面常用瓷砖、马赛克、大理石或者几种材料搭配进行装饰。市场上的瓷砖样式、图案较多，可根据业主的喜好和整体的风格选择。由于没有过多家具，卫生间立面给设计留下足够空间，结合墙面家具、设施的布置安装，也可达到较好的装饰效果。（见下页图）

粗糙的材料肌理与光滑的石材表面形成对比。

（四）环境设计

1. 照明设计

卫生间一般分为三个区域：冲凉区、坐厕区、洗漱区。与厨房灯光相类似，卫生间的主光源基本会设置在房间顶面的中心范围内，而局部光源则会设置在洗脸盆上部镜前、浴室等处。（见下图）

卫生间大多采用低彩度、高明度的色彩组合来营造干净、清爽的氛围，因此卫生间的整体灯光不必过多，只要有几处重点即可。

冲凉区：灯具应防水防潮，一般采用厨卫灯或筒灯。

坐厕区：采用小射灯作为重点照明，或直接利用基础照明。

洗漱区：采用镜前灯作为功能照明。

需要注意的是，卫生间照明的控制应设在卫生间门外。

2. 家具配置

卫生间家具的总体设计原则是美观、实用、合理利用空间。一般来说，普通家庭卫生间面积都不大，有时候整体还不方正，难以安置大件家具，这就要求设计合理、利用边角空间、选择合适的家具，并且尽量选购可一物多用的家具。例如宽窄不同的高柜与低柜互相配合，任何一处可以利用的空间都不会浪费。这样既方便了收纳琐碎物品，又使整体空间显得很规整，看起来很舒心。在选择家具时，材质方面以防水防潮性相对较好的为宜，功能方面以具有存储功能的为宜。

3. 陈设艺术品搭配

卫生间所选洁具的形状、五金配件的风格要与卫生间的整体风格互相协调。此外，可以通过艺术品、织物和绿化来点缀，使卫生间的设计更加人性化。（见右图）

卫生间不一定是个冰冷的地方，温馨的陈设会使它变得亲切、温暖。

小贴士

卫生间不同于其他居住空间，不论面积大小，其功能决定了卫生间施工涉及整套居住空间的大部分施工工艺。在设计时，需考虑以下几点。

1. 空间方面：尽量做到干湿分离，将淋浴空间与其他部分分开布置。合理的卫生间面积应不小于5m^2，而3m^2几乎是卫生间布置的底线。

2. 通风方面：卫生间内的潮气相对较重，在不可避免出现暗卫的情况下，需要设置排风换气设备，保证空间内的空气流通。

3. 防水方面：在施工过程中，一定要先找平地面，否则会引起防水涂料涂刷厚薄不均，导致开裂渗漏。墙地交接处、地漏管道交接处等易渗水区域需使用高弹性的柔性防水涂料。墙面整体需设置高度300mm以上的防水层，淋浴房则需做到1800mm以上。防水层属于隐蔽工程，施工完成后要预留一定时间再进行表面饰材铺设，并通过24小时蓄水试验进行验收。

4. 水电管路方面：卫生间集中了一定量的电器设备，在电路规划时需按使用需求设置足够的电源，必要的地方应采用防水型电源。

5. 下水管路方面：不建议对下水管路进行移位或改造（可能会抬高地面，降低卫生间净高；增加成本；造成一定的坡度，使行走方便；不利于湿气的排出）。非淋浴空间需设置地漏，保证积水的有效排放。淋浴空间设置地漏的同时可建立一块高出地面的淋浴站立平台，以便更有效地排出积水。

五、卧室

卧室，又称卧房、睡房，主要是指供人在其内睡觉、休息的房间。从人类形成居住环境时起，睡眠区域始终是居住环境必要的功能区域。

首先，卧室的大小应能满足基本的家具布置，如单人床、衣柜、梳妆台等。其次，要对卧室的位置给予恰当的安排：睡眠空间在住宅中属于私密性很强的空间——安静区域，因此常常把它安排在住宅最里端，要和门口保持一定的距离，同时也要和公用部分保持一定的间隔关系，以避免相互之间的干扰。此外，在设计的细节处理上要注意卧室的睡眠功能对空间、光线、声音、色彩、触觉上的要求。

1. 主卧室

主卧室是房屋主人的私人生活空间，它的设计不仅要满足双方情感与志趣上的共同理想，而且也必须顾及夫妻双方的个性需求。高度的私密性和安定感是主卧室布置的基本要求。此外，它必须合乎休闲、工作、梳妆及卫生保健等综合要求。因此，主卧室实际上是具有睡眠、休闲、梳妆、盥洗、储藏等综合实用功能的活动空间。(见下图)

主卧室的睡眠区可分为两种形式，即共享型和独立型。共享型即夫妻双方共享一个区域进行睡眠休息活动。独立型则是分设区域各自独立地进行休息和睡眠。

主卧室的休闲区域是在卧室内满足主人视听、阅读、思考等以休闲活动为主要内容的区域。在布置时可根据夫妻双方在休息方面的具体要求，选择适宜的空间区位，配合家具及必要的设施。(见右图)

更衣也是卧室活动的组成部分，在居住条件允许的条件下可设置独立的更衣室，或与美容区位有机结合形成一个和谐的空间。(见下页图)

主卧室可以根据实际需要划分出独立的阅读学习区域，充分利用空间，同时具有遮挡视线的作用。

足够大的主卧房一般配套独立的卫生间及步入式衣帽间。

2. 儿女卧室

儿女卧室在设计上要充分照顾到儿女的年龄、性别与性格等特定的个性因素。年幼的儿女最好有一块属于自己的空间，使自身的个性能尽情地展现出来而不受或少受成人的干扰。对逐渐成熟的儿女，更应给予适当的私密生活空间。(见右图)

孩子充满好奇心和幻想，也有荣誉感和好胜心理，因此设计时要启发他们，培养他们健康的个性和优良的品德。

根据儿女年龄的不同，儿女卧室可分为婴儿房、儿童房和青少年房。

婴儿指从出生到一周岁的儿童。大部分中国家庭喜欢把婴儿床设在父母的主卧室中，国外的家庭一般都有育婴室。无论采用何种方式，育婴室或育婴区的设置都应保证相对的卫生和安全。其主要设施为婴儿床、婴儿食品及器皿柜架、婴儿衣被柜、婴儿椅和玩具架等。设计时要趣味盎然、色彩醒目绚烂，以强化婴儿对形状和色彩的感觉。

儿童房还是以保证安全和方便照顾为首要考虑，通常要临近父母的卧室。除睡眠区域外，还要保证一个适于阅读与书写的活动中心。有条件的情况下，还可以设置手工工作台、试验台、喂养角及用于女孩子梳妆、家务工作等方面的家具设施，使他们在合理、完善的环境中实现充分的自我表现与发展。

对于较大的子女，他们的身心都已成熟，对于自己的生活空间必须负起布置与管理的责任。设计时要充分表现出他们的学业与职业需求，并应结合其性格因素与业余爱好，设计出符合他们特点的空间形式。

儿女卧室的家具、地面、墙面的色彩在整体统一的前提下，可适当进行变化，如奶白色的家具、浅粉色的墙面、浅蓝色的地毯等。房间的窗帘等布艺也应别具一格，一般宜选择色彩鲜艳、图案活泼的面料，最好能根据四季的不同配上不同花色的窗帘。(见下页图)

形式上采用富有想象力的设计，提供可诱发幻想和有利于创造性培养的游戏活动，而且可以随着年龄的增长和兴趣的转移，予以合理调整和变化。

家具的造型可做成梯架形、弧形、波浪形等，避免单一，要有变化，有立体感、跳跃感，这样有利于训练孩子对造型的敏感性。

3. 老人卧房

老人最大的特点是好静，对居家最基本的要求是门窗、墙壁、隔声效果好，不受外界影响，要比较安静。过于高的橱柜或低于膝的大抽屉都不宜使用。床不宜太高，且不能使用过于柔软的床垫。

用色上，墙壁常用柔和的涂料、壁纸、壁布，如乳白、乳黄、藕荷色，地面铺上木地板或地毯，家具用深棕色、驼色、棕黄色、珍珠色、米黄色等。

老年人喜欢养花养鸟，房间中要有绿化。绿色是生命的象征，是生命之源，有了绿色的植物，房间内顿时会富有生气。在花前摆放一张躺椅、安乐椅或藤椅更为实用，效果也更好。（见右图）

卡通兔以及其他卡通形象的摆件，烘托出轻松、具有童趣的氛围。色彩和图案要有多样性和丰富性，并且有机地结合在一起。

4. 保姆房

保姆行业在居家生活方面的比重近些年增加较为突出，随之而来的是一些驻家保姆房间在整个家居室内环境中的现实生活需求。保姆房相对其他卧室而言，更具有小微型酒店式的空间特点，除了满足基本卧室的休息贮藏功能外，还应具有一定的活动空间。

从整套空间的布局来看，保姆房往往处在相对靠近大门的方位，而在别墅、复式等房型中，也会出现在地下室、顶楼等位置。这样的位置，考虑的出发点往往是其工作特性，并且保证主人房等的私密性。

六、书房

（一）书房的概念

书房也是居室中私密性较强的空间，是人们对基本居住条件的高层次要求。它给主人提供一个阅读、书写、工作和密谈的空间。虽然书房的功能较为单一，但对环境的要求较高。首先要安静，给主人提供较好的物理环境；其次要有良好的采光和视觉环境，使主人能保持轻松愉快的心态。（见下图）

老年人的另一大特点是喜欢回忆过去，所以在居室色彩的选择上，应偏重于古朴、平和、沉着的颜色。

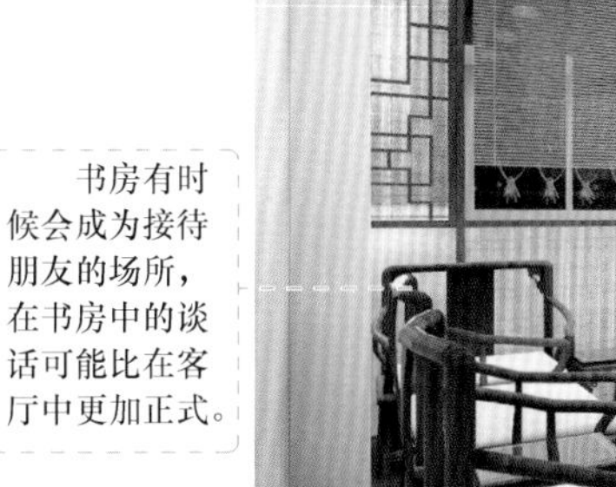

书房有时候会成为接待朋友的场所，在书房中的谈话可能比在客厅中更加正式。

比起以放松和休息为主的卧室，书房可以更具有文化气息，因此经常会用到一些代表传统文化的符号。

（二）书房设计的功能要求

书房的布置形式与使用者的职业有关，不同职业的工作方式和习惯差异很大，应具体分析。有的除阅读以外，还有工作室的特征，因而必须设置较大的工作台面。此外，书房的布置形式与空间有关，包括空间的形状和大小、门窗的位置等，空间现状的差别可以产生完全不同的布局。（见下页左上图）

藏书区域要有较大的展示面，以便主人查阅，特殊的书籍还要满足避免阳光直射的要求。为了节约空间、方便使用，书籍文件陈列柜应尽量利用墙面来布置，有些书房还设有休息和谈话的空间。（见下页右上图）

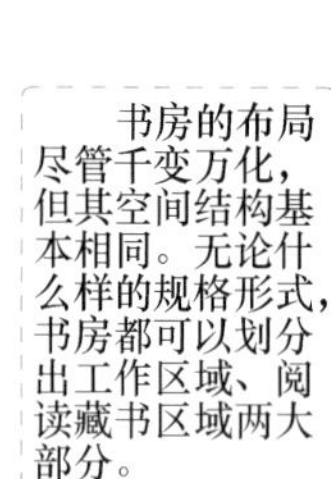

书房的布局尽管千变万化，但其空间结构基本相同。无论什么样的规格形式，书房都可以划分出工作区域、阅读藏书区域两大部分。

小疑问

1. 根据书房的性质以及主人的职业特点，书房的家具设施变化较为丰富，归纳起来有如下几类：

➢ 书籍陈列类：包括书架、文件柜、博古架、保险柜等。

➢ 阅读工作台面：包括写字台、操作台、绘画工作台、电脑桌、工作椅等。

➢ 附属设施：休闲椅、茶几、文件粉碎机、音响、工作台灯、笔架、电脑等。

2. 书房是一个工作空间，但绝不等同于一般的工作室，它要和整个家居的气氛相协调，同时又要巧妙地运用色彩、材质变化以及绿化等手段来创造出一个宁静温馨的工作环境。书房和办公室比起来往往杂乱无章，缺乏秩序，但却富有人情味和个性。（见右图）

第二节 次要功能空间设计

一、贮藏空间

（一）贮藏空间的概念

贮藏空间是指居住空间中贮藏生活用品、工艺收藏品、衣物、娱乐文体用品和工具的空间。（见下页右上图）

贮藏空间从形式上，可分为分散式和独立式两种。

分散式贮藏空间，顾名思义，即分布在各个空间内的具备贮藏功能的小空间部分，例如客餐厅中的贮藏柜等。此类贮藏空间相对较为灵活，与其他功能空间并存。

独立式贮藏空间相对于分散式贮藏空间，需要有一定的空间满足条件，它区别于分散式贮藏空间最大的一点即是一个相对独立的空间。随着现代生活条件的改善及人们对美好生活的需求和向往，独立式贮藏空间也逐渐增多。很多开发商在设计房型的时候，都会将一个相对独立的贮藏空间作为一个小单体空间考虑进去。（见右图）

在复式、别墅等体量较大的空间内，独立式贮藏空间也随之被放大。地下室或楼顶阁楼等空间都被赋予贮藏空间的功能。

贮藏空间不仅要考虑存放物品，柜体的设计也要体现出创意。

（二）贮藏空间设计的功能要求

设计贮藏空间主要的依据是该空间所要存放的物品特点（见下图）。一般来说贮藏空间有以下几大类：

（1）衣柜和更衣室：用于存放衣物、鞋帽、被褥等纺织品。设计时要首先决定衣柜内所用到的五金配件，如挂衣杆、裤架、领带架、网架、网篮、洗衣袋架等，再根据这些定型的构件分隔柜内空间。有

衣帽架主要考虑如何占据较少的地面空间，又达到悬挂衣物的功能。

书柜与文件柜因书籍较重，要考虑受力的合理。

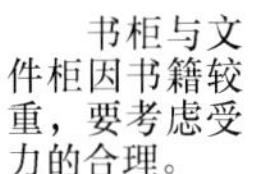

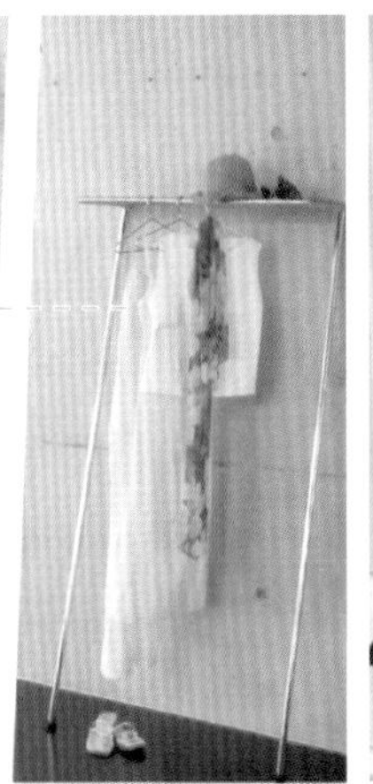

运动品柜因为要存放不同尺度的运动用品而采取大小不同的格子与抽屉。

条件的情况下最好设置单独的房间，这样既方便管理，又可以避免纺织品的飞尘刺激人体的呼吸道。

（2）书柜：一般设置在书房，用于存放书籍及文化用品。

（3）工具柜：用于存放家居生活的各类工具。建议将工具分类存放，小工具最好采用抽屉的形式存放。

（4）食品柜：设置在厨房或餐厅，贮藏的物品包括米、面、水果、干货土特产等。

（5）生活用品贮藏空间：用来贮藏各类生活用品。

（6）餐具柜、酒柜：餐具柜一般设计在厨房的整体橱柜中；酒柜常放置在餐厅，成为餐具、酒具、茶具的展示空间。

二、玄关

（一）玄关的概念

玄关原指佛教的入道之门，现在泛指厅堂的外门，也就是居室入口的一个区域。它是住宅室内与室外之间的一个过渡空间，是进入室内换鞋、更衣或从室内去室外的缓冲空间，也叫斗室、过厅、门厅。

在住宅中，玄关虽然面积不大，但使用频率较高，是进出住宅的必经之处。从风水上来讲，玄关不宜太狭窄，要有五尺以上，不宜太阴暗，不宜杂乱等。一般说来，出现在这个地方的布置物件也不少，例如古董摆设、挂画、鞋柜、衣帽柜、镜子、小坐凳等。（见右图）

玄关是客厅与出入口处的缓冲空间，也是居家给人“第一印象”的制造点。

（二）玄关设计的功能要求

1. 视觉屏障功能

玄关对户外的视线产生了一定的视觉屏障，不至于开门见厅，让人们一进门就对家中的情形一览无余。它注重人们室内行为的私密性及隐蔽性，保证了厅内的安全性和距离感。在客人来访和家人出入时，它能够很好地解决干扰和心理安全问题，使人们出门入户过程更加有序。（见下页图）

2. 装饰、接待功能

人们进户门第一眼看到的就是玄关，这是客人从繁杂的外界进入这个家庭的最初感觉。可以说，玄关设计是设计师整体设计思想的浓缩，它在房间装饰中起到画龙点睛的作用。

条案、低柜、边桌、明式椅、博古架……玄关处不同的家具摆放，可以承担不同的功能——或集纳，或展示。但鉴于玄关空间的有限性，在玄关处摆放的家具应以不影响主人的出入为原则。

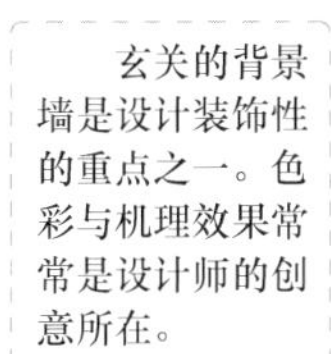

玄关的背景墙是设计装饰性的重点之一。色彩与机理效果常常是设计师的创意所在。

一盆小小的雏菊，一幅家人的合影，一张充满异域风情的挂毯……有时只需一个与玄关相配的陶瓷花瓶和几枝干花，就能为玄关烘托出非同一般的气氛。

3. 贮藏、更衣功能

玄关除了起装饰作用外，另有一个重要功能，即贮藏物品。玄关内可以组合的家具常有鞋箱、壁橱、风雨柜、衣柜等，在设计时应因地制宜，充分利用空间。另外，玄关家具在造型上应与其他空间风格一致，互相呼应。（见下页图）

玄关在使用功能上，可以用来作为简单地接待客人、接收邮件、换衣、换鞋、搁包的地方，也可设置放包及钥匙等小物品的平台。为方便客人脱衣、换鞋、挂帽，最好把鞋柜、衣帽架、大衣镜等设置在玄关内。鞋柜可做成隐蔽式，衣帽架和大衣镜的造型应美观大方，和整个玄关风格协调。玄关的装饰应与整套住宅装饰风格协调，起到承上启下的作用。

衣柜的平开门是榆木浮雕制成的门板，取竹与兰花图案喻示主人的品味。

储存钥匙、杂物的小抽屉成为玄关悬空的一个花瓶平台，平台下面是石子与莲花的景观小品。

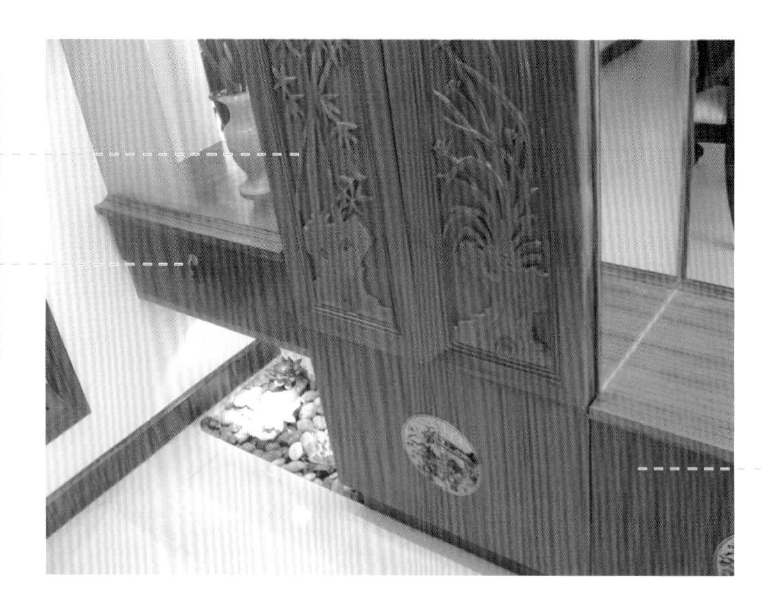

鞋柜采用清式的雕花铜片拉手。鞋柜上部可作为更换鞋子的矮凳。

4. 保温作用

玄关在北方地区可形成一个温差保护区，避免冬天寒风在开门时和平时通过缝隙直接入室。

（三）玄关的常用形式

玄关的设计依据房型而定，可以是圆弧形的，也可以是直角形的，有的还可以设计成玄关走廊。总的来说，由于玄关的面积一般都不大，所需费用也就不太高。因此，主人尽可以多花些工夫装饰玄关，起到花钱不多、事半功倍的理想效果。在装潢前，要对玄关的设计及形式有所认识。从玄关与房子的关系上，玄关装饰可分为以下几种：

1. 独立式

面积较大的居住空间可以设计独立的玄关空间，这在使用上最宽敞、方便。独立式的玄关是指一个相对较封闭的入口区域。这个区域通过走廊或门，与客厅、餐厅、厨房相连。在这个空间里可以与客人进行最初的寒暄，或储存大衣、鞋帽，也可以将食物原材料带入厨房，而不经过其他功能空间。

根据传统的影壁概念，入口常设计一处对景。

2. 邻接式

邻接式的玄关与厅堂相连，没有较明显的独立区域。这是最常用的一种玄关形式，它的设计也最能体现设计师的智慧——既要充分利用有限的空间使交通畅通，又要满足玄关的所有活动内容，同时还要将整个室内的风格、特色在入口的狭小空间内体现出来。(见右图)

3. 包含式

这类玄关包含于进厅之中，稍加修饰，就会成为整个厅堂的亮点，既能起分隔作用，又能增加空间的装饰效果。（见下图）

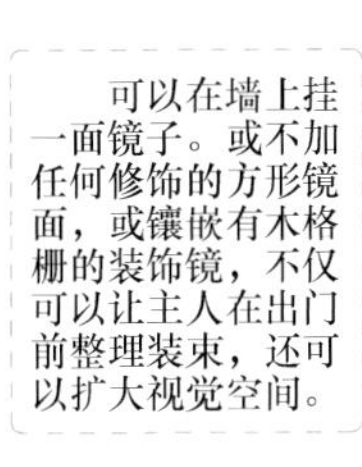

可以在墙上挂一面镜子。或不加任何修饰的方形镜面，或镶嵌有木格栅的装饰镜，不仅可以让主人在出门前整理装束，还可以扩大视觉空间。

小百词

玄关可以采用下面几种常用的设计手法：

1. 低柜隔断式：以低形矮台来限定空间，以低柜式成型家具的形式作隔断，既可存放物品，又可起到划分空间的作用。

2. 玻璃通透式：以大屏玻璃作装饰遮隔，或在夹板贴面旁嵌饰喷砂玻璃、压花玻璃等通透的材料，既可以分隔大空间，又能保持空间的完整性。

3. 格栅围屏式：主要以带有不同花格图案的透空木格栅屏作隔断，既有古朴雅致的风韵，又能产生通透与隐隔的互补作用。

4. 半敞半蔽式：下部为不通透式设计。隔断两侧隐蔽无法通透，上端敞开，贯通彼此相连的天花顶棚。半敞半蔽式的隔断墙高度大多为1.5m，通过线条的凹凸变化、墙面壁饰或浮雕等装饰物的布置，达到浓厚的艺术效果。

5. 柜架式：即半柜半架式。柜架上部以通透格架作装饰，下部为柜体；或以左右对称形式设置柜件，中部通透；或用不规则手段，虚、实、散互相融合，以镜面、挑空和贯通等多种艺术形式进行综合设计，达到美化与实用并举的目的。

三、娱乐空间

随着居住空间的条件改善，大面积的房型中会出现一部分独立空间，被人们赋予娱乐空间的用途，娱乐空间相对其他空间而言，形式更为灵活多变，可根据使用者的自身要求与想法进行功能定义与设计。（见下图）

（一）娱乐空间的概念

娱乐是相对工作而言的概念，娱乐空间可以简单地理解为人们工作之余的活动场所，其功能主要为放松身心、聚会、活动和交流。基于居住空间的场地条件限制，娱乐空间往往会与书房、地下室、阁楼等空间兼用。

（二）娱乐空间设计的功能要求

娱乐空间的设计上，需要重点解决实用性与艺术性这两点功能要求。

在设计上，由于娱乐空间的灵活性，很容易出现使用功能混乱不清晰、艺术性层次不高等问题。功能决定形式，无论是哪种形式，都必须以满足功能使用为前提。

此外，娱乐空间往往也是可以体现个性化设计的场所，应将艺术性体现在娱乐空间设计的内涵和表现形式两方面。设计的内涵是通过空间气氛、意境以及带给人的心理感受来表达艺术性；而表现形式主要是通过空间的适度美、韵律美、均衡美以及和谐美等塑造美感和艺术性。

（三）娱乐空间的分类形式

娱乐空间的类型有很多，从不同的角度分类会有不同的分法。居住空间内的娱乐空间，可以大致从空间类型与使用功能上进行分类。

1. 空间类型

娱乐空间从空间类型上可分为共享空间与私密空间。

共享空间是美国著名建筑设计师约翰·波特曼根据人们的交往心理需求提出的空间理论，放在居家空间中，可以理解为起居室、玄关等空间；私密空间则可以理解为相对封闭的空间环境，置身其中不会被外界注意、观察，例如卧室、卫生间等。

2. 使用功能

娱乐空间在使用功能上可大致分为以下几类。

（1）文娱型：用于唱歌、跳舞、品酒、喝茶等。

（2）专业爱好型：用于运动、健身、绘画、收藏等。

（3）放松型：用于影院、足浴、桑拿等。

小提问

娱乐空间设计需要注意以下几点：

1. 功能性与专业性为第一原则：专业爱好者型的娱乐空间，相对其他类型而言，更需要专业的功能满足，设计时需寻求专业技术支持并做大量调研工作。

2. 娱乐空间的房型结构特点：作为次要空间，娱乐空间的房型设置往往弊端较多，设计前需充分勘测了解房型特点，例如对坡屋顶的建筑结构，当娱乐室位于顶楼阁楼时，不适合设计为运动室等需要空间及高度的功能空间。

四、交通空间

（一）交通空间的概念

居住空间中的交通空间主要指连接生活区域各部分的走廊、过厅与楼梯。它是进入居室的必经之路，设计时要考虑它的合理性与装饰性。（见下页图）

（二）交通空间设计的功能要求

设计交通空间主要应注意以下几方面的功能要求：

1. 楼梯的设计

居住空间的楼梯一般分两种形式：封闭楼梯与开敞楼梯。

楼梯的样式、材料以及栏杆扶手的设计都要与整体室内风格相统一。镂空的楼梯设计使空间更加开敞，降低了楼梯沉重的体量感。

柱子与半圆形拱圈将客厅与过厅联系起来。似隔非隔，既保证了客厅的完整，又使视线畅通无阻。

餐厅、客厅通过此过厅连接。同时这个小小的过厅还需要设置通向二层的楼梯。

设计封闭楼梯的时候要注意尺度、安全、采光与空间的衔接。虽然室内整体空间较小，但是单独设置的封闭楼梯仍要保证必要的尺度，一般来说宽度不要小于900mm，否则会给家庭成员的交通、家具的搬运带来不便。楼梯的踏步与踢步之和一般为450mm，踏步深度不小于250mm。即使是封闭楼梯仍需要设置扶手，空间较小的楼梯可在单边设置扶手。封闭楼梯往往没有自然采光，这就需要通过两条途径来弥补：一是安装楼梯灯进行人工采光，楼梯灯的控制开关分设于楼梯的上下两层。二是间接采光，楼梯上下出入口尽量引入更多的自然光线，或者在封闭的墙或隔断上设置采光窗口。将封闭楼梯的墙面设计成部分穿透，也是联系楼梯与其他室内空间的窍门之一。（见下页左上图）

设计开敞楼梯的时候要考虑楼梯的造型、楼梯对其他空间的影响及安全等。开敞楼梯暴露在其他空间之内，比起封闭楼梯更加节省空间，不影响其他空间的视觉面积。它无疑会成为室内一道功能性的景观，因此造型与材料都要考虑是否与周围环境和谐统一。开敞楼梯常用来分隔空间，例如成为客厅与餐厅的自然隔断。（见下页右上图）

2. 栏杆的设计

居住空间的室内栏杆主要用于楼梯、共享空间的回廊、阁楼及错层空间的上层。栏杆的材料可使用实木、板材、玻璃、金属或多种材料的组合。栏杆的形式可以选购定制的产品，也可以自行设计。设计时要以安全性为首位，其次才是造型。另外，还要考虑栏杆如何与地面连接。木质栏杆常采用螺栓固定，而金属栏杆需要在连接面预埋钢板，钢板与栏杆进行焊接。栏杆的高度一般在1000mm左右，扶手直径不

小于50mm。（见下图）

松木小窗的开启制造出封闭楼梯的趣味性。

楼梯转角处的较大空间可以设置陈设以丰富楼梯景观。

圆形旋转楼梯是最节省空间的形式。镂空的踏步板相互穿插又一次减少了楼梯的半径。

拼装式的楼梯工期短、质量便于控制。

仿自然藤蔓式的钢管、钢筋栏杆造型奇特，制作时需要设计师全程跟踪指导。

3. 剩余空间的设计

剩余空间指交通空间的转角、夹角（主要指锐角）和因楼梯而产生的不规则空间。这些空间往往尺度狭小、空间低矮，人无法进入其中。设计时有两个窍门：可以将这些剩余空间封闭起来制成贮藏柜或展示柜；如果遇到无法封闭的空间，如架空楼梯的下部，则可以将其设计成室内景观。（见右图）

日式枯山水的小景充分利用了楼梯下的空间，为主人提供了一处冥想的场所。

4. 走道的设计

走道的设计一是要考虑两边的墙面与房门，二是要使走廊的尽端有对景。（见右图）

第二章　硬装及软装设计

第一节　常用装饰材料

装饰材料的选用是室内设计中涉及成果的实质性的环节，它直接影响到设计的效果。设计者应熟悉材料的性能、质地，了解材料的价格和施工工艺。学生在认知装饰材料时，要把握以下原则：材料的选择既要满足功能的要求，也要满足造型和美观的要求；作为材料实体的界面，有界面的线型色彩设计、材质选用和构造问题；此外，材料选用和设计还要与房屋的设施、设备周密地协调。下面用表格的形式从铺地、立面、顶面以及辅料五金四个方面详细列举常用的装饰材料。

一、常用铺地材料

常用铺地材料列表见表2-1。

表2-1　常用铺地材料列表

序号	类别	名称	图　片	特　性	常用规格 长/mm×宽/mm（×厚/mm）	用　途
1	地板	实木地板		实木地板弹性好，脚感舒适，冬暖夏凉，能调节室内的温度和湿度。但安装较复杂，受潮、暴晒后易变形	900×90×18	运用于各类家庭、公共场所的地板铺装
2		软木地板		软木地板共分五类。第一类：软木地板表面无任何覆盖层。第二类：在软木地板表面作涂装。第三类：PVC贴面，即在软木地板表面覆盖PVC贴面。第四类；聚氯乙烯贴面。第五类：塑料软木地板、树脂胶结软木地板、橡胶软木地板	600×300	质地比较软，适用于宾馆、图书馆、医院、托儿所、计算机房、播音室、会议室、练功房及家庭

（续）

序号	类别	名称	图片	特性	常用规格 长/mm×宽/mm（×厚/mm）	用途
3	地板	复合地板		复合地板一般都是由四层材料复合组成：底层、基材层、装饰层和耐磨层。除耐磨、美观、稳定之外，还有抗冲击、抗静电、耐污染、耐光照、耐香烟灼烧、安装方便、保养简单等优点	900×300	适用于各类家庭、公共场所的地板铺装
4		复合实木地板		由多层实木经切割、压制而成。有类似于实木地板的触感和审美感，具有较好的亲和力。脚感舒适，有适当的弹性，摩擦系数适中，便于使用。复合实木地板优异的结构特点，从技术上保证了地板的稳定性，使之不容易变形	910×125	适用于各类家庭、公共场所的地板铺装
5		橡胶地板		橡胶地板是由天然橡胶、合成橡胶和其他成分的高分子材料所制成的地板。最大的优点是：环保、防滑、阻燃、耐磨、吸声、抗静电、耐腐蚀、易清洁	600×600	广泛应用于医院、幼儿园、公园、儿童游乐场、健身房、体育场辅助区等公共场所
6	地坪漆	地板漆		地板漆是一种主要由环氧树脂与相应的固化剂组成的特殊涂料。抗冲击、能承受较高荷载、耐磨损；整体无缝、易清洁；防潮、防尘；耐一般化学腐蚀；可做防滑或哑光效果		用于涂饰实木地板地面，保护地面
7		水泥地坪漆		水泥地坪漆是一种高强度、耐磨损、美观的材料，具有无接缝、质地坚实、耐药品性佳、防腐、防尘、保养方便、维护费用低廉等优点。可根据不同的用途要求设计多种方案，如薄层涂装、1~5mm厚的自流平地面、防滑耐磨涂装、砂浆型涂装、防静电、防腐蚀涂装等		适用于各种大型公共场地，如厂房、机房、仓库、实验室、病房、手术室、车间等

（续）

序号	类别	名称	图　片	特　性	常用规格 长/mm×宽/mm（×厚/mm）	用　途
8	地坪漆	地板蜡		地板蜡用于保护地板，分为水蜡、合成树脂类地板蜡和天然地板蜡。它具有较高的亮度、硬度、透明度，而且具有干燥时间快、抗磨损等特性。适用于任何材质地板，无需每日的抛光维护也可维持高亮度		用来保护地板
9	石材	大理石		属于重结晶的石灰岩。它具有不变形、硬度高、耐磨性强、抗磨蚀、耐高温、物理性稳定、组织缜密、材质稳定等特点，并且膨胀系数小，防锈、防磁、绝缘		用于加工成各种建筑物的墙面、地面、台、柱等部位的型材、板材
10	石材	花岗岩		一种深成酸性火成岩，属于岩浆岩，俗称花岗石。一般没有彩色条纹，多数只有彩色斑点，还有的是纯色，岩质坚硬密实，硬度较高，耐磨，不易风化变质		除了用作高级建筑装饰工程、大厅地面外，还是露天雕刻的首选之材
11	石材	板岩		属于浅变质岩，由黏土质、粉砂质沉积岩或中酸性凝灰质岩石、沉凝灰岩经轻微变质作用形成。颜色为黑色或灰黑色。岩性致密，板状劈理发育。在板面上常有少量绢云母等矿物，使板面微显绢丝光泽	400×300	板岩具有特殊的文化色彩，其装饰常用于一些富有传统底蕴及文化内涵的场所
12	石材	鹅卵石		鹅卵石产品有：天然颜色的机制鹅卵石、河卵石、雨花石、干粘石、喷刷石、造景石、木化石、文化石等。它无毒、无味、不脱色、品质坚硬，色泽鲜明古朴，具有抗压、耐磨、耐腐蚀的天然石材特性，是一种理想的绿色建筑材料		广泛应用于公共建筑、别墅、庭院、铺设路面、公园假山、盆景填充、园林艺术和各类建筑的地面装饰

（续）

序号	类别	名称	图片	特性	常用规格 长/mm×宽/mm（×厚/mm）	用途
13	人造石材	地砖		用黏土烧制而成，有多种规格。质坚、容重小、耐压、耐磨、防潮。经上釉处理，具有装饰作用	600×600	用于公共建筑和民用建筑的地面和楼面
14	人造石材	玻化砖		属于无釉同质砖，具有天然石材的质感，而且具有高光度、高硬度、耐磨性好、吸水率低、色差少、规格多样和色彩丰富等优点。它质地均匀致密、强度高、化学性能稳定，比大理石轻便	600×600、800×800、900×900、1000×1000	用于公共建筑和民用建筑的墙面、地面和楼面
15	人造石材	人造大理石		聚酯型人造大理石（常简称人造大理石）是模仿大理石的表面纹理加工而成的，具有类似大理石的肌理特点，并且花纹图案可由设计者自行控制确定。它重量轻、强度高、厚度薄、耐腐蚀性好、抗污染，并有较好的可加工性，能制成弧形、曲面等形状，施工方便		用于制作各类家具、橱柜的台面
16	人造石材	水磨石		一种人造石料，用水泥、石屑等原料加水搅拌均匀，涂抹在建筑的表面，经过凝固以后，泼上水，用打磨设备打磨光滑。可根据需要，在水泥等原料中加入不同色料，以制成不同颜色、花样的水磨石		用于大厅、走廊等公共空间的地面
17	玻璃	夹层玻璃		又称夹胶玻璃，是在两块玻璃之间夹进一层以聚乙烯醇缩丁醛为主要成分的PVB中间膜。玻璃即使碎裂，碎片也会被粘在薄膜上，破碎的玻璃表面仍保持整洁光滑	最大尺寸2440×5500，最小尺寸250×250，常用玻璃厚度3～19mm	用于民用、公共建筑中有特殊装饰要求的地面或墙面

（续）

序号	类别	名称	图片	特性	常用规格 长/mm×宽/mm（×厚/mm）	用途
18	玻璃	玻璃马赛克		正面光泽滑润细腻，背面带有较粗糙的槽纹，以便于用砂浆粘贴。具有色调柔和、朴实、典雅、美观大方、化学稳定性强、冷热稳定性好等优点。此外还有不变色、不积尘、容重小、粘结牢固等特性	20×20	许多家庭用于铺设卫生间墙面、地面的材料，以多姿多彩的形态成为装饰材料的宠儿，备受前卫、时尚家庭的青睐
19	地毯	化纤地毯		化纤地毯也称为合成纤维地毯，品种极多，有尼龙（锦纶）、聚丙烯（丙纶）、聚丙烯腈（腈纶）、聚酯（涤纶）等不同种类。化纤地毯外观与手感类似羊毛地毯，耐磨而富弹性，具有防污、防虫蛀等特点，价格低于其他材质地毯		用于居住空间、办公空间、餐饮空间或酒店的地面
20	地毯	羊毛地毯		羊毛地毯图案精美，色泽典雅，不易老化、褪色，具有吸声、保暖、脚感舒适等特点。它毛质细密，具有天然的弹性，受压后能很快恢复原状		用于居住空间、办公空间、餐饮空间或酒店等较高等级室内空间的地面

二、常用立面材料

常用立面材料列表见表2-2。

表2-2　常用立面材料列表

序号	类别	名称	图片	特性	常用规格 长/mm×宽/mm（×厚/mm）	用途
1	贴面	塑料贴面板		一种层压塑料装饰片，粘贴在板材的表面。图案色调丰富多彩，耐湿，耐磨，耐燃烧，耐一定酸、碱、油脂及酒精等溶剂的侵蚀，平滑光亮，极易清洗	2440×1220， 厚度：2.5、2.7、3.0、3.6	适用于各种建筑室内、车船、飞机及家具等表面装饰

（续）

序号	类别	名称	图　片	特　性	常用规格 长/mm×宽/mm（×厚/mm）	用　途
2	贴面	塑料踢脚板		防水、防霉、防蛀，不受温度、湿度变化影响而变形，容易安装，有不同的颜色可供选择	高度：80～100	用于各类民用、公共建筑室内，保护墙面底部不受破坏，并兼具装饰作用
3		复合踢脚板		实木复合踢脚板由多层板组成，一般是五合板和九合板。做法是先在多层板上贴PVC表皮，同时在最外面再贴木纹纸，最后再刷一层油漆	1024×76.8	
4	涂料	乳胶漆		乳胶漆是以合成树脂乳液为基料，加入颜料、填料及各种助剂配制而成的一类水性涂料。分为无机涂料、有机涂料及有机和无机复合涂料三大类		用于室内墙面、吊顶等
5		防水乳胶漆		常温下呈液态，在涂刷之后，能在墙体等表面固化，形成具有一定厚度和弹性的防水膜和保护层，细腻、平滑，大大提高了涂膜的耐沾污性		用于室外墙面及容易受潮的室内墙面等地方
6		马莱漆		色彩、纹样繁多且具有天然石材和瓷器的质感与透明感，表面保护层具有较强的耐湿性、耐污染性，有很好的抗霉、抗菌效果		用于艺术墙面、家具、吊顶
7		水性木器漆		是以丙烯酸或聚氨酯为主要成分，以水作为稀释剂的漆。它附着力好，漆膜硬度和丰满度较高，综合性能接近油性漆		广泛适用于室内家具、门窗、橱柜等各类木制品的涂装

（续）

序号	类别	名称	图　片	特　性	常用规格 长/mm×宽/mm（×厚/mm）	用　途
8	涂料	油性木器漆		常用的品种有油脂漆、天然树脂漆、酚醛漆、硝基漆、丙烯酸漆、聚氨酯漆、不饱和聚酯漆。其特点为常温快干、光亮丰满、光彩夺目、硬度高、耐磨		广泛适用于室内家具、门窗、橱柜等各类木制品的涂装
9	涂料	手绘墙面		具有良好的装饰效果，一般会在绘画前根据房间的整体风格、色调来选择尺寸、图案、颜色及造型		用于电视背景墙、沙发墙和儿童房等特殊墙面的装饰
10	板材	胶合板		是一种人造板，用涂胶后的单板按木纹方向纵横交错配成的板坯，在加热或不加热的条件下压制而成。层数一般为奇数，少数也有偶数。纵横方向的物理、机械性质差异较小。常用的有三合板、五合板等	夹板一般分为3厘板、5厘板、9厘板、12厘板、15厘板和18厘板6种规格（1厘即为1mm）	适用于各种建筑室内、家具等表面的装饰
11	板材	密度板		以木质纤维或其他植物纤维为原料，加入酚醛树脂或其他适用的胶粘剂制成的人造板材，按其密度的不同，分为高密度板（简称HDF）、中密度板（简称MDF或MDFB）、低密度板。密度板表面光滑平整、材质细密、性能稳定、边缘牢固，板材表面的装饰性好	2440×1220	主要用于制作强化木地板、门板、隔墙、家具等
12	板材	刨花板		刨花板是用木材碎料为主要原料，再掺胶水、添加剂压制而成的板材。按压制方法可分为挤压刨花板、平压刨花板两类。价格便宜，但是强度较差	以19mm为标准厚度，常用厚度为13mm、16mm、19mm 3种	用于装饰装修工程及火车、汽车车厢制造

（续）

序号	类别	名称	图　片	特　性	常用规格 长/mm×宽/mm（×厚/mm）	用　途
13	板材	实木多层板		以纵横交错排列的多层木薄板经涂树脂胶后在热压机中通过高温高压制作而成。不易变形开裂，干缩膨胀系极小，具有较好的调节室内温度和湿度的能力	2440×1220×15（18、20）	用于装饰装修工程及火车、汽车车厢制造
14	板材	细木工板		俗称大芯板，由两片单板中间胶压拼接木板而成。细木工板握钉力好、强度高，具有质坚、吸声、绝热等特点，而且含水率不高，在10%～13%之间，加工简便，稳定性强	2440×1220×15（18、20）	用于制作家具、门窗、门窗套、隔断、假墙、暖气罩、窗帘盒等
15	板材	不锈钢板		表面光洁，有较高的塑性、韧性和机械强度，耐酸碱性气体、溶液和其他介质的腐蚀		常用于家具、门套的饰面，也用于电梯门套、装饰背景墙、柜体等处的表面装饰
16	石材	大理石		具有良好的装饰性能和耐磨性能，优良的加工性能，不导电，不导磁。（其他性能详见表2-1）		用于高档墙面饰面或制造精美的用具，如家具、灯具、烟具及艺术雕刻等
17	石材	花岗石		坚硬，表面颗粒较粗，构造致密，整体呈均匀粒状结构，具有放射性，不掉碎屑，不易刮伤，不怕高温。（其他性能详见表2-1）		可做成多种表面，如抛光、亚光、细磨、火烧、水刀处理和喷砂，用于特殊墙面的装饰

（续）

序号	类别	名称	图片	特性	常用规格 长/mm×宽/mm（×厚/mm）	用途
18	石材	砂岩		由石英颗粒（砂子）形成，结构稳定，通常呈淡褐色或红色，含硅、钙、黏土和氧化铁。主要有隔声、吸潮、抗破损、户外不风化、水中不溶化、不长青苔、易清理、无污染、无辐射、无反光、不变色、吸热、保温、防滑等特点		用于制作雕刻花板、线条、拼板、梁托、家居饰品、环境雕塑、建筑细部雕塑、砂岩板、镂空柱等
19	人造石材	釉面砖		分陶制与瓷制两种：陶制釉面砖由陶土烧制而成，吸水率较高，强度相对较低，其主要特征是背面颜色为红色；瓷制釉面砖由瓷土烧制而成，吸水率较低，强度相对较高，其主要特征是背面颜色为灰白色	300×300 400×400 500×500 600×600	主要用于厨房、卫生间和其他湿度较大的房间墙面
20	人造石材	玻化砖		具有天然石材的质感，而且光度高、硬度高、耐磨性好、吸水率低、色差少、规格多样化、色彩丰富、质地均匀致密、化学性能稳定	600×600 800×800 1000×1000	主要用于公共建筑的大厅、走廊等公共交通空间的墙面
21	人造石材	马赛克		分为玻璃马赛克、陶瓷马赛克、石材马赛克、金属马赛克等。马赛克由于体积较小，可以制作一些拼图，也可以产生渐变效果	20×20	一种装饰艺术材料，多用于卫生间或厨房
22	人造石材	人造砂岩		人造砂岩的质感和外观与天然砂岩相同，它比天然砂岩更精美，更容易加工，品种更多，规格也更灵活，而且价格比天然砂岩低得多	400×400	常用于装饰背景墙的艺术浮雕、人造仿真景观、人造假山、仿真植物、园林景观等

（续）

序号	类别	名称	图片	特性	常用规格 长/mm×宽/mm（×厚/mm）	用途
23	玻璃	玻璃砖		属于低穿透的隔声体，可用于繁杂的街道或工厂附近的居室，隔绝噪声的干扰；强度高，耐久性好。砖内近似真空状态，可隔绝外部的热量，使玻璃砖成为比双层玻璃更佳的绝热产品		用于外墙或室内隔断、隔墙，能提供良好的采光效果
24	玻璃	艺术玻璃		反射率高、色泽还原度好，影像亮丽自然，即使在潮湿环境中也经久耐用。此外还有抗酸碱、耐腐蚀、永不褪色、安全高强等特点		用于装饰墙面或单独制成隔断、工艺品等
25	玻璃	钢化玻璃		强度高、抗弯强度高、抗冲击性好、使用安全；承载能力强，不易碎；耐急冷急热性质好，可承受较高的温差变化，对防止热炸裂有明显的效果		用于门窗、间隔墙和橱柜门
26	壁纸	壁纸		用于装饰墙壁的特种纸。具有一定的强度、美观的外表和良好的抗水性能，表面易于清洗，不含有害物质。根据产品的质量要求，产品分为很多类，如涂布壁纸、覆膜壁纸、压花壁纸等		用于饭店、民用住宅等建筑的内墙、顶棚、梁柱等的贴面装饰
27	壁纸	海吉布		是一种由胶、壁布和涂料三者结合而成的复合型装饰材料，花纹立体、种类繁多，具有典雅优美的装饰效果和卓越的性能。可以防火、防潮、防裂及防腐	1000×10	用于一般饭店、民用住宅等建筑的内墙、顶棚、梁柱等贴面装饰
28	门窗	铝合金门窗		铝合金门窗由经过表面处理的铝合金型材，通过下料、打孔、铣槽、攻螺纹、制窗等加工工艺制成门窗框料构件，与玻璃、连接件、密封件、开闭五金件组合装配而成	厚度：40、45、50、55、60、65、70、80、90	用于民用、公共建筑的门窗

（续）

序号	类别	名称	图　　片	特　　性	常用规格 长/mm×宽/mm（×厚/mm）	用　　途
29	门窗	塑钢门窗		以聚氯乙烯树脂（UPVC）为主要原料，经成型、切割、焊接或螺接制成门窗框扇，配装上密封胶条、毛条、五金件等。它强度高、耐冲击性好，耐候性及抗老化性好，保温隔热性能好，气密性、水密性好，隔声性能好，耐腐蚀性好	厚度：60、80	用于民用、公共建筑的门窗
30		防盗门		防盗门可分为栅栏式防盗门、实体门和复合门三种。最大特点是保安性强，此外还有坚固耐用、开启灵活、外形美观等特点	1500（宽）×2100（高）	适用于民用建筑和住宅、高层建筑的机要室、财务部门等处
31		轻质移门		边框采用铝合金或镀锌钢材，门板为玻璃或轻质板材，具有顺畅静音的滑动系统与超强的承重能力，同时密封性与防震性较好	1200（宽）×2100（高）	作为空间分隔或衣柜移门使用，灵活方便又美观时尚
32		实芯工艺门		采用实木边框，两面夹板或模压板，中间填充指接板。工艺门分实木收边和贴皮收边两种。这种门比实木门轻巧，价格也较便宜	800（宽）×2100（高）	作为民用、公共建筑的房门
33		实木门		以原木作门芯，经过干燥处理，然后经下料、刨光、开榫、打眼、高速铣形等工序加工而成。经加工后的成品门具有不变形、耐腐蚀、无裂纹及隔热保温等特点。同时，实木门因具有良好的吸声性，而有效地起到了隔声的作用	800（宽）×2100（高）	

三、常用顶面材料

常用顶面材料列表见表2-3。

表2-3 常用顶面材料列表

序号	名称	图片	特性	常用规格 长/mm×宽/mm	用途
1	纸面石膏板		纸面石膏板是以建筑石膏为主要原料，掺入适量添加剂与纤维作板芯，以特制的板纸为护面，经加工制成的板材。纸面石膏板具有重量轻、隔声、隔热、加工性能好、施工方法简便等特点	3000×1200	可用于工业与民用建筑物的内墙体覆面板、天花板和预制石膏隔墙板等
2	防水石膏板		防水石膏板的做法是在石膏芯材、板纸里加入定量的防水剂，使石膏本身具有一定的防水性能。但此板不可直接暴露在潮湿的环境里，也不可直接长时间浸水	3000×1200	特别适用于卫生间、厨房的吊顶装饰
3	聚酯纤维板		聚酯纤维板是用聚酯纤维热压而成的致密多孔性的吸声板，材料环保，防潮、防霉、抗变形、防火、耐擦洗、易加工、施工简单，并且有一定的强度和韧性，可缓冲撞击，有多种色彩、图案可供选择		可作为吊顶天花、装饰墙板、吸声墙板及空间吸声体，既可用于吸声，又可作为装饰面板
4	石膏装饰板		石膏装饰板具有质轻、防潮、不变形、防火、阻燃等特点，主要品种有平板、花纹浮雕板、半穿孔板、全穿孔板、防水板等	600×600	适用于居室的客厅、卧室、书房吊顶
5	石膏线		石膏线以建筑石膏为基料，配以增强纤维、胶粘剂等，经搅拌、浇注成型而成，表面光洁、线条清晰、尺寸稳定、强度高、阻燃、可加工性好、拼装容易，采用粘结施工，施工效率高		可以代替木线条来配合各种石膏装饰板的吊顶，使室内装饰装修浑然一体，立体感强、整体性好

（续）

序号	名称	图　　片	特　　性	常用规格 长/mm×宽/mm	用　　途
6	石膏吸声装饰板		以建筑石膏为主要原料，加入纤维及适量添加剂作板芯，以特制的纸板为护面，经过加工制成。它强度高、挠度较小，具有轻质、防火、隔声、隔热等特点，抗震性能良好、施工简便、加工性能好	600×600 厚度：9或12	适用于室内噪声大的房间，作为吊顶及墙面装饰可降低噪声
7	硅酸钙板		硅酸钙板也叫纤维水泥板，是以水泥为基料，并配以天然纤维经成型、加压、高温蒸养等技术处理而制成。它防火、防潮、隔声、防虫蛀、耐久性强	2440×1220， 2400×1200 厚度：6、8、10、12	用于民用建筑的墙体、吊顶、地板、家具，道路隔声、吸声屏障和船舶隔舱等
8	PVC扣板		耐水耐擦洗性强、成本低、重量轻、安装简便、防水、防虫蛀，图案花色变化多，并且耐污染、易清洗，有隔声、隔热的良好性能	厚度：5~10 宽度：10、18、20、25	用于厨房、卫生间和其他潮湿空间的吊顶
9	铝合金扣板		分3种类型：①铝镁合金，抗氧化能力好，是吊顶的最佳材料；②铝锰合金，强度与刚度略优于铝镁合金，但抗氧化能力略有不足；③铝合金，含锰、镁较少，所以抗氧化能力、强度及刚度均明显低于铝镁合金和铝锰合金。寿命比PVC扣板长	600×300	用于厨房、卫生间和其他潮湿空间的吊顶
10	矿棉板		矿棉板是以矿渣棉为主要原料，加适量的添加剂，经配料、成型、干燥、切割、压花、饰面等工序加工而成的，具有降噪、吸声、隔声、防火等特点	600×600	用于各种建筑室内吊顶、贴面的装修

四、常用五金与辅料

常用五金与辅料见表2-4。

表2-4　常用五金与辅料

序号	类别	名称	图　片	特　性	常用规格/mm	用　途
1	木材	松木		色泽天然，纹理清楚美观；造型朴实大方，线条饱满流畅；实用性强，经久耐用；弹性和透气性强，导热性能好且保养简单。但木质软，易开裂变形，还易析出油脂		主要用于制作木龙骨（包括顶棚龙骨和地板龙骨）与实木家具
2		杉木		木材纹理通、结构均匀、不翘不裂、质松、易干燥、易加工、切面粗糙、强度中等、易劈裂、胶着性能好		广泛用于建筑、桥梁、造船、电杆、家具及各种器具
3		柳桉		分白柳桉、红柳桉两种。白柳桉纹理直或斜面交错，易于干燥和加工，且着钉、油漆、胶合等性能较好；红柳桉木材结构纹理亦如白柳桉，径切面花纹美丽，但干燥和加工较难。柳桉木质偏硬，有棕眼、纤维长、弹性大、易变形等特点		用于制作胶合板、地板、家具、楼梯扶手、古建筑、一般建材、液体容器等
4		柚木		质地坚硬、细密，耐久、耐磨、耐腐蚀、不易变形，其胀缩率是木材中较小的		多用于制作实木地板，薄片与胶合板结合可制成饰面板等
5		胡桃木		抗弯曲及抗压强度中等，韧性差，有良好的热压成型能力。芯材抗腐能力强，边材易于被粉蠹破坏。质地硬、耐磨、耐腐，刚性、强度及耐冲击性良好，胀缩率小，涂装容易		用于制作实木地板、装饰板、装饰线材、壁面、门窗套、踢脚板、家具等

（续）

序号	类别	名称	图　片	特　性	常用规格/mm	用　途
6	木材	樱桃木		颜色呈黄白至浅黄褐色，或红色至深红色；木材为散孔材，材色均匀，纹理多为直的，结构细而均匀，无特殊气味；质地均匀，软硬适中，易于加工，而且干缩性较好，不翘曲		主要用于制造家具、铺装地面及装饰面板
7		橡木		密度较高，质地坚硬，纹理平直美观，色泽淡雅，耐磨损，但不易于干燥锯解和切削		大量应用于装潢、家具、体育器材、造船及车辆的装饰材料
8		红木		颜色较深，木质较重，材质较硬，强度高，耐磨、耐久性好，握钉力强，胶结、油漆性能好。但不易加工，不易干燥		通常用作高级家具用材，也可用于木地板等室内装修，或雕刻、制作高级工艺品、乐器等
9		柞木		白至浅棕色，芯材呈粉红至棕色，绝大部分为直纹，纹理粗糙。质地硬、比重大、强度高、结构密。耐湿、耐磨损，不易胶结，着色性能好		适用于高档装修、地板、室内装修等
10		桦木		黄白至黄褐色，芯边材区别不明显；有光泽；无特殊气味；生长轮略明显，轮间有浅色细线；木质略重且硬，易加工，切削面光滑		较结实的木材，常用于制造家具、农具与居家用品

（续）

序号	类别	名称	图片	特性	常用规格/mm	用途
11	木材	榉木		边材呈淡红褐色，芯材呈红赭色，材质稍粗，木质坚硬、强韧、富有弹性，耐磨、耐腐、耐冲击，干燥后不易翘裂，透明漆涂装效果颇佳。缺点是易变形		用于制作实木地板、楼梯扶手栏杆、装饰线材、壁面、柱面、门窗套及家具饰面板
12		铁刀木		属散孔材，纹理直，结构略粗，材质中等至坚重。边材黄白至白色，芯材暗褐至紫褐色，露在大气中呈黑色，又称黑檀		为建筑良材和制作工具、家具、乐器等之良材
13	水泥砂浆	水泥		粉状水硬性无机胶凝材料，加水搅拌后成浆体，能在空气中硬化或者在水中更好地硬化，并能把砂、石等材料牢固地胶结在一起。根据矿物组成成分可分为硅酸盐类水泥和硫铝酸盐水泥。此外，还有特种水泥，如膨胀水泥、快硬水泥等		重要的建筑材料，用水泥制成的砂浆或混凝土坚固耐久，广泛应用于土木建筑、水利、国防等工程
14		彩色水泥		根据主要化学成分可分为硅酸盐彩色水泥、硫铝酸盐彩色水泥和铝酸盐彩色水泥，其中硅酸盐彩色水泥最常用		主要用来配制彩色水泥浆，多用于室内外墙、地面装饰，可以呈现各种色彩、线条和花样
15		砂浆		建筑上砌砖石用的黏结物质，由一定比例的砂和胶结材料（如水泥、石灰膏、黏土等）加水合成，也叫灰浆		用于建筑、装饰、道路、绿化等材料的黏结剂

（续）

序号	类别	名称	图　片	特　性	常用规格/mm	用　途
16	铰链	合页		可以保证门的开启自由和稳固，是连接柜体和门板的主要构件，具有较低的摩擦系数和较好的耐磨特性		连接各种门
17		橱门铰链		连接柜体和门板的主要构件。铰链可以由可移动的组件构成，或者由可折叠的材料构成		连接各种橱门
18	导轨吊轮	移门导轨		多为铝合金结构，具有韧性、耐候性且不生锈、不易氧化	最长6m，厚35mm	作为移门移动的轨道，方便门的开启
19		移门吊轮		引导柜门、橱门沿导轨滑动，具有坚固耐用、安装方便、推拉轻松等特点		用于连接滑动平移门、折叠门、侧滑门、冷库保温门、医用射线防护门、船体悬挂平移门、悬挂式物流生产线的门扇
20	管线	PPR热熔管		PPR管又叫三型聚丙烯管，采用无规共聚聚丙烯经挤出成为管材，注塑成为管件。它强度高，具有较好的抗冲击性能和长期蠕变性能	管径为20、32、40、50、80、100	适用于工业和民用建筑内生活、卫生饮用给水及热水、中央空调系统和采暖系统

（续）

序号	类别	名称	图片	特性	常用规格/mm	用途
21	管线	PVC线管		采用PVC塑料制造，具有绝缘、防腐、阻燃自熄等特点，便于查找、维修和调换线路	管径为15、20、25、32、40、50、70	用于室内布线，网络工程
22	管线	PVC下水管		管壁内外层由软PVC制成，中间增强层由涤纶纤维精密编织而成，管体具有无毒、光亮、精巧、耐腐蚀、耐中压、耐酸碱、耐高温、抗拉伸、外形素雅大方、柔软轻便、经久耐用且富弹性的特性	管径13~63	用于室内外饮用水供给和排放、工业污水排放和农业灌溉
23	管线	镀锌管		热镀锌管镀锌层厚；电镀锌管成本低，表面不是很光滑。一般为常压管道，费用较低，多采用螺纹连接	管径为20、25、32、40	用于制作煤气管、暖气管、热水管等
24	管线	电源线		用于电力、通信及相关传输用途的材料，抗拉强度、延伸率、弯曲扭转特性较好，耐蠕变、耐磨	常用截面尺寸为2.5、4、6	可作为传输电能和信息的导线
25	辅助五金	地漏		表面开孔，使用安全，多为不锈钢材质，具有密封防臭功能	115×115	排除地面积水
26	辅助五金	弱电插座		网络、电话、有线电视等家用分频设备一般都是一入四出	120×120	用于共享家庭及公共空间的网络、电话和有线电视

（续）

序号	类别	名称	图片	特性	常用规格/mm	用途
27	辅助五金	电源开关		是用来接通和断开电路的元件。开关应用在各种电子设备、家用电器中	120×120	灯具开关等
28		电源插座		方便提供设备连接电源，额定电流：10A。额定电压：250V 面板采用 PC 塑料（防弹胶），抗冲击，阻燃，耐高温	120×120	供多种电器设备同时使用电流

第二节　照明与灯光

在居住空间中，照明与灯光设计是非常重要的一个环节。这不仅体现在实用性上，也体现在环境氛围的渲染与效果上。如何设计出既实用又美观的照明，是现代室内设计师应该具备的基本技能之一。

一、照明与灯光设计原则

现代计算机技术的发展带动了照明与灯光设计的技术革新，众多照明设计软件也应运而生，如当下较为常用的 DIALux 软件，设计师可以利用软件进行灯具设计与配置，并且得到较为直观的数值及效果。

室内设计的照明布局形式分为三种，即基础照明（环境照明）、重点照明和装饰照明。灯具是指能分配和改变光源分布的器具，包括固定和保护光源所需的全部零部件，以及与电源连接所必需的线路附件。在室内设计中，要根据具体的照明形式合理选择灯具。

二、常用灯具

常用灯具见表 2-5。

表 2-5　常用灯具列表

序号	名称	图片	特性	常用规格 长/mm×宽/mm（×厚/mm）	用途
1	镜前灯		固定在镜子上面的照明灯，为辅助光源。采用高效镇流器，节能、寿命长		用于盥洗间镜子附近，补充照明

（续）

序号	名称	图　片	特　性	常用规格 长/mm×宽/mm（×厚/mm）	用　途
2	装饰吊灯		花样较多，常用的有欧式烛台吊灯、中式吊灯、水晶吊灯、羊皮纸吊灯、时尚吊灯、锥形罩花灯、尖扁罩花灯、束腰罩花灯、圆球吊灯、玉兰罩花灯、橄榄吊灯等		适用于住宅的客厅，以及酒店的大厅、宴会厅等
3	水晶吊灯		有几种类型：天然水晶切磨造型吊灯、重铅水晶吹塑吊灯、低铅水晶吹塑吊灯、水晶玻璃中档造型吊灯、水晶玻璃坠子吊灯、水晶玻璃压铸切割造型吊灯、水晶玻璃条形吊灯等		应用于娱乐场所、文物珠宝照明、家庭装饰、城市亮化、酒店装饰等
4	小吊灯		不仅外形优美，而且具有较强的聚光性能，因此常用做局部照明或重点照明		用于卧室、餐厅或者客厅，特别适用于家庭吧台的照明，规格较小，因此一般几个一起使用
5	台灯		按材质分，有陶灯、木灯、铁艺灯、铜灯等；按功能分，有护眼台灯、装饰台灯、工作台灯等；按光源分，有灯泡、插拔灯管、灯珠台灯等		用于阅读书写、电脑作业、工作室照明以及休闲娱乐的辅助照明
6	落地灯		支架多由金属、旋木或自然形态的材料制成。落地灯的采光方式若是直接向下投射，则适合阅读等需要精神集中的活动；若是间接照明，则可用于调整整体的光线变化		一般布置在客厅和休息区域里，与沙发、茶几配合使用，以满足房间局部照明和点缀装饰家庭环境的需求

（续）

序号	名称	图　　片	特　　性	常用规格 长/mm×宽/mm（×厚/mm）	用　　途
7	楼梯灯		专为楼梯或较高的共享空间所设计的大型灯具		用于楼梯间的照明
8	吸顶灯		按构造分类有浮凸式和嵌入式两种；按灯罩造型分类有圆球形、半球形、扁圆形、平圆形、方形、长方形、菱形、三角形、锥形、橄榄形和垂花形等多种		适用于客厅、卧室、厨房、卫生间等处照明
9	壁灯		固定于墙壁之上的灯具。常用的有双头玉兰壁灯、双头橄榄壁灯、双头鼓形壁灯、双头花边杯壁灯、玉柱壁灯、镜前壁灯等		适用于民用、公共空间的照明
10	射灯		分低压、高压两种。光线柔和，雍容华贵，既可对整体照明起主导作用，还可营造氛围使光束集中，有多种光束角，产生不同的光照效果。低压射灯一般需要配置电子变压器		适用于家庭、商场、酒店、展览厅、服装店、精品店、舞厅等的重点照明
11	轨道射灯		将多个射灯排列在一条直线或曲线的轨道上，共用一个变压器，各个射灯可以在轨道上滑动		用于较长装饰面的照明，例如壁画

（续）

序号	名称	图　片	特　性	常用规格 长/mm×宽/mm（×厚/mm）	用　途
12	筒灯		嵌装于天花板内部的隐置性灯具，所有光线都向下投射，属于直接配光。可以用不同的反射器、镜片、百叶窗、灯泡来取得不同的光线效果。筒灯不占据空间，可增加空间的柔和气氛；亮度高、温度低、显色性好		适用于家庭、商场、酒店、展览厅、服装店、精品店、舞厅等的功能照明或背景照明
13	防水筒灯		在筒灯外围装上一层防水材料		用于需要防水的浴室、厨房等
14	橱柜灯		安装在橱柜内的照明灯具，也起到装饰的效果		用于照亮橱柜里的物品
15	格栅灯		格栅铝片采用镜面铝或有机板，深弧形设计，反光效果佳，底盘采用优质冷轧板，表面采用磷化喷塑工艺处理，防腐性能好，不易磨损、褪色。所有塑料配件均采用阻燃材料	600×600 600×1200	主要应用于办公室、商场、商店的基础照明
16	荧光灯管		俗称日光灯，两端各有一根灯丝，灯管内充有微量的氩和稀薄的汞蒸气，灯管内壁上涂有荧光粉，两根灯丝之间的气体导电时发出紫外线，使荧光粉发出柔和的可见光		室内照明
17	软管灯		芯线利用聚氯乙烯PVC塑料及铜绞线通过挤出机和模具成型而成。可随意制作出自己想要的造型，色彩多样		用于室内灯槽、室外街头树和墙体的装饰等

（续）

序号	名称	图　片	特　性	常用规格 长/mm×宽/mm（×厚/mm）	用　途
18	灯笼		中国的灯笼综合了绘画艺术、剪纸、纸扎、刺绣、缝纫等工艺，利用不同产地出产的竹、木、藤、麦秆、兽角、金属、绫绢等材料制作而成		不仅用于照明，往往也是一种风格的象征
19	节能灯		平均使用寿命≥8000小时，无噪声、无频闪，对通信、家用电器设备无干扰。比普通白炽灯泡省电80%		用于居室照明、办公照明、公共场所照明。一般不适合在高温、高湿环境下使用
20	浴霸		分传统灯泡浴霸、暖风机、普通碳纤维浴霸和暖疗伴侣四种	390×410×240	常用于卫生间、浴室，具有照明、换气、风暖、温度显示器的用途
21	排风扇		净化厨房和卫生间空气的重要设备，它能把抽油烟机未排出的烟气排到室外。结构轻巧，价格便宜，清理较方便	310×310	用于排除厨房、浴室中的烟气和热气，具有换气的用途，使浴室等室内的空气流畅

第三节　常用设备

一、常用卫生设备及其五金产品

卫生设备俗称洁具，是指在卫生间、厨房应用的家电、陶瓷及五金家居设备，大件有坐便器、面盆、浴缸、淋浴房、洗涤槽、拖布池等，另外包括龙头、花洒、毛巾杆等。表2-6和表2-7分别列举了常用的卫生设备及其五金产品。

表 2-6　常用卫生设备列表

序号	名称	图　　片	特　　性	常用规格	用　　途
				长/mm×宽/mm×高/mm	
1	洗衣机		可分为波轮式、滚筒式、搅拌式。洗衣机的外壳一般有两种：喷塑钢板或铝合金外壳。喷塑钢板美观大方；铝合金外壳永不生锈。洗衣容量为2～6kg不等	810×480×950	清洗衣物
2	烘干机		烘干机主要有回转烘干机与转筒烘干机两种，由箱体、换气电风扇、电炉丝（电热器件）以及出气孔组成	630×425×685	吹干衣物
3	按摩浴缸		通过一些传送水和空气的喷射头达到按摩作用。由缸体、缸边、花洒、开关、冲浪喷头等组成	1700×800×710	按摩肌肉、舒缓疼痛及活络关节
4	浴缸		分为钢板搪瓷浴缸、铸铁浴缸和亚克力浴缸。钢板搪瓷浴缸表面光滑，但保温性不好；铸铁浴缸耐用、耐磨、光泽度高、耐酸碱性能好、保温性能差；亚克力浴缸造型多变，不易生锈和受损，质轻，保温效果好，但表面易产生划痕	1700×850×600	用于躺卧洗澡
5	淋浴房		底盘质地有陶瓷、亚克力、玻璃钢等，围栏框架多为铝合金质地，外层喷塑。围栏上安有塑料或钢化玻璃门，方便进出，造型有圆形、扇形和钻石形	1000×1000×1850	用于站立洗澡

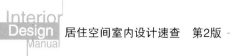

（续）

序号	名称	图　片	特　性	常用规格 长/mm×宽/mm×高/mm	用　途
6	坐便器		分为冲落式和虹吸式两大类。虹吸式坐便器又分为喷射虹吸式及旋涡虹吸式。冲落式坐便器借冲洗水的冲力直接将污物排出。虹吸式坐便器借冲洗水在排污管道所形成的虹吸作用将污物排出	727×408×830	用于坐便
7	冲洗式马桶盖		也叫智能马桶盖，是集加热、冲洗、烘干、音乐、药疗等功能于一身的马桶盖。可以直接安装在马桶上，不会损坏马桶的原来结构，对老人和行动不方便人士非常方便		冲洗和烘干
8	蹲便器		分为无遮挡式和有遮挡式，其结构分为有返水弯和无返水弯两种，由冲洗阀和便盆组成，具有结构简便、便于安装和省水节能的特点	470×440×320	用于蹲便
9	小便斗		有壁挂式和落地式两种，集过滤、限流及开关为一体，具有安装方便、节水节能、使用寿命长、静音、抗菌、无辐射污染等特点	490×360×520	用于男性小便
10	盥洗盆		由翻盖圈和用铰链连接的盆体组成，盆体由上层和下层组成，下层的直径较上层的直径略小。盆体的底部有个可以用塞子塞住的放水孔，盆的形状是椭圆形的	580×470×350	清洗下身

（续）

序号	名称	图 片	特 性	常用规格 长/mm×宽/mm×高/mm	用 途
11	台上盆		有个像脸盆一样的上缘翻边，该翻边置于台盆柜台面之上，因此称为“台上”	530×500×195	洗漱
12	台下盆		整个盆体都置于台盆柜台面之下，因此称为“台下”	460×455×195	
13	立盆		由空心柱支撑的洗面盆，龙头、开关固定于盆边缘，下水管道隐藏在立柱中，不需要另外制作台盆柜，占地空间较少	530×500×820	
14	碗盆		用碗口的形状贴合人们的洗漱习惯，提供了不同的卫生品味	473×427×196	
15	拖把池		一般由陶瓷制成，安装于卫生间或工作间的地面	559×508×712	洗拖把

表 2-7　常用卫生五金列表

序号	名称	图　片	特　性	常用规格 长/mm×宽/mm	用　途
1	水龙头		水嘴的俗称，分单孔和双孔。较多采用双联式，可同时接冷热两根管道		用于浴室洗面盆出水
2	浴缸龙头		通常采用精铜铸造，外表镀镍、铬。陶瓷阀芯，挂墙式安装		用于浴室浴缸的上下出水
3	淋浴花洒				
4	毛巾杆		由不锈钢或铝合金制成，两端固定于墙面，分为单杆与多杆。浴巾杆常以格栅的形式形成底面，浴巾折叠放置	长 600	悬挂毛巾
5	浴巾杆			长 650	悬挂、摆放浴巾
6	肥皂盒		分有盒盖与无盒盖两种。可以悬挂于浴室墙面，也可放置在台面、搁板之上	120×75	盛放肥皂
7	卷筒纸盒		由不锈钢或 PVC 塑料制成，中间的卷轴可穿入卷筒纸纸芯。外面的保护罩可防止卫生纸被污染	123×120 80×120	盛放卷筒纸

（续）

序号	名称	图片	特性	常用规格 长/mm×宽/mm	用途
8	洗漱用具		分单杯、双杯与三杯套装。基座可以固定于浴室墙面，也可放置在台面、搁板之上		刷牙、漱口
9	马桶刷		为方便卫生间地面的清洁，最好将马桶刷悬挂于墙面较低处，存放马桶刷的容器要尽量光滑、小巧、易于清洁		清洁马桶
10	垃圾桶		分不锈钢与PVC塑料两种，常用脚踏开启式，可以使手不触摸到垃圾桶		收集垃圾
11	浴帘		图案美观，不透明。有多个环扣，方便挂于浴帘杆之上，并且易拆洗。特别适用于狭小的淋浴空间	1800×1800	防止淋浴溅水，并起遮蔽作用
12	浴帘杆		有固定式和吸附式两种。常用的是吸附式，长杆的两端有吸盘，吸附于浴室瓷砖表面，浴帘杆的长度可以伸缩，有一定调节范围		悬挂浴帘
13	梳妆镜		安装于洗面盆前方。有的梳妆镜还带有放大镜		梳妆
14	搁板		为了尽可能地利用卫生间墙面，常常会固定搁板，以不锈钢和玻璃材质为多		放置卫生间小型物品

二、常用厨房设备

居住空间常用的厨房设备列表见表2-8。

表2-8　居住空间常用厨房设备列表

序号	名称	图　片	特　性	常用规格 长/mm×宽/mm×高/mm	用　途
1	排油烟机		分欧式、中式和近吸式（侧吸式）几类。就电机及风轮的数量可分为双机及单机（即双筒和单筒）	760×495×580	排除油烟
2	燃气灶		按气源分为液化气灶、煤气灶和天然气灶；按灶眼分为单眼灶、双眼灶和多眼灶。进风方式主要有上进风、下进风和侧进风三种	720×410×155	直火加热
3	洗碗机		利用超声波原理，以极高的频率压迫液体介质振动，使被清洗物表面的污物遭到破坏。有省电、节水、噪声小和不需用专用洗涤剂的特点	440×490×520	自动清洗碗、筷、盘、碟、刀、叉等餐具
4	消毒柜		一般采用嵌入式抽屉设计，高低温消毒，上、下层消毒方式不同。上层臭氧、紫外线杀菌，热风烘干；下层高温消毒，适合各种餐具消毒、存放。电脑控制定时装置，可设定消毒、烘干时间	605×595×500	自动消毒碗、筷、盘、碟、刀、叉等餐具
5	烤箱		有效容积13～34L，功率一般在500～1500W之间，温度控制在40～250℃，有些烤箱有旋转叉架，可以烤整鸡，有的烤箱下面有旋转托盘	600×600×600	加工面食、肉类等

（续）

序号	名称	图片	特性	常用规格 长/mm×宽/mm×高/mm	用途
6	微波炉		由电源、磁控管、控制电路和烹调腔等部分组成。由于烹饪的时间很短，对食物营养的破坏相当有限，能很好地保持食物中的维生素和天然风味	580×350×380	加热食品
7	水槽		分不锈钢水槽、人造结晶石水槽、可丽耐水槽及陶瓷珐琅水槽等数种	840×450×235	洗涤餐具及食物
8	燃气热水器	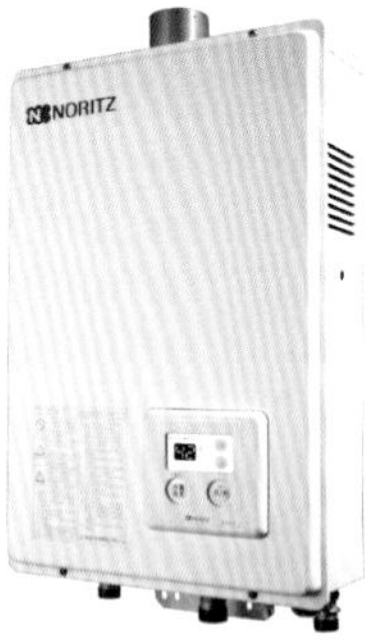	按燃气种类可分为：煤气热水器、天然气热水器和液化石油气热水器；按控制方式可分为：前制式热水器和后制式热水器；按给排气方式可分为：直排式、烟道式、强制排气式、平衡式和强制给排气式	350×150×600	使冷水升温变成热水
9	电热水器	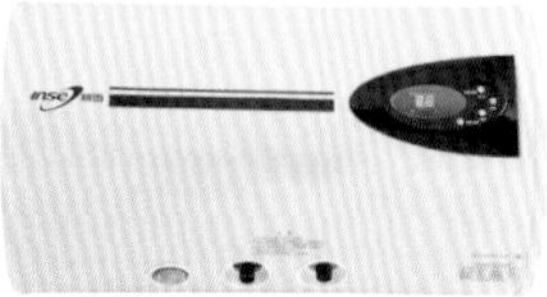	干净、卫生，不必分室安装，不产生有害气体，调温方便，达到设定温度后自动断电、补温，但加热慢，占空间，不适合人口多的家庭使用	1200×550×500	
10	太阳能热水器		集热效率高（平均日效率≥0.46）、安全、清洁、节能、保温性能好、全年可使用、使用寿命长等。规格有12支管、15支管、18支管、21支管、24支管等	1200×940×1799	

（续）

序号	名称	图　片	特　性	常用规格 长/mm×宽/mm×高/mm	用　途
11	容积式热水炉		占用较大空间，分室内机与室外机两部分安装，可同时供多处使用，为家庭提供充足的生活热水，并能为取暖片和地暖供热	高1200，直径460	使冷水升温变成热水
12	电冰箱		容积通常为20～700L，按冷却方式分为冷气强制循环式（间冷式或风冷式）、冷气自然对流式（直冷式）、冷气强制循环与冷气自然对流并用式（混合式）三种	600×600×1650	用于冷冻、冷藏食品或其他物品
13	垃圾粉碎机		安装于厨房水槽下方，将垃圾粉碎后直接排入下水管道	160×160×320	快速清除厨房垃圾
14	净水机		按饮用水的要求对水质进行深度过滤和净化处理，其技术核心为滤芯装置中的过滤膜，主要有超滤膜和RO反渗透膜两种。能有效滤除水中有害的物质和化学药剂等杂质，使水可以直接饮用	146×370×405	对水质进行深度过滤、净化处理

（续）

序号	名称	图片	特性	常用规格	用途
				长/mm×宽/mm×高/mm	
15	软水机		使溶解在水中的钙、镁硬性矿物质被软化剂树脂上的软性矿物质钠交换，从而除去	330×480×1070	降低水质硬度

三、常用电器设备

居住空间常用电器设备列表见表2-9。

表2-9 居住空间常用电器设备列表

序号	名称	图片	特性	常用规格	用途
				长/mm×宽/mm×高/mm	
1	壁挂式空调		体积小、噪声小，可悬挂于墙上，易于与室内装饰搭配	795×187×265	用于较小空间的空气调节
2	立式空调		功率大、风力强，但占地大，立于地面	500×260×1760	常用于客厅、餐厅等较大空间的空气调节

（续）

序号	名称	图　　片	特　　性	常用规格	用　　途
				长/mm×宽/mm×高/mm	
3	中央空调		不占空间、健康舒适、节能高效，但初期投入高、安装要求高		用于大面积居室的单元房、复式住宅、别墅、小型办公写字楼的空气调节
4	地暖		地表温度均匀，舒适性好；温足而顶凉，适合中医养生；室内没有散热器或风机盘管及管道，增加建筑使用面积，同时使室内更美观整洁；稳定性能好，使用寿命长。但对地面材料有要求、占用层高、制热慢，且维修不方便	地暖管径16~20，蓄热层厚度50	用于居住空间各个空间的空气调节。一般采用地暖供热的居室常常会同时在卫生间采用暖气片辐射供暖
5	暖气片		制热快、对地面材料没要求、维修方便，但占用空间、影响室内装饰	管径16~20	
6	电视机		从使用效果和外形来分为四大类：平板电视（等离子、液晶和一部分超薄壁挂式DLP背投）、CRT显像管电视（纯平CRT、超平CRT和超薄CRT等）、背投电视（CRT背投、DLP背投、LCOS背投和液晶背投）和投影电视	1020×352×699	接收电视节目、充当电脑显示器、接游戏机玩游戏、接影碟机、接耳机
7	音响设备		包括功放、周边设备（如压限器、效果器、均衡器、VCD、DVD等）、扬声器（音箱、喇叭）调音台、麦克风和显示设备等		立体环绕声播放音乐

（续）

序号	名称	图片	特性	常用规格 长/mm×宽/mm×高/mm	用途
8	电脑		电脑包括硬件部分与软件部分。软件部分包括操作系统和应用软件等；硬件部分包括机箱（电源、硬盘、内存、主板、CPU、光驱、声卡、网卡、显卡）、显示器、键盘和鼠标等	425×190×420	网上查找资料，获取信息；玩游戏、办公、远程聊天、学习等
9	DVD影碟机		目前的DVD可以分为存储影片的DVD-Video（DVD影碟或DVD视盘）、存储数据的DVD-ROM（DVD只读光盘）和存储音乐的DVD-Audio（DVD音乐盘、DVD音乐碟或DVD唱盘、DVD唱碟）三种	360×235×33	播放音/视频
10	机顶盒		目前的机顶盒有三种：①数字电视机顶盒，接收有线电视的数字信号；②IPTV机顶盒，接收网络电视的数字信号；③卫星电视机顶盒，接收卫星上的数字电视信号	350×220×43	输出高清晰度的电视信号（要求电视机必须也是高清晰度的电视机）
11	饮水机		饮水机是将桶装纯净水（或矿泉水）升温或降温并方便人们饮用的装置，分单温机与双温机（即冷热饮水机）	320×320×980	饮用纯净水、矿泉水等经过人工处理的桶装水
12	跑步机		全身性的运动设备，可以减小运动强度，提高运动量，对于提高使用者的心肺功能、肌耐力以及减肥都具有非常好的效果，是一种很好的有氧运动方式。跑步机分为电动跑步机、单功能跑步机与多功能跑步机	1580×670×1200	室内跑步健身

第四节　软装设计元素

软装设计是家居空间设计中重要的设计内容，能体现居住者的品味和审美素养，是营造空间氛围的重要手段。合理、美观的软装设计能使空间充满生机和活力，可以说居住空间最终的艺术效果要通过软装的设计与搭配才能得到完美的诠释。

软装包含的内容比较繁杂，本书就目前市场上普遍运用到的元素将其分为以下几大类：

- 家具：主要有沙发、椅子、几类、桌子、柜子、架类、床等。
- 灯具：见表2-5。
- 配饰：主要有墙饰、摆件、雕塑、餐具、镜子、茶具、烛台、花器、相框、香薰、时钟、书摆等。
- 花艺绿植：主要包括绿色植物和花艺。
- 布艺软饰：主要包括窗帘、床上用品、靠包、坐垫、餐布等。
- 生活辅助：如收纳、厨具、家电、玩具、日用品等。

软装的搭配要与居住空间的整体风格相结合，总体考虑整个空间的色彩和材质选择，空间中应有主次。软装应以家具为主体，其他元素不宜太多，否则会使空间显得零乱。

一、常用家具

家具是指在生活、工作或社会实践中供人们坐、卧或支承与贮存物品的一类器具与设备。家具不仅是一种简单的功能物质产品，而且是一种广为普及的大众艺术，它既要满足某些特定的用途，又要供人们观赏，使人在接触和使用过程中产生某种审美快感和引发丰富联想。所以说，家具既是物质产品，又是艺术创作，这便是家具的双重特点。

家具是某一国家或地域在某一历史时期社会生产力发展水平的标志，是某种生活方式的缩影，是某种文化形态的显现，因而家具凝聚了丰富而深刻的社会性。

居住空间常用的家具见表2-10。

表2-10　居住空间常用家具列表

序号	类别	名称	图　片	常用规格（长/mm×宽/mm×高/mm）	特　性
1	沙发	单人沙发		长800～950； 深850～900； 坐垫高350～420； 背高700～900	现代家庭中常用家具之一。按用料分主要有三类：皮沙发、面料沙发（布艺沙发）和曲木沙发；按照风格分为美式沙发、日式沙发、中式沙发和欧式沙发

（续）

序号	类别	名称	图片	常用规格（长/mm×宽/mm×高/mm）	特性
2	沙发	双人沙发		长 1260～1500； 深 800～900	现代家庭中常用家具之一。按用料分主要有三类：皮沙发、面料沙发（布艺沙发）和曲木沙发；按照风格分为美式沙发、日式沙发、中式沙发和欧式沙发
3		三人沙发		长 1750～1960； 深 800～900	
4		多人沙发		长 2320～2520；深 800～900	
5		贵妃椅		790×930×1300	贵妃椅一般为斜椅或躺椅，靠背弯曲成优美曲线，可斜靠可躺。通常只有一边有扶手，且扶手具有枕头的作用。贵妃椅分为现代、古典、自然、创意及民族等风格
6		沙发凳		400×400×400	把沙发设计成矮凳形式，方便配合其他沙发摆放
7		懒人沙发		单人：900×1100 双人：1190×700×850	懒人沙发又称为懒骨头、软体家居等，一般是一个大袋子，外套材质是帆布、亚麻布等，内填高密度聚苯乙烯粒子
8		功能沙发		290×370×400	具有多种功能的沙发。最常见的分两种：一种是手动功能伸展的，另一种是电动功能伸展的。可以带摇动和旋转功能，使用内置锂电源可以解决合金架在摇动或者旋转的时候扯到电源线的问题

（续）

序号	类别	名称	图　　片	常用规格（长/mm×宽/mm×高/mm）	特　　性
9	椅子	扶手椅		675×505×1045	扶手和椅面垂直相交，尺寸不大，用材较细，给人一种轻便的感觉。常用于会客、办公、写作等
10		长椅		1424×484×483	一般与卧室床配合使用的一种椅子，可用来置物
11		餐椅		450×450×500（椅面高度）	餐椅的设计椅面高度要与餐桌高度相对应，外形也往往与餐桌共同设计。传统采用木质或木质软包，有靠背，但较少有扶手。创意餐椅也会采用塑料和铝合金制成
12		办公椅		600×720×970	一般可调高低，常用于书房、办公室
13		折叠椅		500×500×895	可折叠，不占空间

（续）

序号	类别	名称	图片	常用规格（长/mm×宽/mm×高/mm）	特性
14	椅子	吧台椅		450×450×737（610）	配合人体不同高度所制成的特殊椅子，常用于家庭吧台。很多由铝合金或不锈钢制成，可旋转，可升降
15		矮凳		700×700×450	椅面高度较矮的坐具，一般没有靠背及扶手
16	几类	花几		高 800~1000	常用的中式家具，历史悠久，专门用来陈设花卉盆景。高度一般较大，造型从方形到圆形都有，主要放于门厅或立于案椅侧端
17		茶几		方茶几：长 750~900；高 430~500 矩形茶几：长 1200~1350； 宽 380~500 或者 600~750 圆茶几：直径 750、900、1050、1200；高 330~420	茶几一般分方形、矩形、圆形三种，高度与扶手椅的扶手相当。通常情况下是两把椅子中间夹一个茶几，用于放杯盘茶具。由于放在椅子之间成套使用，所以它的形式、装饰、几面镶嵌及所用材料、色彩等大多随着椅子的风格而定。茶几由于功能需要，要对水、油、污渍、细菌有很强的抵抗力，容易清洗；要选择手感温润、耐冷热、耐冲击、坚固耐用及不变形的材料制作

（续）

序号	类别	名称	图　　片	常用规格（长/mm×宽/mm×高/mm）	特　　性
18	几类	角几		400×400×500	一种小巧的桌几，可灵活移动，造型多变。一般置于角落、沙发边或者床边等，用于放置日常用的小物品，如电话
19	橱柜	衣柜		深度一般为600~750	存放或收藏衣服的家具。衣柜内常配有为不同物品设计的摆放架，如拉篮、拉箱、挂衣杆、裤架、领带格、隔板等
20	橱柜	衣橱		800×400×800	也叫五斗橱或五屉柜，即有多个抽斗（抽屉）的橱柜，用于贮藏、叠放衣物或小型生活物件
21	橱柜	鞋柜		深250~400	多由实木、复合板或金属制成，简洁美观，不占空间，可放各种鞋类
22	橱柜	电视柜		长度可定制，高：400~500；宽：400~500	可结合背景墙进行整体组合设计

（续）

序号	类别	名称	图片	常用规格（长/mm×宽/mm×高/mm）	特性
23	橱柜	床头柜		高500～700；宽500～800	床头柜的功用主要是收纳一些日常用品，放置床头灯。贮藏于床头柜中的物品，大多是为了适应需要和取用的物品，如药品等；摆放在床头柜上的则多是为卧室增添温馨气氛的照片、小幅画、插花等
24	橱柜	厨柜		深450～600	家庭厨房内集烧、洗、储物、吸油烟等综合功能于一身的设施；是现代整体厨房中各种用具与家电的物理载体和厨房设计思想的艺术载体，是现代整体厨房的主体。在某种意义上，甚至可以把整体厨房的设计等同于整体橱柜的设计。橱柜由上柜、下柜、台面和五金配件组成
25	橱柜	酒柜		1200×300×1800	由玻璃、金属实木或复合板制成，适用于各类酒的贮存，美观、大方
26	橱柜	书柜		高1800；宽1200～1500；深450～500	可放置各类书籍，能合理利用空间，美观、实用，也可作为装饰物
27	桌	矩形餐桌		宽800、900、1050、1200； 长1500、1650、1800、2100、2400	适用于西餐式饮食习惯的家庭

（续）

序号	类别	名称	图　片	常用规格（长/mm×宽/mm×高/mm）	特　性
28	桌	方形餐桌		900×900，1000×1000，1200×1200	用于成员较少的家庭
29		圆形餐桌		直径900、1200、1350、1500、1800	大多数采用玻璃、实木或复合板制作
30		写字台		长1100~1500；宽450~600；高700~750	办公学习用品，多放于书房或卧室
31		梳妆台	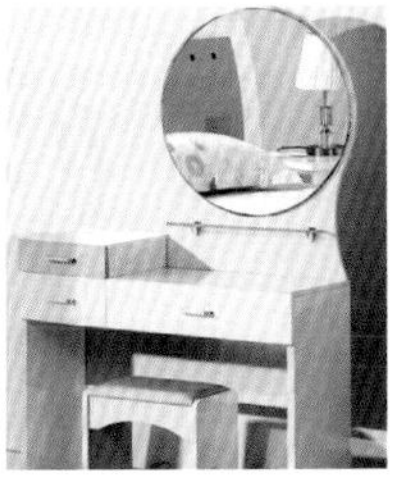	1200×600×1500	多用于卧室或独立更衣室，供梳妆使用

（续）

序号	类别	名称	图片	常用规格（长/mm×宽/mm×高/mm）	特性
32	床	双人床		1500×2000×900	床可分为平板床、四柱床、双层床、日床。平板床由床头板、床尾板、骨架构成，是最常见的床；四柱床的四角各有一根立柱，用于悬挂帷幔；双层床是上下铺设计的床；日床在欧美较常见，外形类似沙发，却有较深的椅垫，提供白天短暂休憩之用。与其他种类床不同的是，日床通常摆设在客厅或休闲视听室，而非晚间睡眠的卧室
33		单人床		宽90、105、120；长180、186、200、210	
34		圆形床		直径1860、2125、2424	
35		婴儿床		1200×800×900	婴儿床的四周一般都有栅栏。从安全角度来看，栅栏的间隔应取9cm以下，仅孩子的拳头能伸得出为好；栅栏的高度一般以高出床垫50cm为宜

二、常用配饰

居住空间的配饰最能体现主人的生活情趣，让空间具有艺术和生活气息。搭配时要注意空间的整体性。（见表2-11）

表2-11 常用配饰列表

序号	类别	名称	图片	特性	用途或搭配技巧
1	墙面饰品	照片墙		墙面装饰的主要方式之一，可以给居住空间带来温馨、创意的氛围	造型可根据墙面大小随意组合，形成一种整体感

（续）

序号	类别	名称	图　　片	特　　性	用途或搭配技巧
2	墙面饰品	悬挂工艺	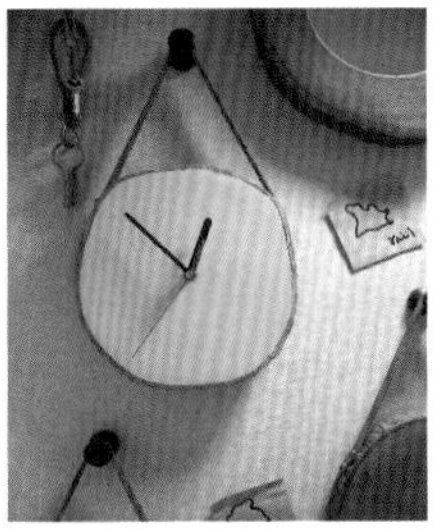	可以用挂画、陶瓷工艺等不同材质风格的艺术品来装饰墙面	悬挂类装饰品的选择要考虑跟整体空间的协调性。适用于高大、宽阔的空间，让原本空旷的空间看起来更丰富，更充满活力
3	台面饰品	摆件		具有独特的艺术表现形式，材质、样式多样，题材丰富	注意选择造型精致小巧、适宜从近处进行观赏的陈设品；与家具协调，发挥画龙点睛的作用
4		餐具		餐具按材质分为陶瓷餐具、骨瓷餐具、玻璃餐具、塑料餐具、不锈钢餐具、木器餐具等	餐具的选择体现主人的爱好和品味。款式的选择宜根据餐桌的风格来定。欧式餐厅可配描金花文的餐具；中式餐厅可配古典的花纹样式，如青花瓷
5		花器		栽种花草之容器的总称，还具有装饰功能。在材质方面，有陶制、玻璃、木制、石制等	搭配时要根据室内装修风格来选择，和环境融为一体，看起来温馨舒适

（续）

序号	类别	名称	图　片	特　性	用途或搭配技巧
6	台面饰品	烛台		烛台的使用历史非常悠久，具有浓郁的地域文化特色。现代烛台在居室中主要起到装饰作用，款式较多，有中式风格、欧式风格、日式风格等	

三、常用花艺绿植

花艺绿植作为居室中的装饰元素越来越受到人们的喜爱，特别是花艺，是装点生活的一门独特艺术。常用花艺绿植见表2-12。

表2-12　常用花艺绿植列表

序号	类别	名称	图　片	特　性	用途或搭配原则
1	绿植			不仅能美化空间，还具有净化空气、驱蚊虫、吸甲醛等功能	可以结合居室风格及功能选择，摆放位置可以根据面积具体选择，如中式风格可以搭配盆景，而国外更多喜欢将大盆植物放置到室内
2	花艺	鲜花		装饰效果佳，代表大自然美，可以通过时令性来感受自然的变化。不过时效短，需经常更换	花艺讲究与周围环境氛围的协调融合，已经成为一种常见的、受人们喜欢的软装元素。花艺风格最常见的有中式插花、日本插花以及西式插花。花艺作品可以摆放于台面，也可以落地，还可以垂挂
3		干花		干花以鲜花为材料，可重新染色，色彩可选择性丰富。装饰性比较强，但次于鲜花	

（续）

序号	类别	名称	图片	特性	用途或搭配原则
4	花艺	仿真花		仿真花原料主要有塑料、丝绸、涤纶等。种类比较多，装饰性弱，造型比较呆板，还需要经常清洁	

四、常用布艺软饰和墙饰

布艺软饰和墙饰是室内装饰中的常用元素，能柔化空间生硬的线条，同时能降低噪声，让人心情愉悦。常用的布艺软饰和墙饰见表2-13。

表2-13 常用布艺软饰和墙饰列表

序号	类别	名称	图片	特性	用途
1	窗帘	开合帘		可沿着轨道的轨迹或杆平行移动的窗帘。样式主要有欧式豪华型、罗马式和简约式	适用于各功能空间
2		罗马帘		主要是用绳索作牵引可以上下移动的窗帘，多从美观角度出发，用纱的材质，起到装饰的作用	常用于书房、过道、餐厅等不需要遮挡强烈光线的空间
3		卷帘		窗帘随着卷管的卷动上下升降。材质一般为无纺布，透而不亮	常用于卫生间、书房、卧室，主要起到遮挡视线的作用

（续）

序号	类别	名称	图片	特性	用途
4	窗帘	百叶帘		可以180°调节，并可上下或左右移动的窗帘。款式有垂直和平行两种。材质主要用木质、金属等	常用于书房、卫生间、厨房等空间，具有阻挡视线和调节光线的作用
5	床品			包括四件套、抱枕等。风格多样，色彩丰富。有欧式风格、现代简约风格、田园风、新中式风等	保暖、防尘、装饰
6	靠垫			靠垫最讲究的是面料，有多种材质可选择，如混纺布、棉布、锦缎、棉麻等，根据家具以及整体空间的配色统一搭配	主要作为沙发、座椅、床具的附属品，用来弥补某些家具在功能上的不足，增加舒适性，同时起到点缀和装饰的作用
7	地毯			室内主要的铺装材料，具有保温、防滑、增加脚部舒适度、吸声、隔声等作用，同时还具有装饰性，对室内环境起到良好的调节作用	根据功能需要主要可用于客厅、卧室、书房、儿童房等空间。地毯可以满铺，也可以局部铺设。考虑到清洁性，一般沙发区、卧室以局部铺设为宜，同时应考虑固定性，不影响行走；公共空间的地毯纹样以周边式为宜，便于布置家居

（续）

序号	类别	名称	图片	特性	用途
8	墙饰	墙纸		墙纸具有防裂和相对不错的耐磨性，同时还有抗污、便于保洁的特点。根据材料和施工工艺，可以分为无纺布墙纸、纸基墙纸、织物类墙纸，三类壁纸各有优缺点。无纺布墙纸施工相对容易，吸声、不易变形；纸基墙纸以纸为基材，环保性好、透气性强，但时间久了会变黄；织物类墙纸物理性稳定，浸水后颜色变化不大，但价格略高。搭配时可根据实际需要进行选择，注意与整体风格相符，一个完整的空间内，墙饰款式一般不超过3种	除了卫生间的湿区外，其他居住空间都可以使用。优质的墙纸具有一定的防潮能力，寿命可达8~10年
9		墙贴		一般为已经设计好图案的不干胶贴纸，只需动手贴在想装饰的墙面上即可，为空间增加趣味性和艺术性	装饰墙面
10		墙绘		具有表现力，突出主人的个性爱好	装饰墙面

Interior
Design
Manual

第二篇
制图速查

第三章　工具使用技巧及基础制图规范

第一节　工具使用技巧

正确地使用绘图工具是绘制图样的第一步，下图显示了按照最方便使用的方法摆放在绘图桌上的常用制图工具。大部分制图工具都在设计初步的课程中讲授过，这里不再赘述。下面重点介绍几种制图工具的制图技巧与使用小窍门。（见下图）

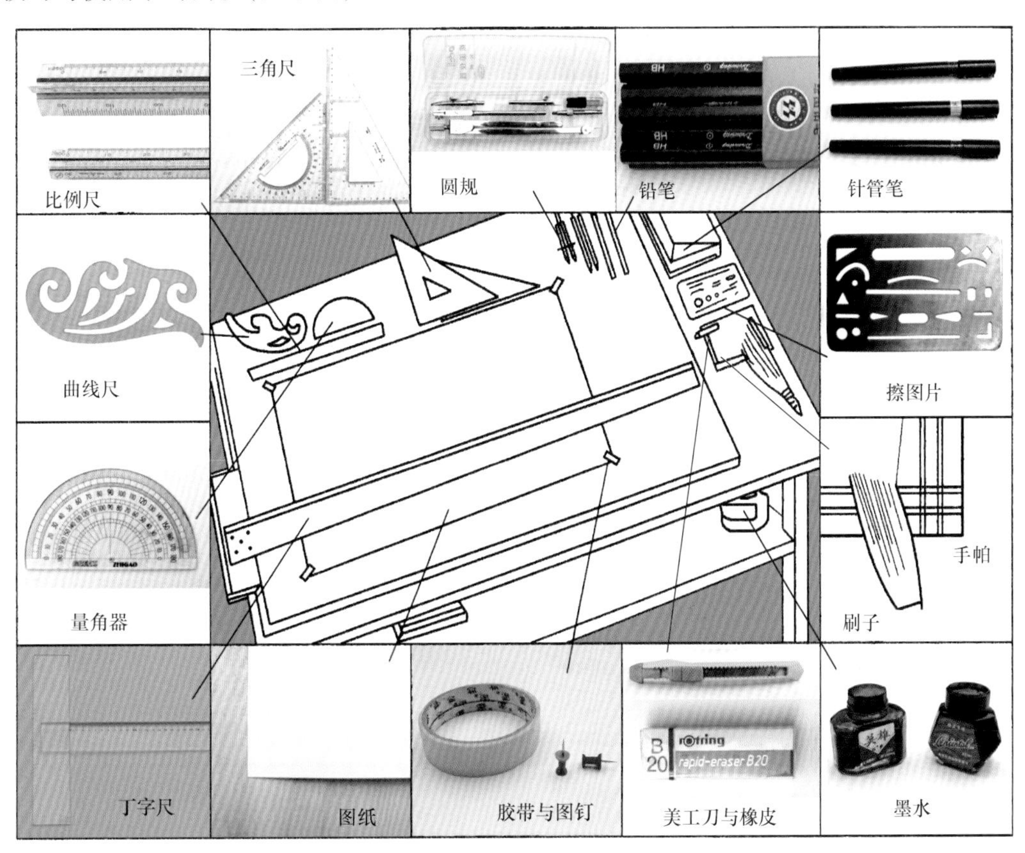

一、尺板

1. 绘图板

绘图板简称图板，是放置、固定图纸及绘图的工具，要求板面平整光滑、软硬适宜。一般图纸距图板的左方和下方至少有一个丁字尺的宽度。由于丁字尺在边框上滑行，为配合工具的使用，边框应平直。一般板面略向绘图者倾斜，方便绘图，常用的图板规格有0号、1号和2号。（见下图）

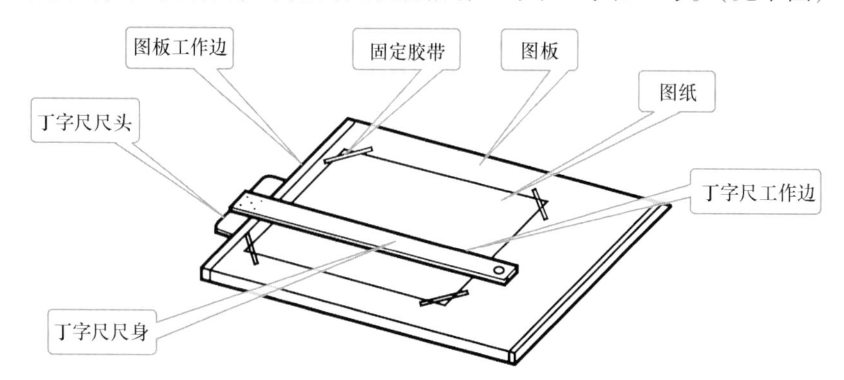

2. 丁字尺

丁字尺由尺头和尺身两部分组成，其作用是画水平线。将尺头靠在图板左侧，推移至需要的位置，使用笔沿尺身工作边从左至右绘制水平线，用丁字尺绘制水平线的顺序是自上而下依次画出。丁字尺用后应将其挂起来，以防损坏。（见右图）

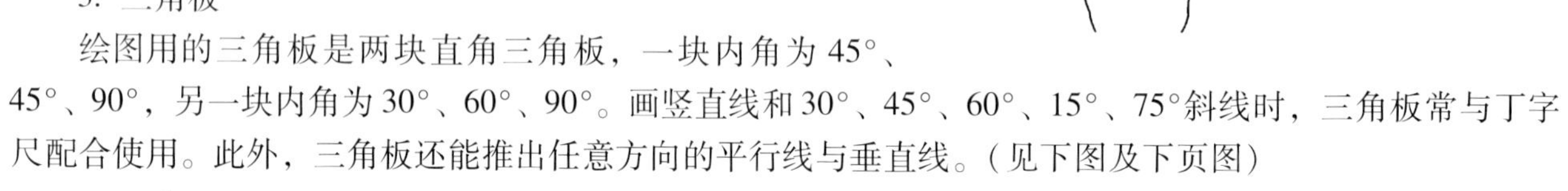

3. 三角板

绘图用的三角板是两块直角三角板，一块内角为45°、45°、90°，另一块内角为30°、60°、90°。画竖直线和30°、45°、60°、15°、75°斜线时，三角板常与丁字尺配合使用。此外，三角板还能推出任意方向的平行线与垂直线。（见下图及下页图）

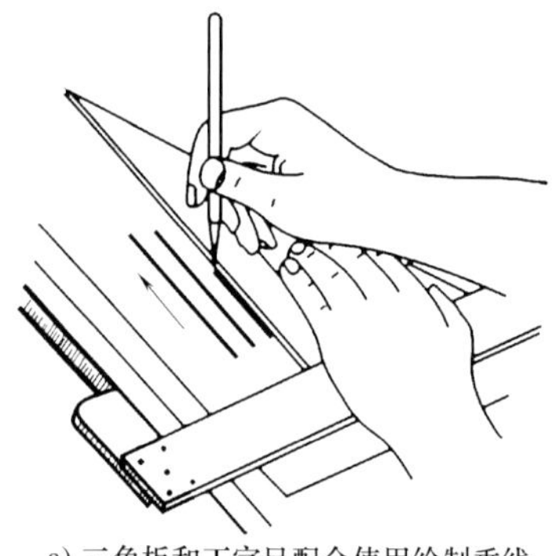
a) 三角板和丁字尺配合使用绘制垂线

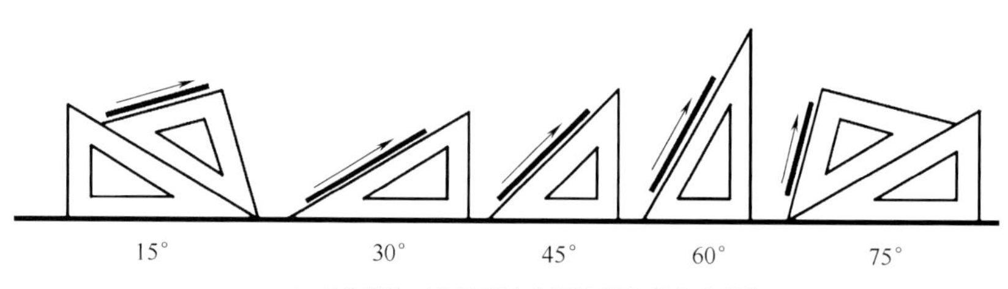

b) 三角板和丁字尺配合使用绘制各种角度斜线

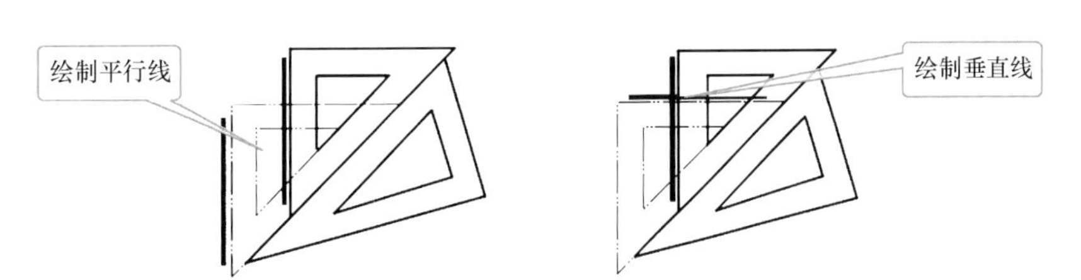

c) 画任意直线的平行线和垂直线

4. 比例尺

比例是图上线段长度与实际线段长度的比值。放大、缩小比例要借助一定的工具，这种工具就是比例尺。为了方便绘制不同比例的图样，可使用比例尺来绘图。常用的比例尺是三棱比例尺和比例直尺。绘图时可按所需比例，用尺上标注的刻度直接量取，不需要换算。（见下图）

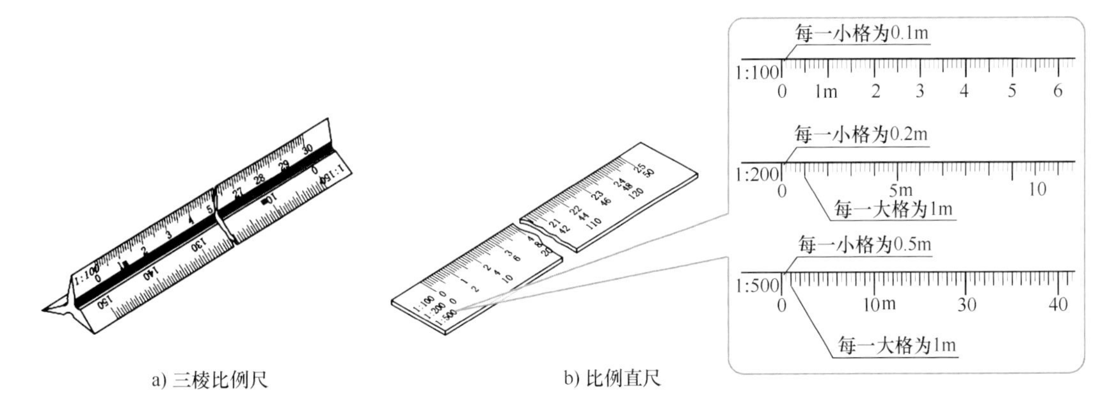

a) 三棱比例尺 b) 比例直尺

5. 平行尺

平行尺可用于绘制平行线，通过尺面上的刻度线，随尺子的移动而转动滚轴，每转动 1 刻度，平行线间距就是 1mm，这样在画平行线的时候就很容易画出等距平行线。同时平行尺上带有量角器功能，可以用它精确地测量两条直线间的夹角，也可以画出任意角度的相交线，在画相互垂直的相交线时格外方便。（见下图）

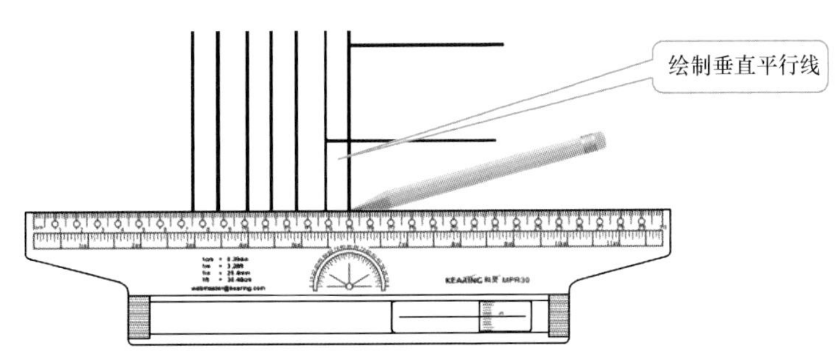

二、笔

1. 铅笔

铅笔最大的优点是容易涂改而不留痕迹，又可同时产生各种深浅的线条。制图最常用的是2B和4B的铅笔。铅笔削尖可以绘制细线条，削平则可绘制粗线条。

小窍门

1. 练习速写时，握笔稍微放松，使笔与纸成小角度，手臂及手掌的关节要同时用力。(见下图)

2. 绘制较大图样时，前臂必须悬起，而手腕则保持固定姿势。所有的运动均来自手肘和肩部，而小指则可轻倚纸面保持稳定。手指与手腕均保持不动。(见下图)

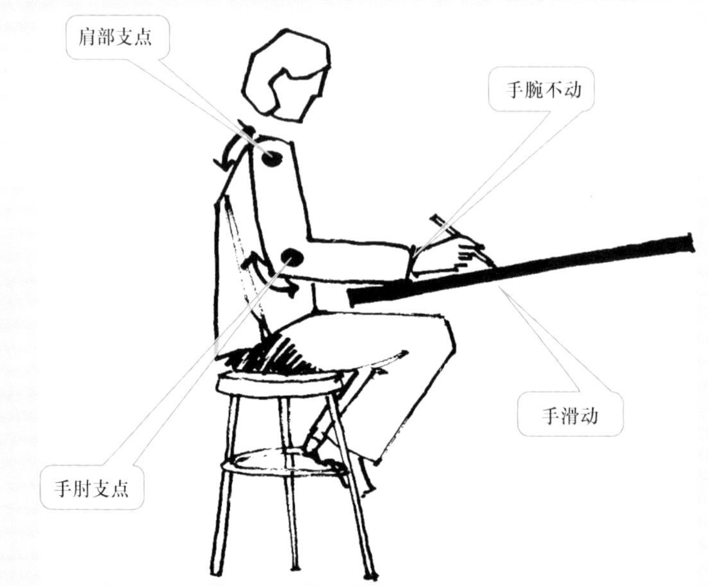

3. 绘制自由线条的时候要注意线条的光滑：可以首尾干净利落地衔接；也可以留一小段空隙。线条运笔要轻松而有自信，一根线不能来回画。(见下页图)

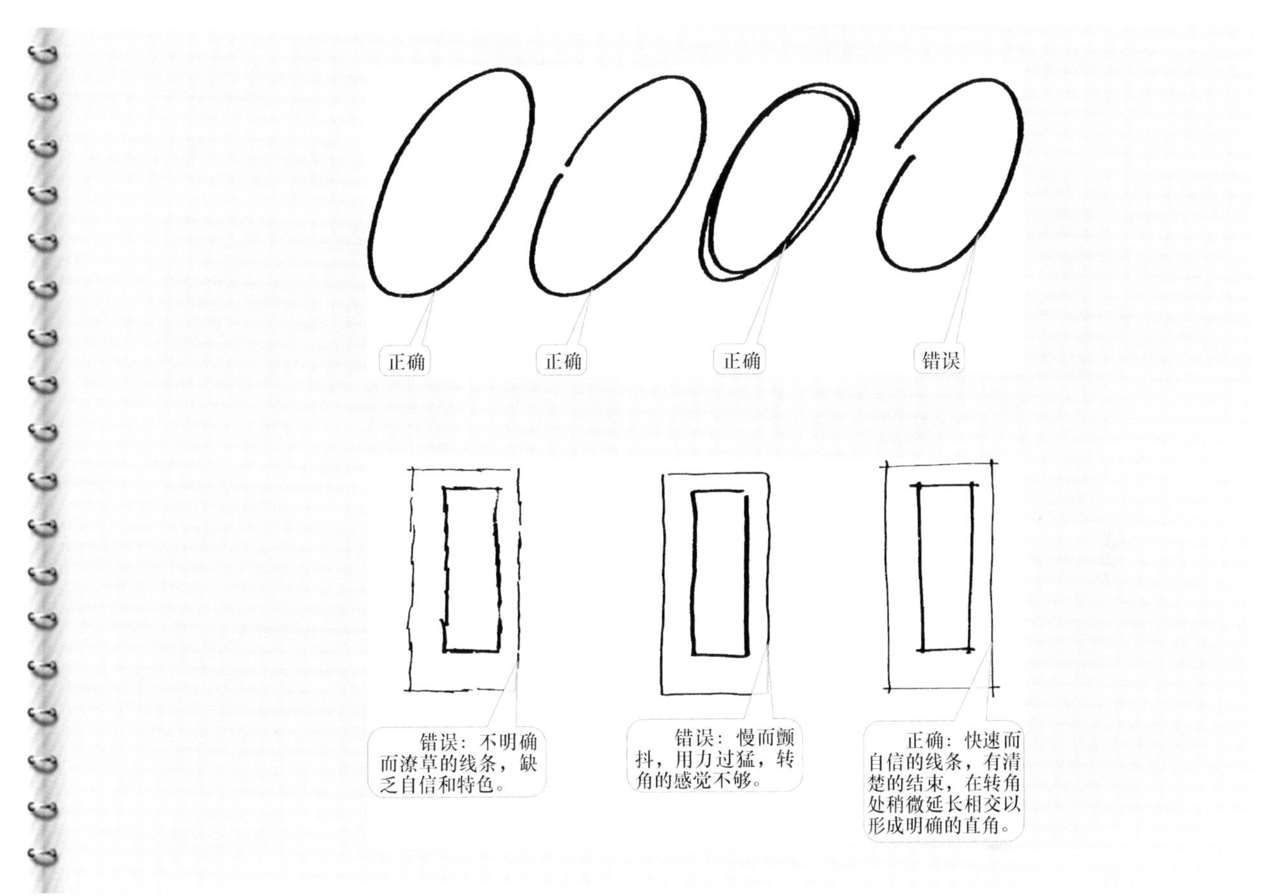

正确
正确
正确
错误
错误：不明确而潦草的线条，缺乏自信和特色。
错误：慢而颤抖，用力过猛，转角的感觉不够。
正确：快速而自信的线条，有清楚的结束，在转角处稍微延长相交以形成明确的直角。

2. 彩色铅笔

彩色铅笔可以作为马克笔的辅助工具，也可独立成画，其褪晕效果非常出色。（见下图及下页图）

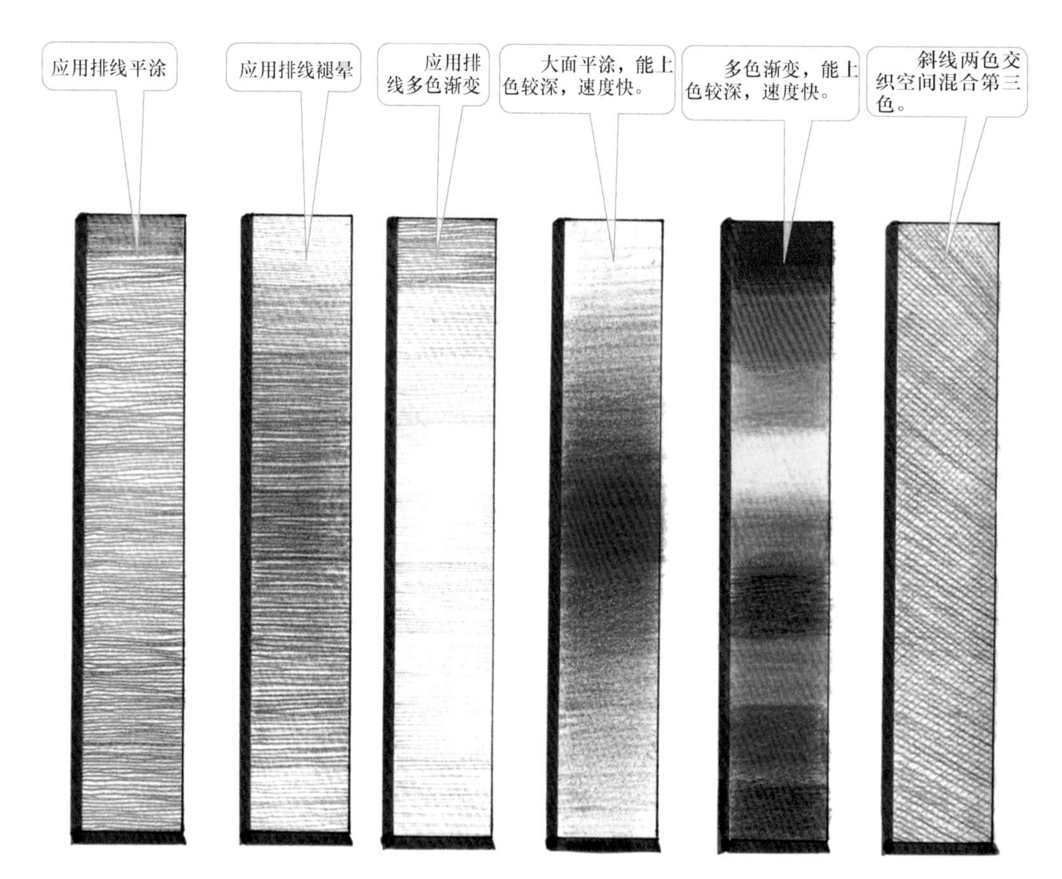
应用排线平涂
应用排线褪晕
应用排线多色渐变
大面平涂，能上色较深，速度快。
多色渐变，能上色较深，速度快。
斜线两色交织空间混合第三色。

3. 针管笔

针管笔是绘图的基本工具之一，能绘制出均匀一致的线条。笔杆的构造同自来水钢笔，可储墨水。针管直径有0.2~1.2mm等规格，可画各种粗细的线型。画线时，针管笔应略向画线方向倾斜，发现下水不畅时，应上下晃动笔杆，使通针将针管内的堵塞物穿通。（见下图）

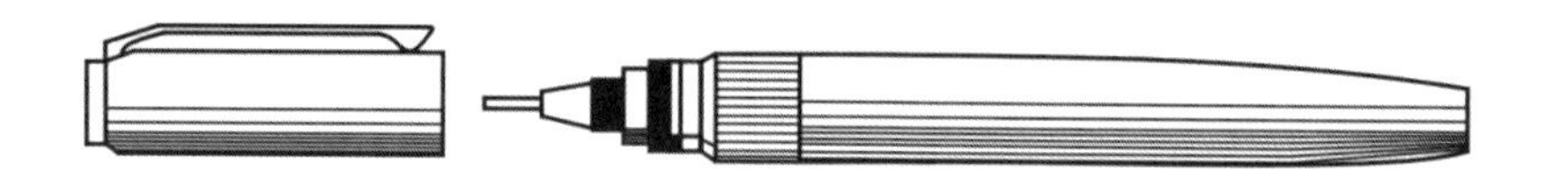

4. 马克笔

马克笔一般有两个头：一粗一细。它适合表现快速的功能分区、流线组织、徒手文字等，也是绘制彩色平面图、立面图和表现图的常用工具。马克笔的渗透性较强，绘制时要掌握它的性能与特点。另一方面，为了防止笔触渗透到纸的下面而污损制图桌，可以在纸的下面衬垫另一张纸。不使用马克笔的时候应随时将笔套套紧。下页图显示了常用的马克笔式样。

马克笔以粗犷风格见长，绘制时要抓要点和特征，注意空间形体的明暗交接线与界面转折结构线。即使是投影也要有层次变化。（见下图及下页图）

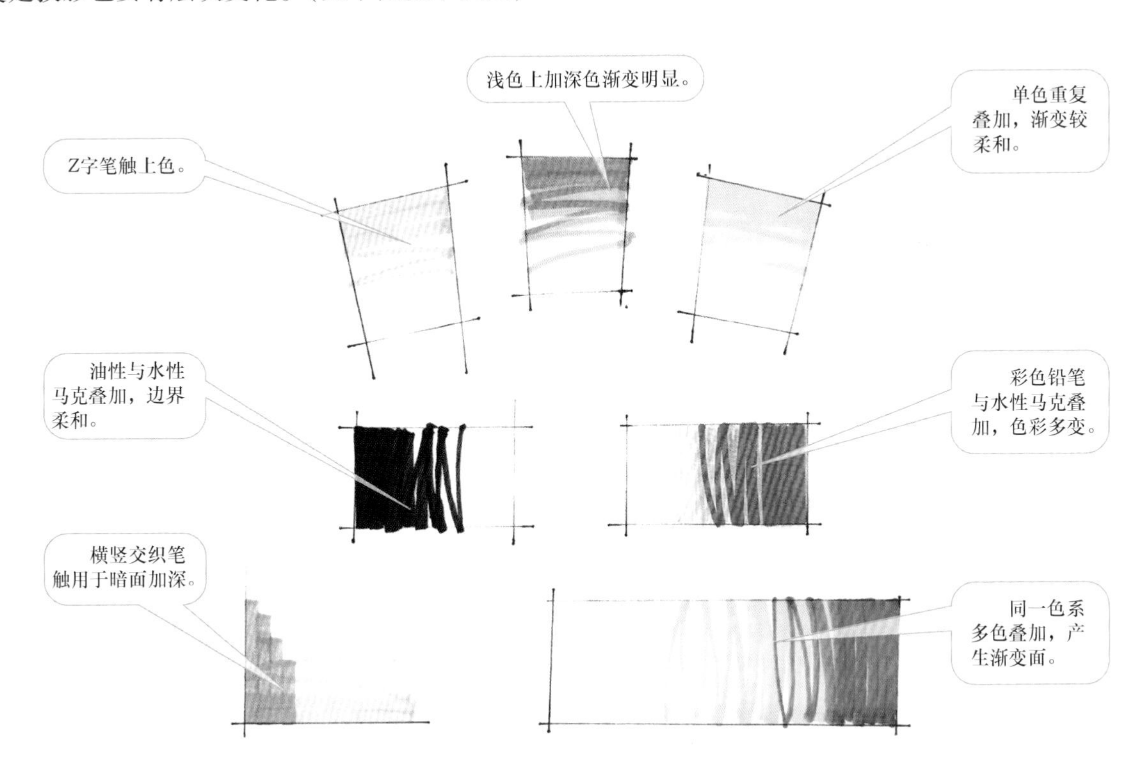

浅色上加深色渐变明显。
Z字笔触上色。
单色重复叠加，渐变较柔和。
油性与水性马克叠加，边界柔和。
彩色铅笔与水性马克叠加，色彩多变。
横竖交织笔触用于暗面加深。
同一色系多色叠加，产生渐变面。

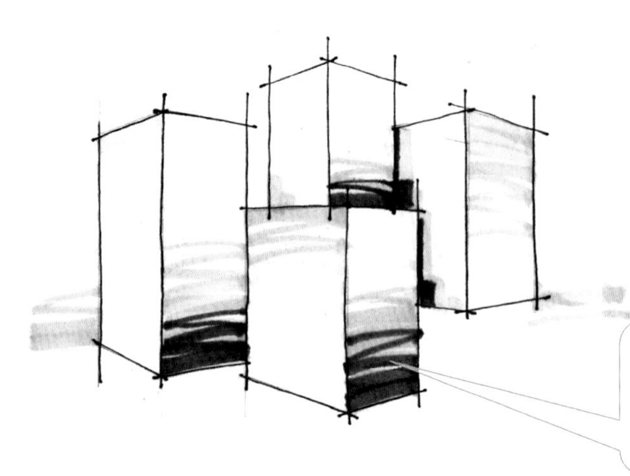

马克笔也可以用来表现不同受光面的明暗变化，绘制时要注意前后关系。面与面的交织处遵循黑白相间法则。注意画面节奏与主次。

小窍门

1. 使用马克笔时，笔尖只要轻触纸面即可；若用力过猛，则容易造成笔头的损坏。使用时，长方形的笔尖部分必须全部触及纸面。（见下图）

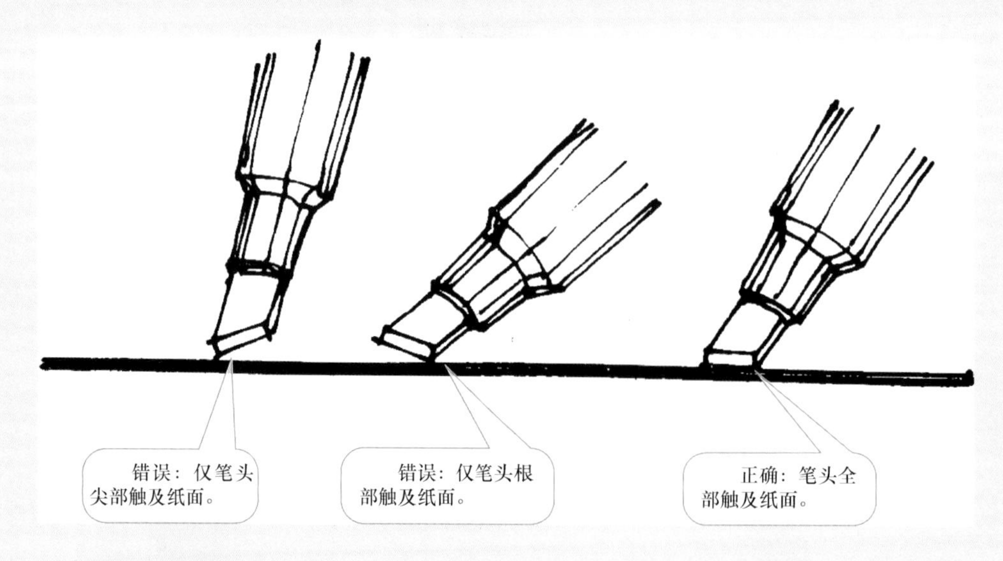

错误：仅笔头尖部触及纸面。
错误：仅笔头根部触及纸面。
正确：笔头全部触及纸面。

2. 画细线有两种方法：一是使用马克笔的细头；二是使用笔头的一侧运笔。如果是画垂直线，常常只需笔头的一侧触及纸面。（见下页图）

3. 也许可以试试变换一下身体的姿势来完成一条平滑的曲线。

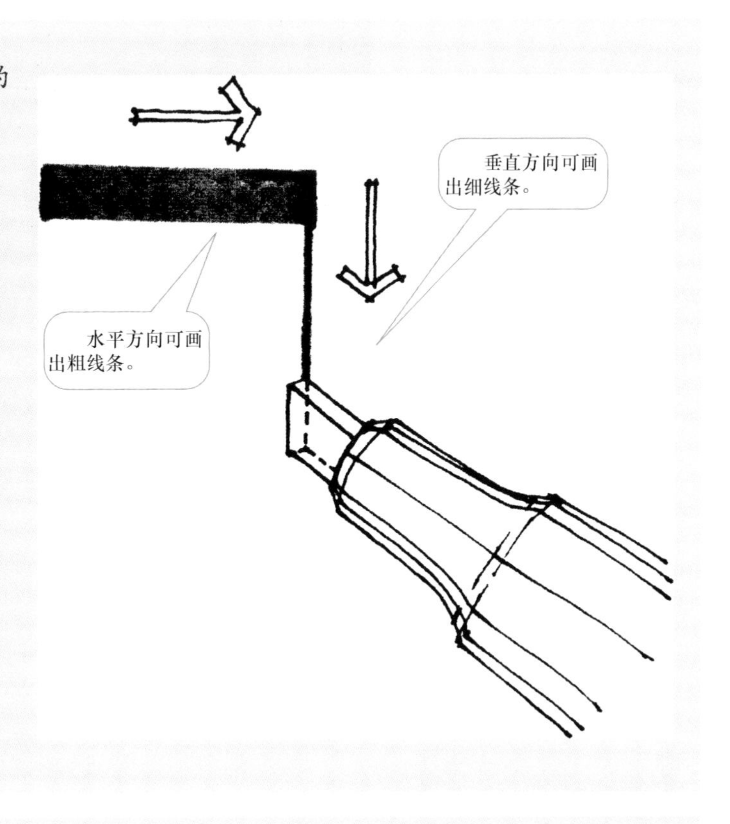

垂直方向可画出细线条。
水平方向可画出粗线条。

三、模板

1. 家具模板

家具模板是将常用图例符号按比例刻制成的绘图工具，它可以加快绘图速度。（见下图）

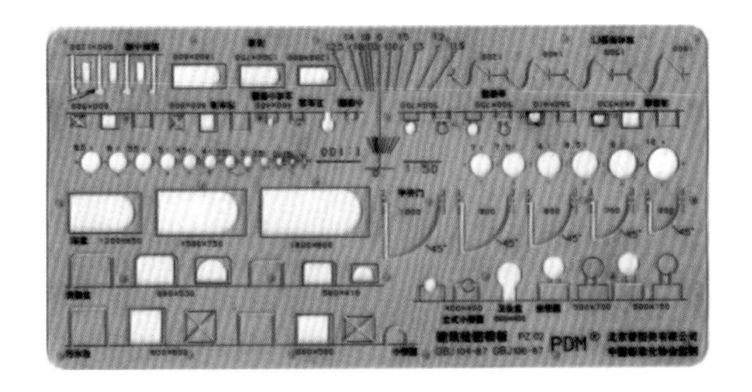

2. 曲线板

曲线板也叫云尺，它包含许多型号，不同型号曲线板的大小、弧度都有所不同。（见下页图）

绘图时需要选择板中不同的部位，一条自由曲线经常是由曲线板的不同部位衔接而成的。曲线绘制的优劣取决于制图者所选曲线部位是否合适以及衔接处是否自然、干净。

小窍门

我们用一个例子来说明如何巧妙地选用曲线板的不同部位绘制出平滑的曲线。（见下图）

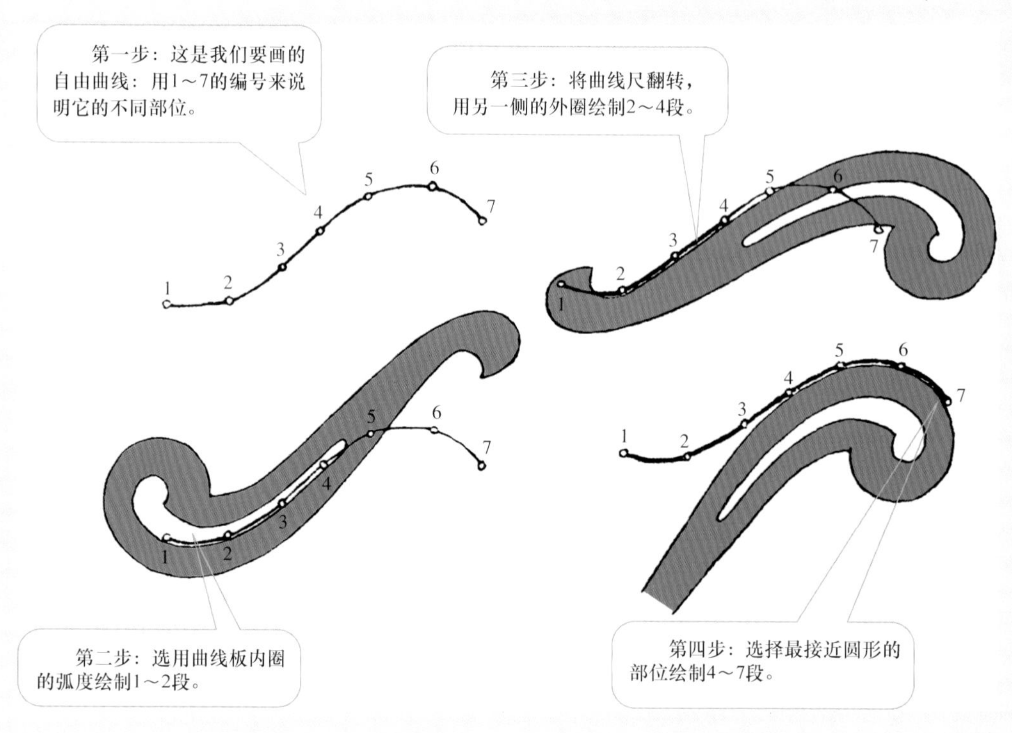

第一步：这是我们要画的自由曲线：用1～7的编号来说明它的不同部位。
第三步：将曲线尺翻转，用另一侧的外圈绘制2～4段。
第二步：选用曲线板内圈的弧度绘制1～2段。
第四步：选择最接近圆形的部位绘制4～7段。

3. 圆板和椭圆板

圆板和椭圆板中包含多个大小不一的圆和椭圆，根据模板中的数字不同可绘制不同大小的圆和椭圆。(见下图)

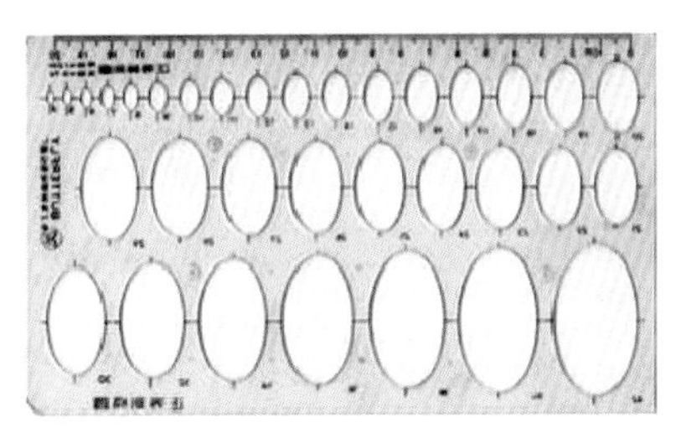

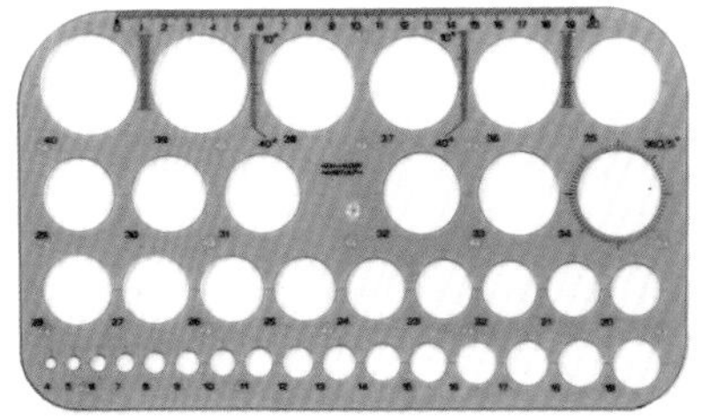

四、辅助工具

1. 胶带

胶带表面上涂有一层粘合剂，可以粘住物品。胶带按功能可分为高温胶带、双面胶带、绝缘胶带、特种胶带、压敏胶带、模切胶带。不同功能的胶带适合不同的行业需求。放置图纸时，可使用胶带将图纸固定在图板上。(见右图)

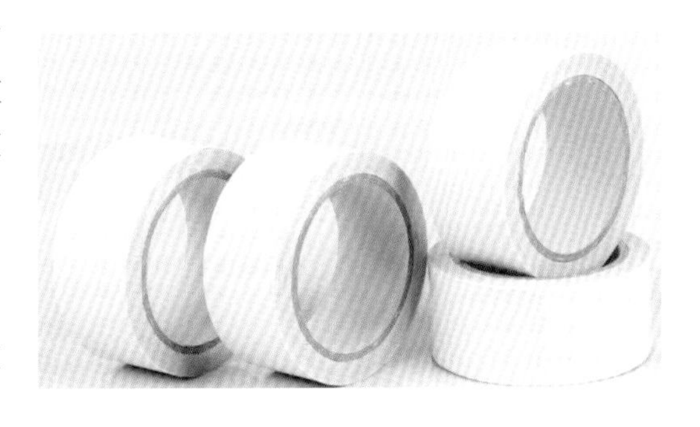

2. 擦图片

修改图线时，为了防止擦除错误图线时，擦除到周围的其他图线，可将擦图片覆盖在要修改的图线上，使修改的图线露出来，擦掉重新绘制。(见下图左)

3. 美工刀

美工刀也称刻刀或壁纸刀，是一种用于美术和手工刀，主要用来切割质地较软的东西，多由塑刀柄和刀片两部分组成，为抽拉式结构。(见下图右)

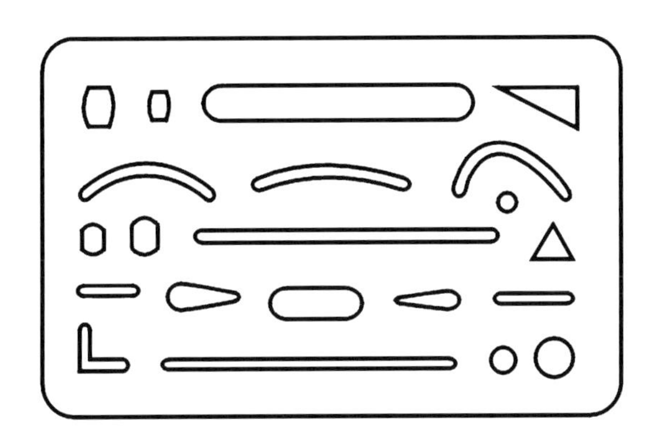

握铅笔法　　食指握法

4. 圆规和分规

圆规是画圆及圆弧的工具。画圆时，首先调整好钢针和铅芯，使钢针和铅芯并拢时钢针略长于铅芯；再取好半径，右手食指和拇指捏好圆规旋柄，左手协助将针尖对准圆心，顺时针旋转。转动时圆规可稍向画线方向倾斜。画较大圆时，应加延伸杆，使圆规两端都与纸面垂直。（见下图）

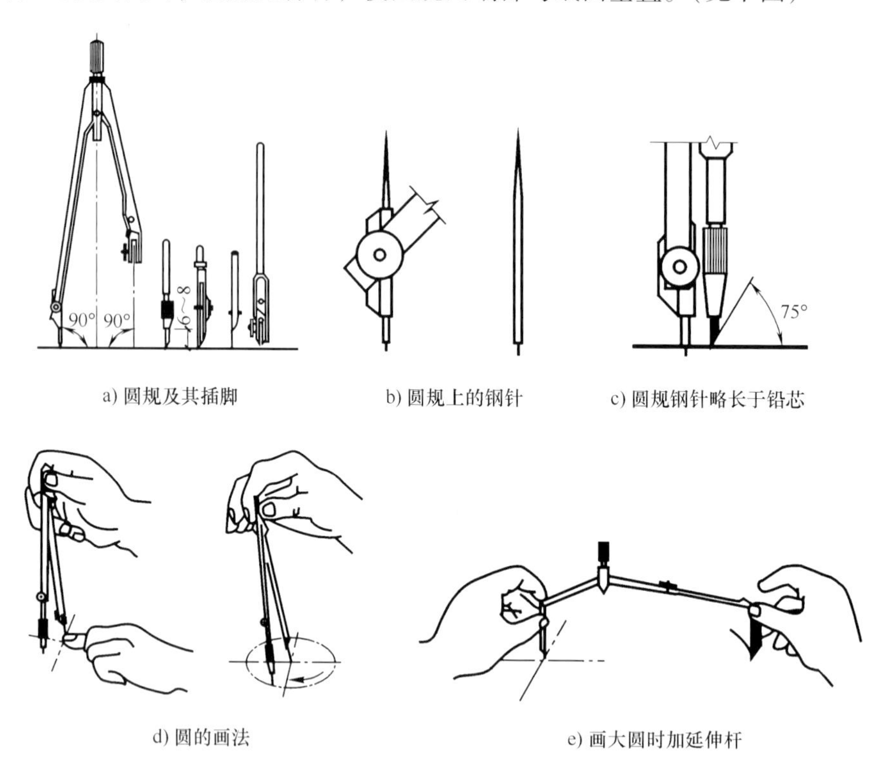

a) 圆规及其插脚　b) 圆规上的钢针　c) 圆规钢针略长于铅芯

d) 圆的画法　e) 画大圆时加延伸杆

分规的形状与圆规相似，只是两腿均装有尖锥形钢针，既可用它量取线段的长度，也可用它等分直线段或圆弧。（见下图）

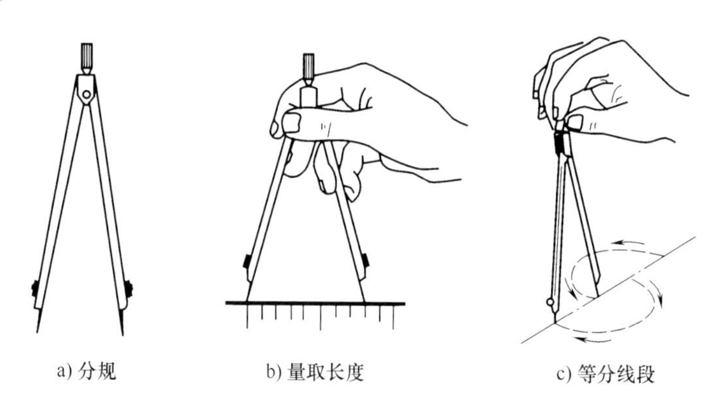

a) 分规　b) 量取长度　c) 等分线段

第二节 基础制图规范

为了使图样正确无误地表达设计者的意图，图样的画法就要遵循一定的规则，这就是制图规范。

一、图样的名称及分类

（一）图样的名称与装订顺序

完整的室内设计文件包括封面、扉页、图纸目录、设计说明（施工说明）、设计图样、设计概算书等。其中设计图样包括效果图、总平面图、平面图、顶面图、地面铺装图、设备图、立面索引图、立面或剖立面图、大样图和详图、封底等。当装饰装修工程含设备设计时，图样的编排顺序应按内容的主次关系、逻辑关系有序排列，通常以装饰装修图、电气图、暖通空调图、给排水图等先后为序。标题栏中应含各专业的标注，如“饰施”“电施”“设施”“水施”等。设计概算书包括设计概预算、主要材料清单、主要配套产品清单等。

1. 封面

如为设计公司，则一般包括项目名称、编制组织、编制日期等；如为学生作业，则一般包括设计标题（可设主标题与副标题）、指导教师、学生姓名、所属专业与班级、时间等。（见下图）

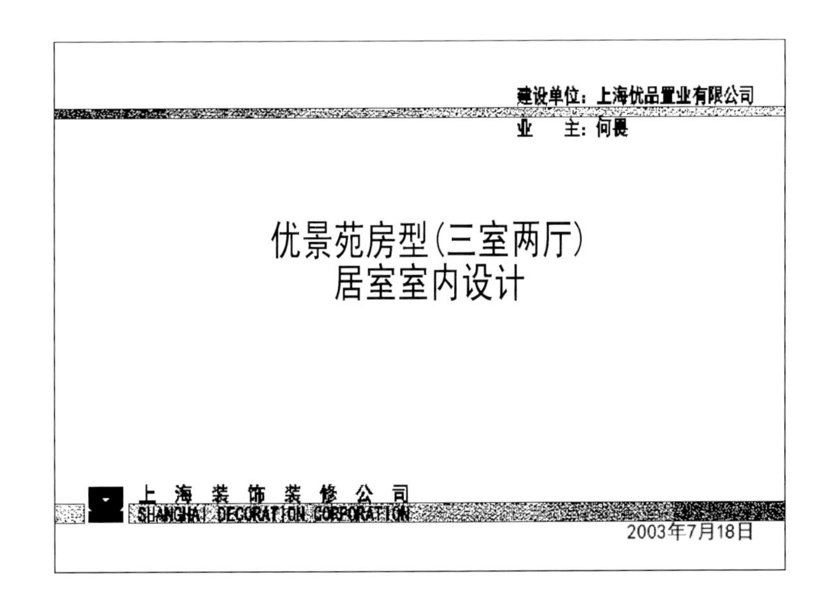

2. 扉页

写明编制组织的责任人、技术总负责人、项目总负责人和各专业负责人的姓名，并经上述人员签署或授权签章。

3. 图纸目录

按设计文件的内容顺序编写。一般为表格形式，包括图号、图纸编号、图样名称、图幅、比例、备注等栏。(见下图)

设计证书 甲04033 上海装饰装修公司 SHANGHAI DECORATION CORPORATION	图 纸 目 录		设 计 号 J03-01
	工 程 名 称	优品置业有限公司 <优景苑>三室两厅住宅	2003年 7 月 18日
	项 目		共 1 页 第 1 页

序号	图别图号	图 纸 名 称	采用标准图或重复使用图		尺寸图纸	备 注
			图集编号或工程编号	图 别 图 号		
1	饰施 -00	装饰设计及施工说明			3#	
2	饰施 -01	套内建筑装修材料表			3#	
3	饰施 -02	原有建筑测绘图			3#	
4	饰施 -03	改建平面图			3#	
5	饰施 -04	平面布置图			3#	
6	饰施 -05	平顶布置图			3#	
7	饰施 -06	地面材料划格分布图			3#	
8	饰施 -07	固定装饰定位与立面索引图			3#	
9	饰施 -08	客厅立面图			3#	
10	饰施 -09	玄关，餐厅立面图			3#	
11	饰施 -10	走道，次卧室立面图			3#	
12	饰施 -11	主卧室立面图			3#	
13	饰施 -12	书房立面图			3#	
14	饰施 -13	主卫生间立面			3#	
15	饰施 -14	客用卫生间立面			3#	
16	饰施 -15	厨房立面图			3#	
17	饰施 -16	节点详图一			3#	
18	饰施 -17	节点详图二			3#	
19	饰施 -18	节点详图三			3#	
20	电施 -01	图例表 设计说明 电路系统图			3#	
21	电施 -02	照明平面布置图			3#	
22	电施 -03	配电平面布置图			3#	
23	电施 -04	弱电平面布置图			3#	
24	水施 -01	给水管道平面布置图			3#	
25	水施 -02	给水管道系统图及设计说明			3#	

项目负责人　　　　填表人

4. 设计说明（施工说明）

设计说明一般包括项目情况介绍、使用者背景、设计理念等。施工说明一般包括各界面所使用材料、设备、器具、相关构造做法等。（见下图）

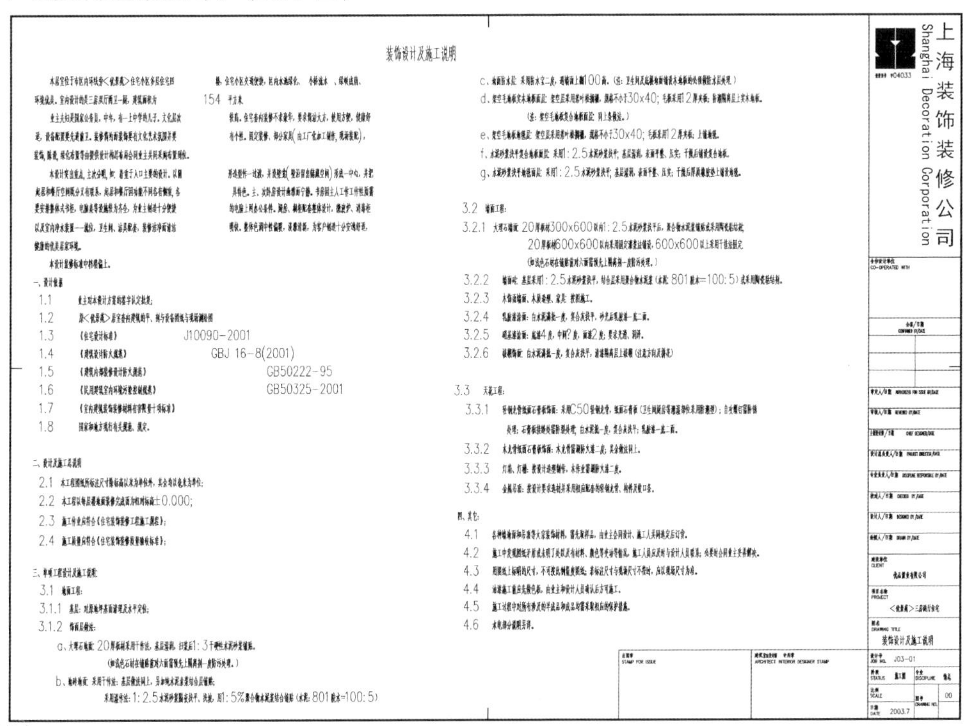

装饰设计及施工说明

本居室位于市区内环线旁<优景苑>住宅小区多层住宅四楼，住宅小区交通便捷，区内水池绿化、小桥流水、绿树成荫、环境优美。室内设计的是三居两厅两卫一厨，建筑面积为154平方米。

业主夫妇是国家公务员，中年，有一上中学的儿子。文化层次较高。住宅套内装修不求豪华，要求简洁大方，使用方便，健康舒适，设备配置要先进齐卫。装修结构面装饰要有文化艺术氛围并要有个性。固定装修、部分家具（由工厂化加工制作，现场装配）。装饰、陈设、绿化布置等由提供设计构思布局会同业主共同采购布置到位。

本设计突出重点，主次分明，如：着重于入口主要的设计，以期形成整体一过渡，并设壁龛（壁橱留出储藏空间）形成一中心，并把起居和餐厅空间既分又有联系。起居和餐厅因功能不同各有侧重，各具特色。主、次卧房设计典雅而宁静。书房因主人工作性质需要安排整体式书柜，电脑桌等设施较为齐全，为业主创造十分便捷的电脑上网办公条件。厨房、橱柜配套整体设计，微波炉、消毒柜以及室内净水装置一一就位，卫生间、洁具配套，装修洁净而清新明快，整体色调中性偏暖，明亮清新，为客户创造十分安逸舒适、健康的优美居家环境。

本设计装修标准中档稍偏上。

一、设计依据

1.1 业主对本设计方案的签字认定批复；

1.2 原<优景苑>居室套内建筑的平、剖与设备图纸与现场测绘图

1.3 《住宅设计标准》 J10090-2001

1.4 《建筑设计防火规范》 GBJ 16-8(2001)

1.5 《建筑内部装修设计防火规范》 GB50222-95

1.6 《民用建筑室内环境污染控制规范》 GB50325-2001

1.7 《室内建筑装饰装修材料有害限量十项标准》

1.8 国家和地方现行有关规范、规定。

二、设计及施工总说明

2.1 本工程图纸所标注尺寸除标高以米为单位外，其余均以毫米为单位；

2.2 本工程以每层楼地面装修完成面为相对标高±0.000；

2.3 施工作业应符合《住宅装饰装修工程施工规程》；

2.4 施工质量应符合《住宅装饰装修质量验收标准》；

三、单项工程设计及施工说明

3.1 地面工程：

3.1.1 基层：对原地坪基面清理及水平定位；

3.1.2 饰面层做法：

a、大理石地面：20厚板材采用干作法，基层湿润，扫浆后1：3干硬性水泥砂浆铺贴。（如浅色石材在铺贴前对六面需预先上隔离剂一度防污处理。）

b、地砖地面：采用干作法：基层做法同上，另加纯水泥素浆结合层铺贴；采用湿作法：1：2.5水泥砂浆找平、找坡，用1：5%聚合物水泥浆结合铺贴（水泥：801胶水=100：5）

c、地面防水层：采用防水宝二度，沿墙面上翻100高。（注：卫生间及底层楼地面铺设木地板的地面需做防水层处理）

d、架空毛地板实木地板面层：架空层采用落叶松搁栅，规格不小于30x40；毛板采用12厚夹板；防潮隔离层上实木地板。（注：架空毛地板复合地板面层：同上条做法。）

e、架空毛地板地毯层：架空层采用落叶松搁栅，规格不小于30x40；毛板采用12厚夹板；上铺地毯。

f、水泥砂浆找平复合地板面层：采用1：2.5水泥砂浆找平；基层湿润，表面平整，压实；干燥后铺设复合地板。

g、水泥砂浆找平地毯面层：采用1：2.5水泥砂浆找平；基层湿润，表面平整，压实；干燥后厚质橡胶垫上铺设地毯。

3.2 墙面工程：

3.2.1 大理石墙面：20厚板材300x600以内1：2.5水泥砂浆找平后，聚合物水泥浆镶贴或采用陶瓷粘结剂；20厚板材600x600以内采用固定灌浆法镶设，600x600以上采用干挂法固定（如浅色石材在镶贴前对六面需预先上隔离剂一度防污处理。）

3.2.2 墙面砖：基层采用1：2.5水泥砂浆找平，结合层采用聚合物水泥浆（水泥：801胶水=100：5）或采用陶瓷粘结剂。

3.2.3 木饰面墙面、木质造型、家具：按图施工。

3.2.4 乳胶漆涂面：白水泥满批一度，复合灰找平，砂光后乳胶漆一底二面。

3.2.5 硝基漆涂面：底漆4度，中间?度，面漆2度；要求光滑、润泽。

3.2.6 裱糊饰面：白水泥满批一度，复合灰找平，清漆隔离层上裱糊（注意方向及拼花）

3.3 天花工程：

3.3.1 轻钢龙骨纸面石膏板饰面：采用C50轻钢龙骨，纸面石膏板（卫生间厨房等潮湿部位采用防潮型）；自攻螺钉需防锈处理；石膏板接缝处需防裂处理，白水泥批一度，复合灰找平；乳胶漆一底二面。

3.3.2 木龙骨纸面石膏板饰面：木龙骨需刷防火漆二度；其余做法同上。

3.3.3 灯槽、灯棒：按设计造型制作，木作业需刷防火漆二度。

3.3.4 金属吊顶：按设计要求选材并采用相应配套的轻钢龙骨、构件及收口条。

四、其它：

4.1 各种墙地面和吊顶等大宗装饰材料，需先取样品，由业主会同设计、施工人员同选定后订货。

4.2 施工中发现图纸矛盾或未明了处以及有材料、颜色等变动等情况，施工人员应及时与设计人员联系；必要时会同业主妥善解决。

4.3 用图纸上标明的尺寸，不可按比例量度图纸；若标注尺寸与现场尺寸不符时，应以现场尺寸为准。

4.4 油漆施工前应先做色板，由业主和设计人员确认后方可施工。

4.5 施工过程中对所有涉及的半成品和成品均需采取相应的保护措施。

4.6 水电部分说明另详。

上海装饰装修公司
Shanghai Decoration Corporation

STAMP FOR ISSUE | ARCHITECT INTERIOR DESIGNER STAMP

CLIENT
PROJECT <优景苑>三居两厅住宅
DRAWING TITLE 装饰设计及施工说明
JOB NO. J03-01
STATUS
SCALE
DATE 2003.7
DRAWING NO. 00

5. 效果图

指在建筑、装饰施工之前，通过手绘或电脑制作的形式，把施工后的实际效果用虚拟真实和直观的视图表现出来，让大家能够一目了然地看到施工后的实际效果。（见下图）

6. 平面图

包含原始平面图、拆建平面图、楼层平面图，反映了各楼层面的尺寸、标高和布局状况。

7. 顶面图

也称天花布置图，反映室内顶部空间的造型、灯具等设施的布置状况、尺寸、标高及材料。

8. 地面铺装图

反映了地面铺装材料及其工艺要求。

9. 设备图

包括强、弱电图，插座图，给排水图，暖通图等。（见下图）

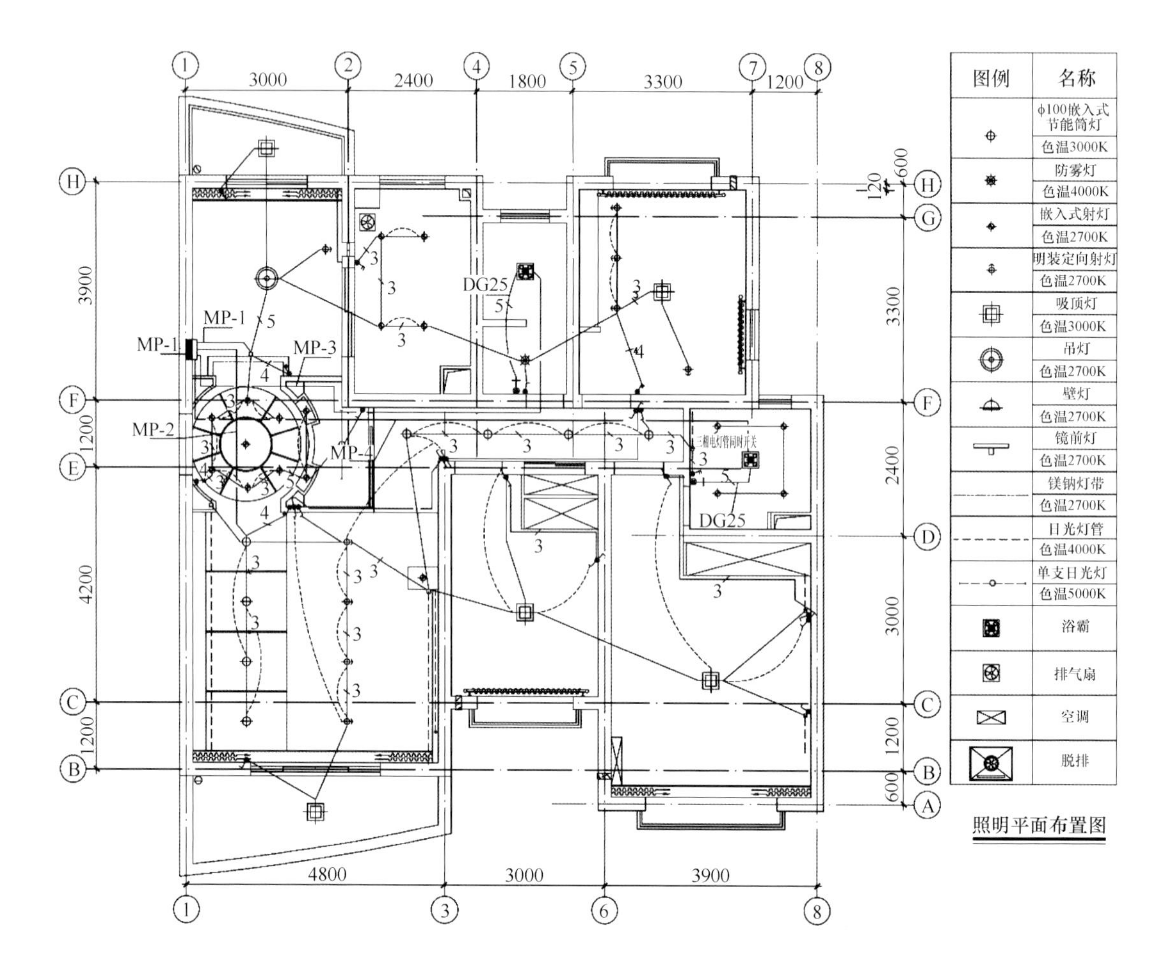

照明平面布置图

10. 立面索引图

在平面图中反映立面所处位置。（见下页图）

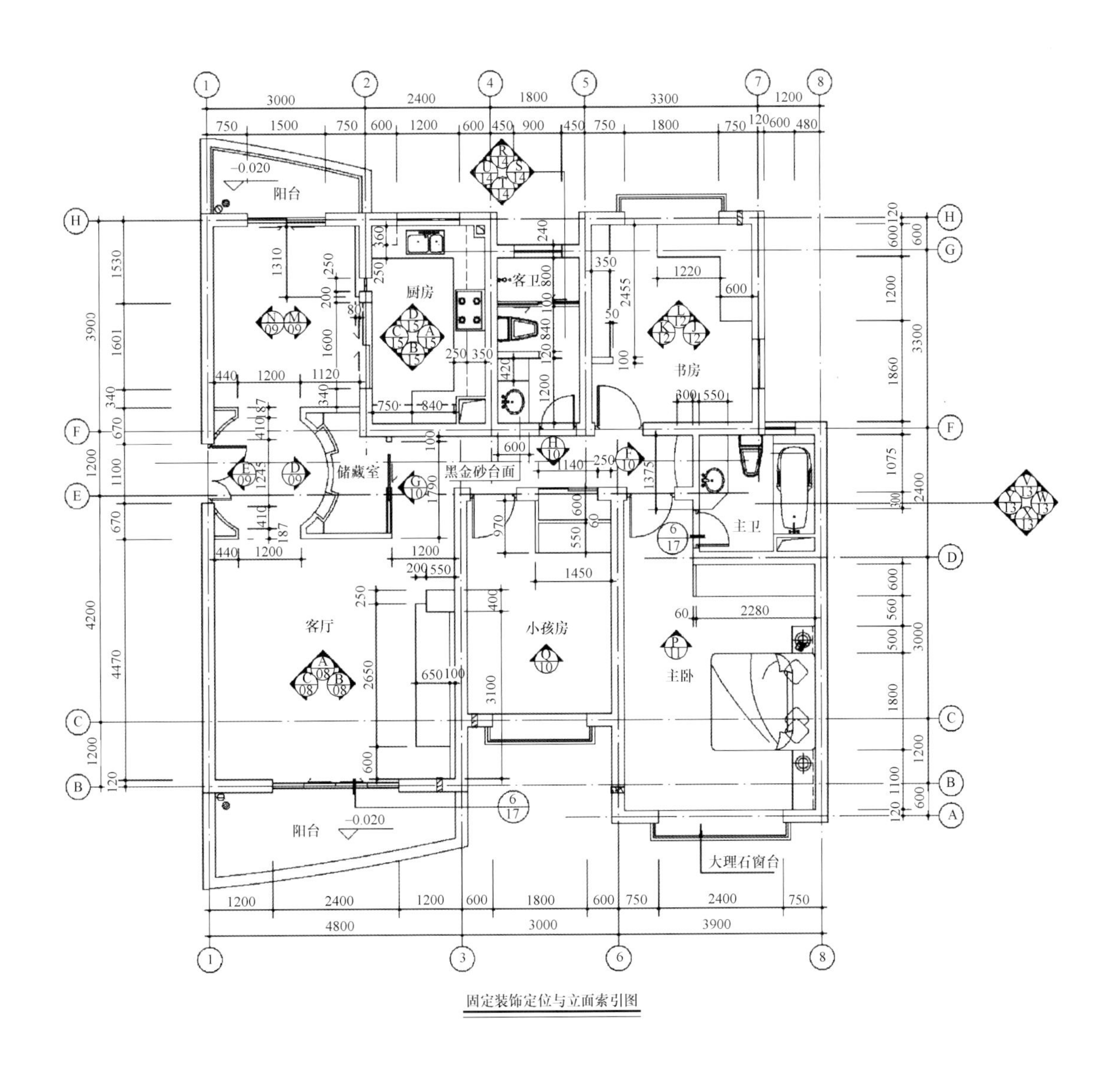

固定装饰定位与立面索引图

11. 立面图

含正立面、背立面和侧立面，反映了立面的造型、门窗的数量和开设的位置关系。(见下页图)

12. 剖面图

垂直于地面剖切空间的正视图，反映了空间变化、层高、相应室内家具的摆放情况及标高。

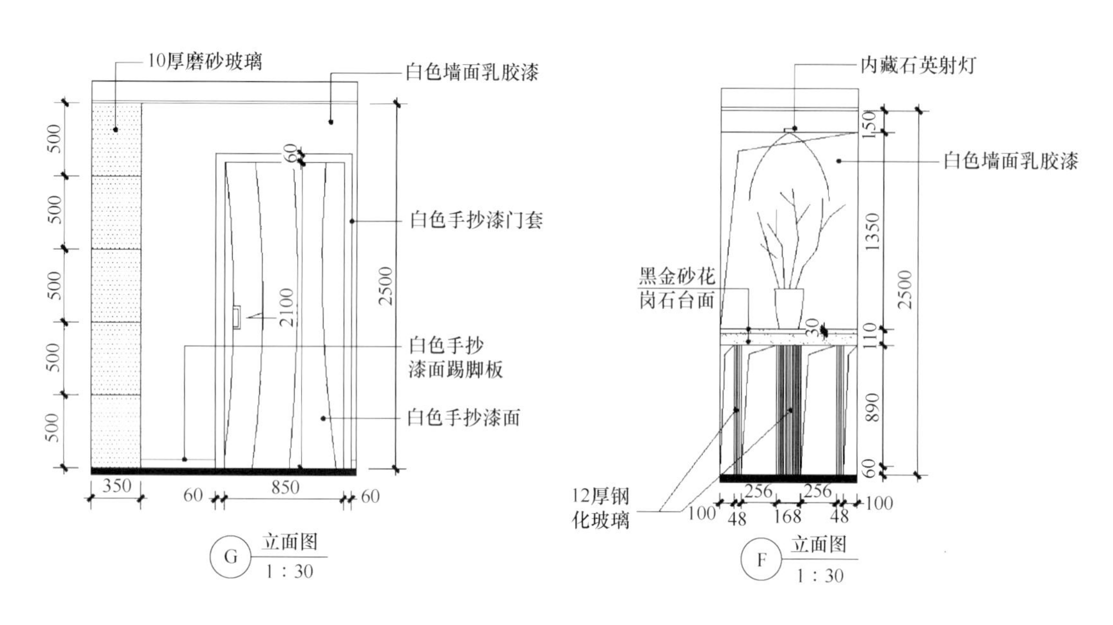

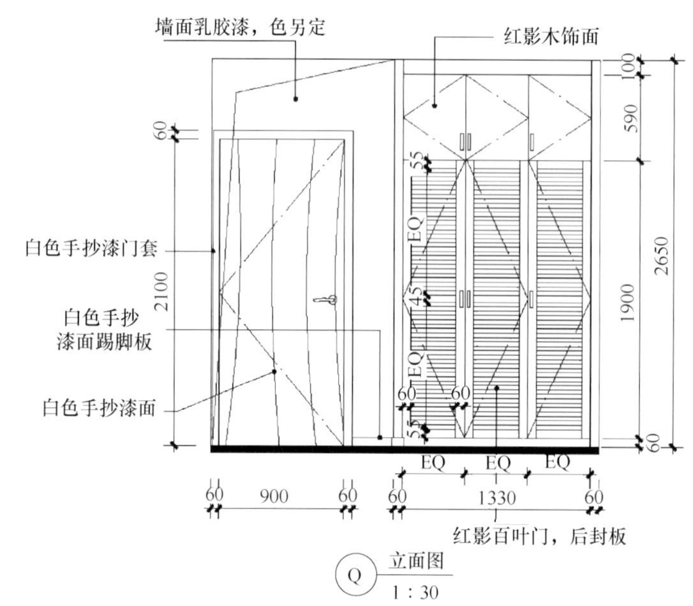

13. 大样图

即放大图，用较大比例绘制出室内局部要体现清楚的细节。(见下页图)

(见下页图)

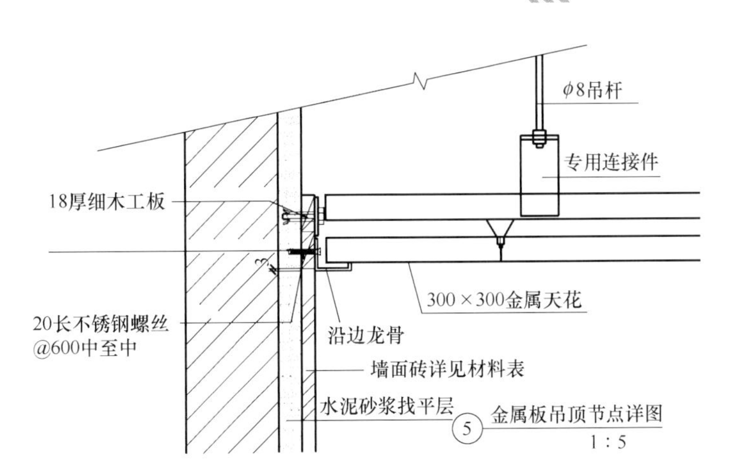

14. 节点详图

又称构造详图，表达出构造做法、尺寸、构配件相互关系和建筑材料等。（见右图）

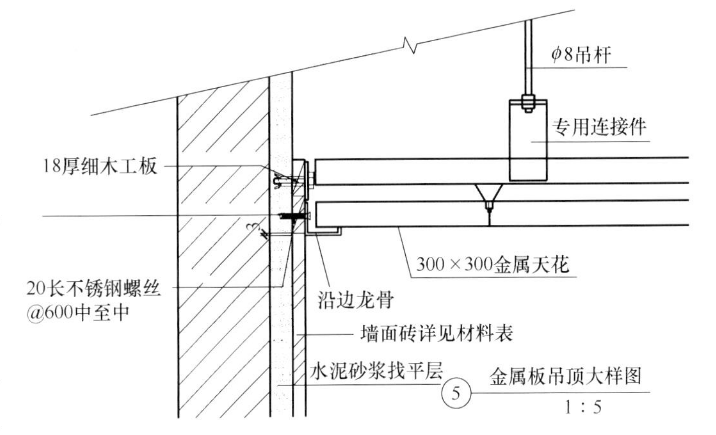

（二）图样的分类

1. 方案设计图

即设计草图，需要解决的是如何根据设计要求来合理地分隔空间，解决相应的功能需要，同时又能清晰、明确地表达出自己的设计理念。

2. 技术设计图

对方案设计进行深入的技术研究，确定有关的技术做法，使设计进一步完善。这个时候的设计图要给出确定的度量单位和技术作法，为施工图准备条件。

3. 施工图

要按国家制定的制图标准进行绘制。施工图中应详细地绘制出各个部位的尺度，如长、宽、高的具体尺寸，以及所选用的材质、颜色、施工工艺，作为实际施工的依据。

4. 竣工图

即工程竣工后按实际绘制的图纸，反映了工程施工阶段增加的工程和变更的工程内容。如果是在施工图上改绘的竣工图，则必须在施工图的相应位置标明变更的内容及依据；如果是在结构、工艺、平面布置等方面有重大的调整，或是修改的部分超出图纸的1/3，就应当绘制新的竣工图。竣工图应该是新的蓝图，出图必须清晰，不能使用复印件。

二、图纸幅面和图框

1. 图纸幅面

图纸幅面简称图幅，它是指图样宽度与长度组成的图面。设计图一般选用A系列图幅，居住空间室内设计图纸一般采用A3号图幅。为了便于管理和合理使用纸张，绘制图样时应优先采用规定的基本幅面，在必要情况下A0～A3号图幅允许长边加长，加长部分的尺寸应为长边的1/8及其倍数，有特殊要求的可采用841mm×891mm或1189mm×1261mm，见表3-1。

表3-1　图幅代号及尺寸　（单位：mm）

图幅代号	图幅尺寸	长边加长后尺寸
A0	1189×841	1486、1635、1783、1932、2080、2230、2378
A1	841×594	1051、1261、1471、1682、1892、2102
A2	594×420	743、891、1041、1189、1338、1486、1635、1783、1932
A3	420×297	630、841、1051、1261、1571、1682、1892

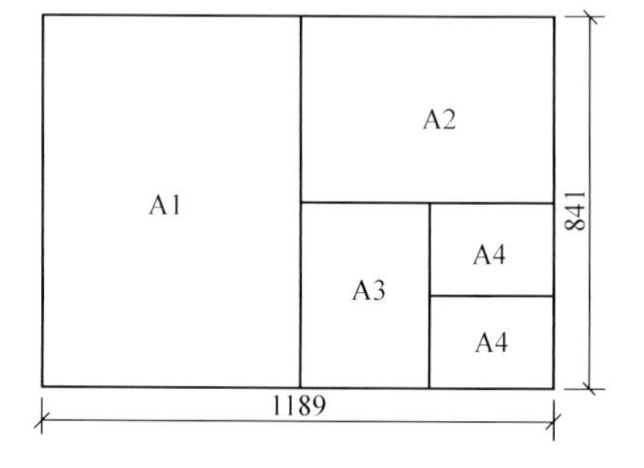

A系列图幅之间的大小关系见右图。图纸内容一般占图幅的70%；一个专业所用的图纸不宜多于两种幅面（不含目录及表格所采用的A4幅面）。

2. 图框

（1）图框格式：图框线用粗实线绘制。图框与图纸边界的宽度见表3-2。

（2）图标：图标是每张图的标注栏，其高度以40mm为宜。图标包括标题栏、会签栏。需要缩微复制的图纸，其一个边上应附有一段准确的米制尺度，四个边上均应附有对中标志。米制尺度的总长度应为100mm，分格应为10mm。对中标志应画在幅面线中点处，线宽应为0.35mm；伸入图框内的长度应为5mm。（见下图）

表3-2　图框与图纸边界的宽度

图幅代号	A0	A1	A2	A3	A4
c	10			5	
a	25				

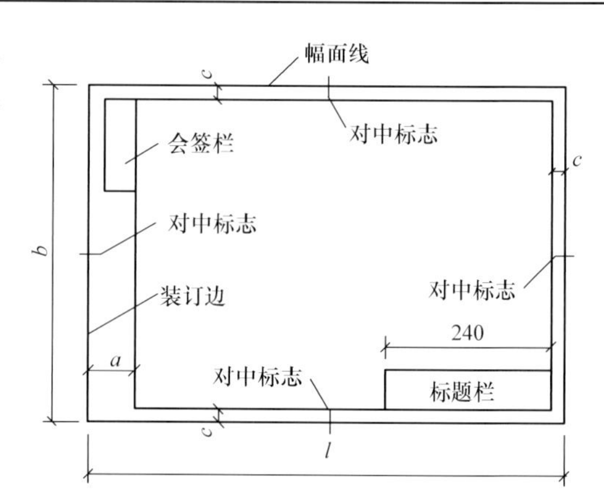

标题栏——标题栏应能反映出项目的标识、责任者、编码等。它包括企业名称、项目名称、签字区、图名区、图号区等。如果为学生作业，则包括学校、班级、姓名、学号、指导教师、图幅、日期、比例、成绩等。标题栏中的文字书写方向即为看图方向。

会签栏——图纸上用来表明信息的标签栏。其尺寸应为100mm×20mm左右，栏内应填写会签人员所代表的专业、姓名、日期（年、月、日）。一个会签栏不够时，可另加一个，两个会签栏应并列；学生作业之类不需会签的图纸可不

设会签栏。(见下图)

标题栏的放置位置主要有图框右下角、图框右侧(竖排)和(图框下部横排)三种。

设计单位名称区	注册执业章区	图纸会签区	加盖设计出图专用章区	工程名称区	设计编号	图号
					设计阶段	日期
				项目名称区	签字区	
				图名区		

上海装饰装修公司
Shanghai Decoration Corporation
设计证号 甲04033

合作设计单位	
会签/日期	
审定人/日期	
审核人/日期	
主创设计师/日期	
设计总负责人/日期	
专业负责人/日期	
校对人/日期	
设计人/日期	
绘图人/日期	
建设单位	优品置业有限公司
项目名称	优景苑三室两厅住宅
图名	套内建筑装修材料表
设计号	J03-01
阶段 施工图	专业 饰施
比例	图号 01
日期 2018.7	

《房屋建筑制图统一标准》(GB/T 50001—2017)对图标有了规定,在实际工作中,室内设计企业为突出企业形象,会对图标进行设计。若对图标进行设计,必须保证栏目的内容、位置和使用符合要求。

三、比例

1. 比例的概念

比例是指实物在图纸中的尺寸与实际尺寸之比。比例应以阿拉伯数字表示，如1:1、1:2、1:100等。比例的大小是指比值的大小，如1:50大于1:100。比例宜注写在图名的右侧，字的底线应取平，比例的字高应比图名的字高小一号或两号。(见右图)

平面图1:50　平面图1:100　⑤1:30

2. 比例的选用

制图常用比例见表3-3。设计图中，不同图样选用的参照比例见表3-4。

表3-3　制图常用比例

常用比例	1:1　1:2　1:5　1:10　1:20　1:50　1:100　1:150　1:200　1:500　1:1000　1:2000　1:5000　1:10000　1:20000　1:50000　1:100000
可用比例	1:3　1:4　1:6　1:15　1:25　1:30　1:40　1:60　1:80　1:250　1:300　1:400　1:600

表3-4　不同图样选用的参照比例

总　图	总平面图	1:100～1:200
平面、顶面、设备	平面图、地面铺装图、顶棚图、设备图	1:50～1:60
	局部平面放大图	1:30～1:40
剖面、立面	一般立面图或剖面图	1:50
	较复杂的立面图或剖面图	1:20～1:40
节点详图、大样	家具立面或剖面图	1:10～1:20
	门套等剖面图	1:5～1:10
	踢脚、顶角线等线脚大样	1:2～1:5
	凹槽、勾缝等大样	1:1～1:2

3. 比例的标注

绘制同一物体的不同视图时，应采用相同比例，并将采用的比例统一填写在标题栏的“比例”项内。当某视图需采用不同比例绘制时，可在视图名称的下方进行标注，如：$\frac{\text{I}}{2:1}$、$\frac{\text{A—A}}{2:1}$。

四、字体

1. 汉字

图样上所需书写的文字、数字或符号等均应笔画清晰、字体端正、排列整齐，且必须用墨线书写。汉字应采用国家公布的简体字，并采用长仿宋体，字高与字宽的关系应符合表3-5的规定。字的行距大于字距，行距约为字高的1/3，字距约为字高的1/4。

表 3-5　字体大小　　（单位：mm）

字高	20	14	10	7	5	3.5	2.5
字宽	14	10	7	5	3.5	2.2	1.8

长仿宋体字例见下图。

上海城市管理学院环境艺术系环境设计
专业建筑设计室内设计城市规划设计景
观设计园林绿地设计空间组织功能流线

2. 拉丁字母、阿拉伯数字与罗马数字

拉丁字母、阿拉伯数字与罗马数字有一般字体和窄字体两种，这两种字体又有直体字与斜体字之分。斜体字的倾斜程度是从字的底线逆时针向上倾斜 75°。

拉丁字母、阿拉伯数字和罗马数字的字高应不小于 2.5mm。拉丁字母的小写字高应为大写字高 h 的 7/10，字母间距为 $2/10h$，上下行的净间距最小 $4/10h$。

分数、百分数和比例数的注写应采用阿拉伯数字和数学符号，如四分之三、百分之二十五和一比二十应分别写成 3/4、25% 和 1∶20。（见右图）

ABCDEFGHIJKLMNO
PQRSTUVWXYZ
abcdefghijklmnopq
rstuvwxyz
0123456789IVXØ
ABCabcd1234IV

3. 字体书写原则

1）同一张图样中的字体种类不应超过两种（标题字除外）。

2）文字的尺寸不宜超过三种，且应有明确的大小等级控制，如标题字号最大，图名字号次之，图中字号最小。

3）手写汉字的字高一般不小于 3.5mm。

4）同一套图不同页面中的字体要保持一致，而不应受比例及幅面的影响。

5）中英文以及阿拉伯数字结合使用时，字体的选用要彼此协调。字母和数字的字高不应小于 2.5mm，与汉字并列书写时其字高可小一至两号。

4. 手写字体注意事项

1）为了保证书写整齐，在写之前应该用铅笔打好字的格子，再进行书写，而且通常都应该顶格来写（即字的最长笔画要顶到方格的四条边线上），少数围形字可略缩格。

2）宜用具有设计师特征的方块字，点、撇、捺、钩等笔画应用粗细一致的线条来表现，且搭接清晰，字形饱满。（见下页图）

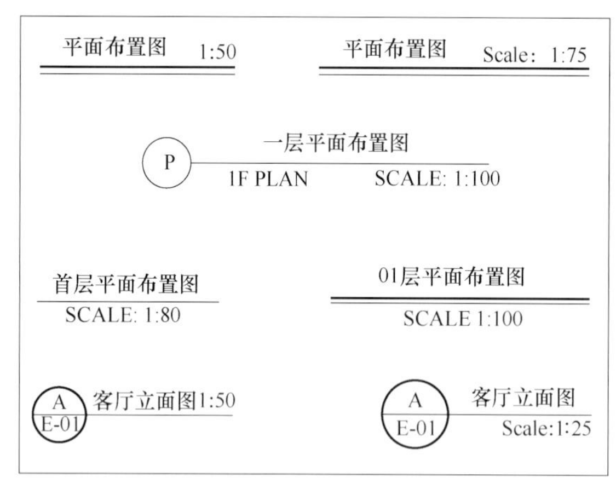

a) 常用图样名称表达方式

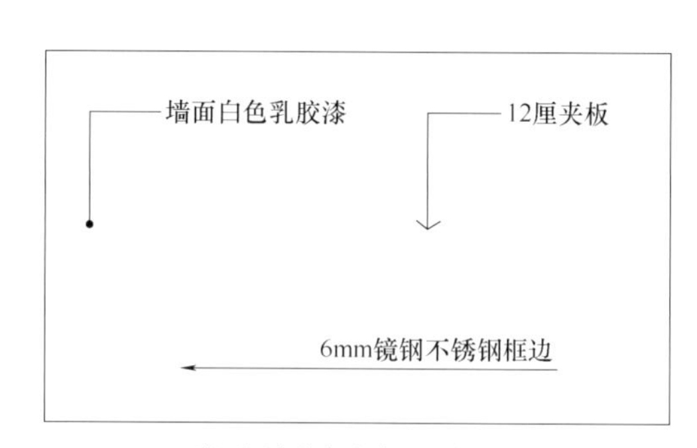

b) 常用图中注解文字表达方式

平面布置图吊顶平面图立面展开图

c) 设计师常用的手写方块字

五、图线

为了在工程图样上表示出图中的不同内容，并且能够分清主次，绘图时必须选用不同线型和线宽的图线。（见下图）

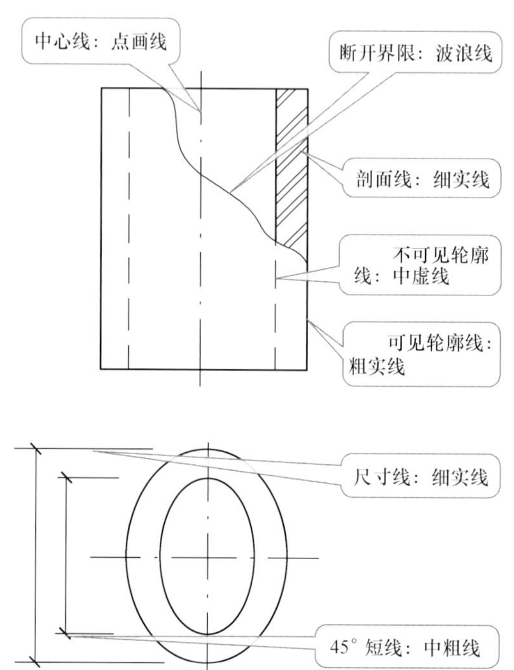

1. 线型

常用的线型有实线、虚线、点画线、折断线和波浪线等。线型规格与用途见表 3-6。

表 3-6　线型规格与用途

名　　称	线　　型	宽　　度	主 要 用 途
粗实线		b	平、剖面图中建筑构件被剖切到的轮廓线；立面图中的外轮廓线；详图中被剖切到的实物轮廓线
中实线		$0.5b$	平、剖面图中次要构件被剖切的轮廓线；平、立、剖面图中构配件的外轮廓线
细实线		$0.25b$	图形线、图例、尺寸线、符号等
中虚线		$0.5b$	不可见的轮廓线，如平面图中的高窗或上层的投影轮廓线
细虚线		$0.25b$	图例线，如石材断面中的虚线等
点画线		$0.25b$	中心线、对称线、定位轴线
双点画线		$0.25b$	假想轮廓线、成型前原始轮廓线
折断线		$0.25b$	断开界线
波浪线		$0.25b$	构造层次局部断开界线

2. 线宽

工程图样中的线宽用 b 表示（b 优先选用 0.7mm）。为达到较好的视觉效果，建议在同一张图样中选用三种左右线宽，一般建议为 b、$0.5b$、$0.35b$。线宽（mm）推荐系列为：0.1、0.13、0.18、0.25、0.35、0.5、0.7、1、1.4、2。

图框与图标的线宽应符合表 3-7 的规定。

表 3-7　图框与图标的线宽　　（单位：mm）

幅 面 代 号	图　框　线	图标外框线	图标分格线
A0，A1	1.4	0.7	0.35
A2，A3，A4	1.0	0.7	0.35

3. 图线画法

绘制图线时应注意以下问题：

（1）同一张图样中同类图线的线宽应一致。

（2）虚线、点画线、双点画线的线段、短画长度和间隔应各自大致相等。

（3）绘制圆的中心线时，圆心应为点画线线段的交点。点画线的首末两端应为线段而不是短画，且超出圆弧 2～3mm，不可任意画长。

（4）图线不得与文字、数字或符号重叠。

（5）点画线和双点画线两端应是画而不是点。

六、符号

1. 剖面剖切符号（见右图）

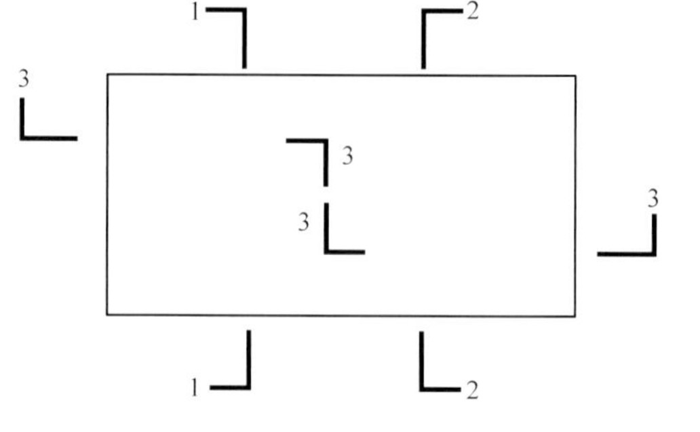

1）剖面剖切符号应由剖切位置线及剖视方向线组成，均应以粗实线绘制。剖切位置线的长度宜为6～10mm；剖视方向线应垂直于剖切位置线，长度应短于剖切位置线，宜为4～6mm，用粗实线绘制。绘制时，剖面剖切符号不宜与图面上的图线重叠。

2）剖面剖切符号的编号宜采用阿拉伯数字，按顺序由左至右、由上至下连续编排，并应注写在剖视方向线的端部。

3）需要转折的剖切位置线，在转折处如与其他图线产生混淆，应在转角的外侧加注与该符号相同的编号。

2. 断（截）面剖切符号（见右图）

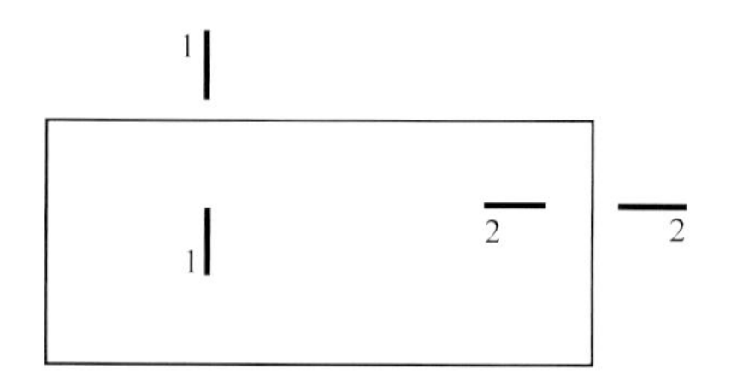

1）断（截）面剖切符号应只用剖切位置线表示，并应以粗实线绘制，长度宜为6～10mm。

2）断（截）面剖切符号的编号宜采用阿拉伯数字按顺序连续编排，并应注写在剖切位置线的一侧；编号所在的一侧应为该断（截）面的剖视方向。

室内立面图、剖面图或断面图，如与被剖切的图样不在同一张图纸内，则可在剖切位置线另一侧注明其所在图纸的编号，也可在图上集中说明。

3. 索引符号

索引符号是指图样中由于引出需要清楚绘制细部图形的符号，以方便绘图及图样查找，提高制图效率。图样中的某一局部或构件如需另见详图，则应以索引符号索引。索引符号是由直径为10mm的圆和水平直径线组成，圆及水平直径线均应以细实线绘制。索引符号应按下图规定编写。（见下图及下页图）

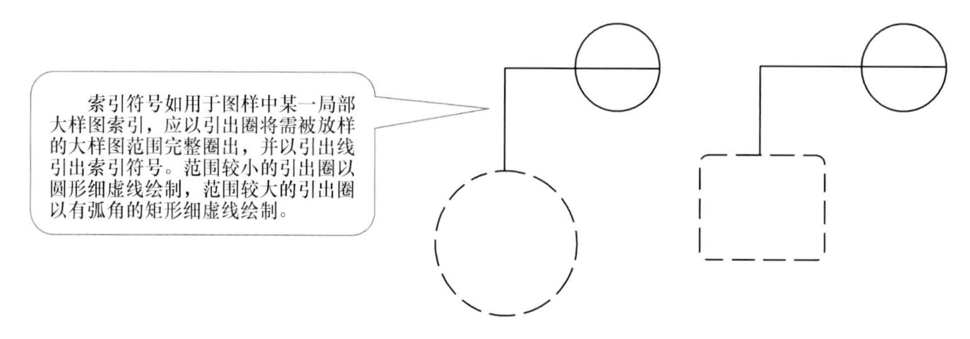

索引符号如用于图样中某一局部大样图索引，应以引出圈将需被放样的大样图范围完整圈出，并以引出线引出索引符号。范围较小的引出圈以圆形细虚线绘制，范围较大的引出圈以有弧角的矩形细虚线绘制。

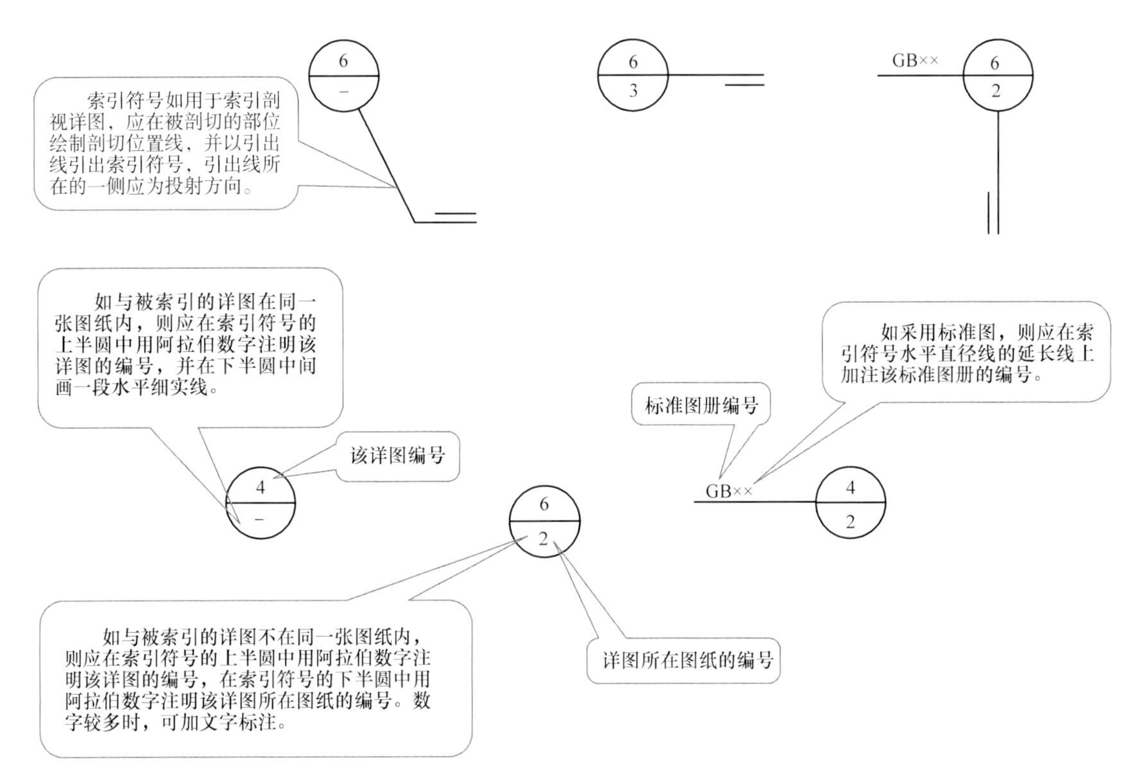

4. 详图符号

详图的位置和编号应以详图符号表示。详图符号是由直径为14mm的圆组成，且圆应以粗实线绘制。详图符号应按下图规定编号。（见下图）

5. 立面索引符号

立面索引符号即室内立面图的内视符号，用于表示室内立面在平面图上的位置，以及立面图所在图纸的编号，应放于平面图中。（见下页图）

1）在建筑装饰平面图中，立面索引符号应由直径为10mm的圆及注视方向的三角深色图形组成。

2）立面索引符号的编号宜采用阿拉伯数字或英文字母按顺序连续排列，圆形上部字母为立面图编号，下部数字则为该立面图所在图纸的编号。一个立面索引符号视设计需要可注1～4个立面图。若平面图较小，则可在图外表示。

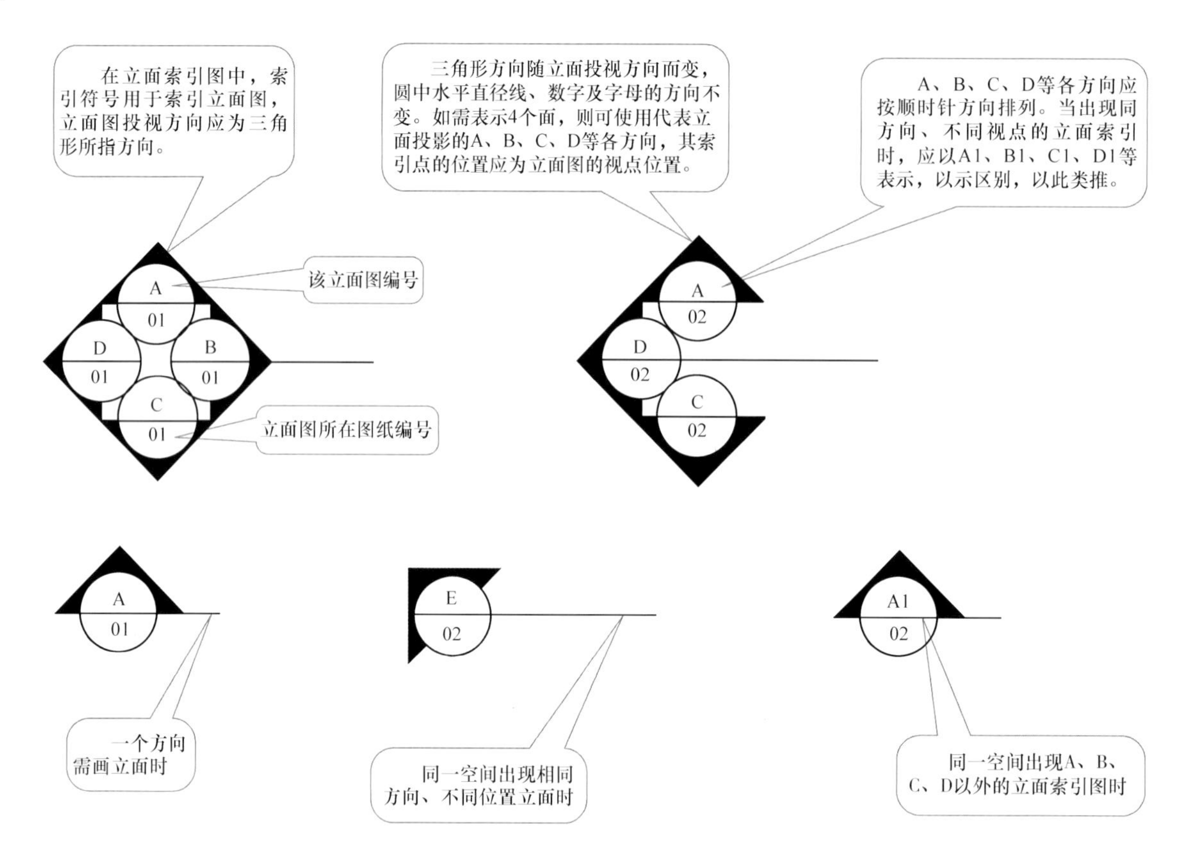

6. 引出线

引出线应以细实线绘制，宜采用水平方向的直线或与水平方向成30°、45°、90°的直线，或经上述角度再折为水平的折线。文字说明宜注写在横线的上方，也可注写在横线的端部。索引详图的引出线应与水平直径线相连接。当多条引出线需要引到同一段文字说明时，引出线宜相互平行，也可画成集中于一点的放射线。(见下图)

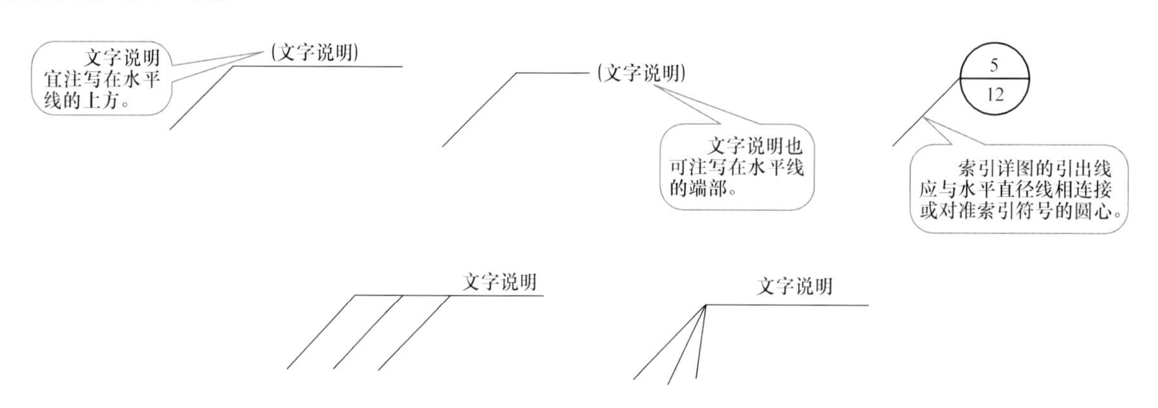

多层构造或多层管道的共用引出线应通过被引出的各层。文字说明宜注写在横线的端部，说明的顺序应由上至下，并且应与被说明的层次相一致。如层次为横向排列，则由上至下的说明顺序应与由左至右的层次相一致。(见右图)

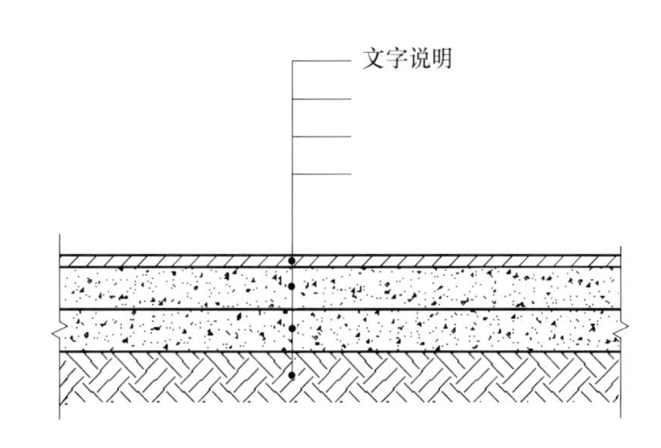

7. 其他符号

1）对称符号：由对称线和两端的两对平行线组成。对称线用细点画线绘制；平行线用细实线绘制，其长度宜为 6～10mm，每对平行线的间距宜为 2～3mm。对称线垂直平分两对平行线，两端超出平行线的长度宜为 2～3mm。(见下图左)

2）连接符号：应以折断线表示需连接的部位，以折断线两端靠图样一侧的大写拉丁字母表示连接编号。两个被连接的图样，必须用相同的字母编号。(见下图右)

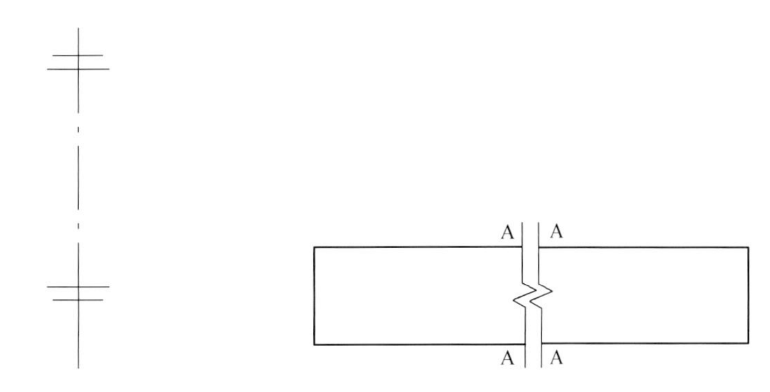

3）指北针：宜用实线绘制。圆的直径宜为 24mm，指针尾部的宽度宜为 3mm。当需用较大直径绘制指北针时，指针尾部的宽度宜为直径的 1/8。(见右图)

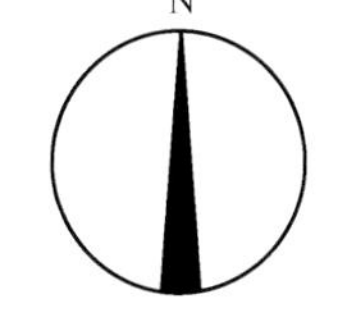

4）箭头符号：在建筑图或建筑装饰图中表示方向，如扯门窗开启方面、楼梯踏步上下及窗帘开启方向等，其形状见下图。其中，45°箭头用粗实线绘制，其余均为细实线。

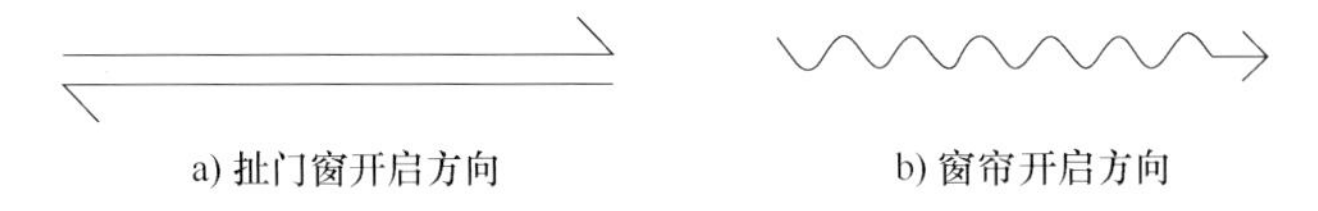

a) 扯门窗开启方向　　b) 窗帘开启方向

七、定位轴线

定位轴线是表示柱网、墙体位置的符号，绘制定位轴线时有以下几点要求。

1）定位轴线应用细点画线绘制。

2）定位轴线一般应编号，编号应注写在轴线端部的圆内。圆应用细实线绘制，直径为 8～10mm。定位轴线圆的圆心应在定位轴线的延长线上或延长线的折线上。

3）平面图上，定位轴线的编号宜标注在图样的下方与左侧。横向编号应用阿拉伯数字，从左至右按顺序编写；竖向编号应用大写拉丁字母，从下至上按顺序编写。（见右图）

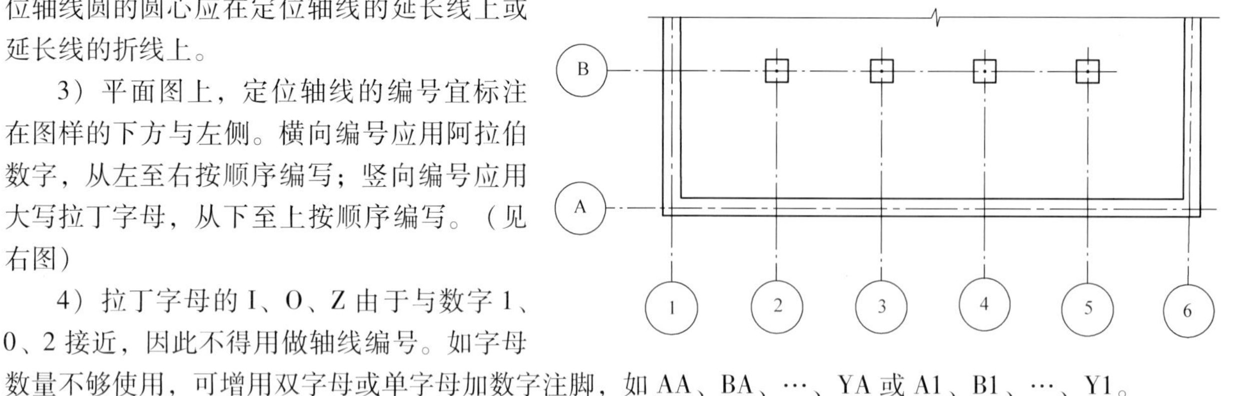

4）拉丁字母的I、O、Z由于与数字1、0、2接近，因此不得用做轴线编号。如字母数量不够使用，可增用双字母或单字母加数字注脚，如AA、BA、…、YA或A1、B1、…、Y1。

5）组合较复杂的平面图中，定位轴线也可采用分区编号，编号的注写形式应为“分区号-该分区编号”。分区号用阿拉伯数字或大写拉丁字母表示。（见下图）

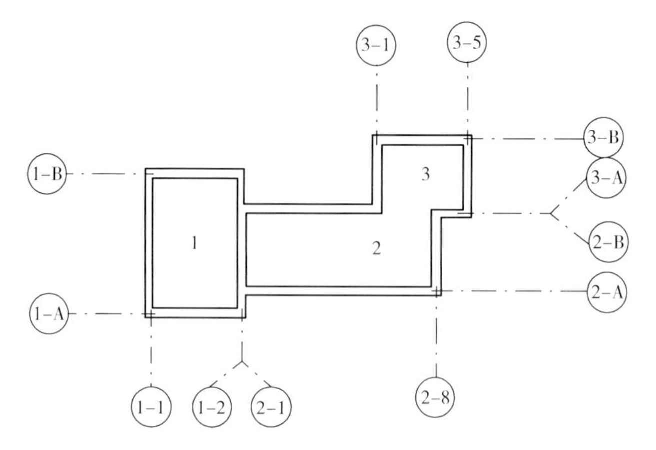

6）附加定位轴线的编号应以分数形式表示，并应按下列规定编写：

两条轴线间的附加轴线应以分母表示前一轴线的编号，分子表示附加轴线的编号，编号宜用阿拉伯数字按顺序编写。1号轴线或A号轴线之前的附加轴线分母应以01或0A表示。（见下图）

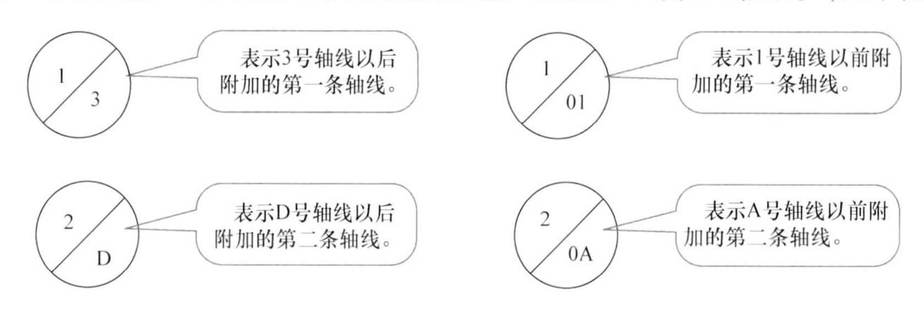

7）一个详图同时适用于几条轴线时，应同时注明各有关轴线的编号。（见下页图）

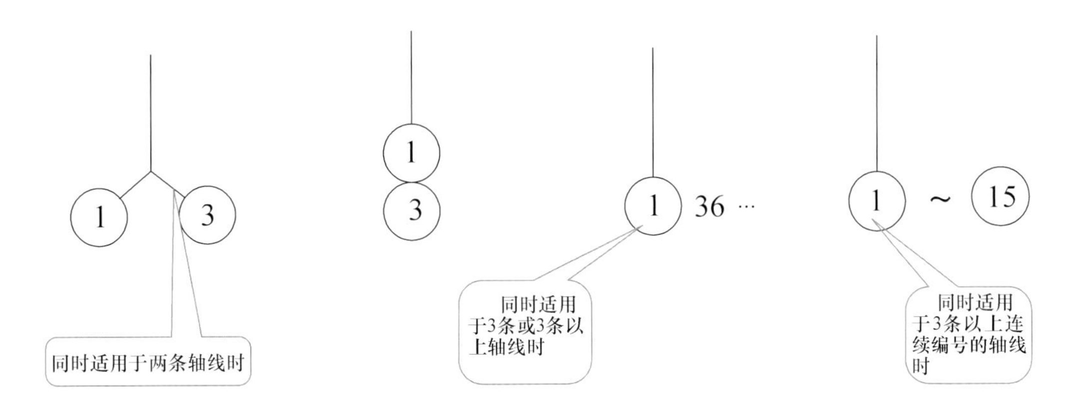

8）通用详图中的定位轴线应只画圆，不注写轴线编号。

9）异形平面图的轴线标注方式。（见下图）

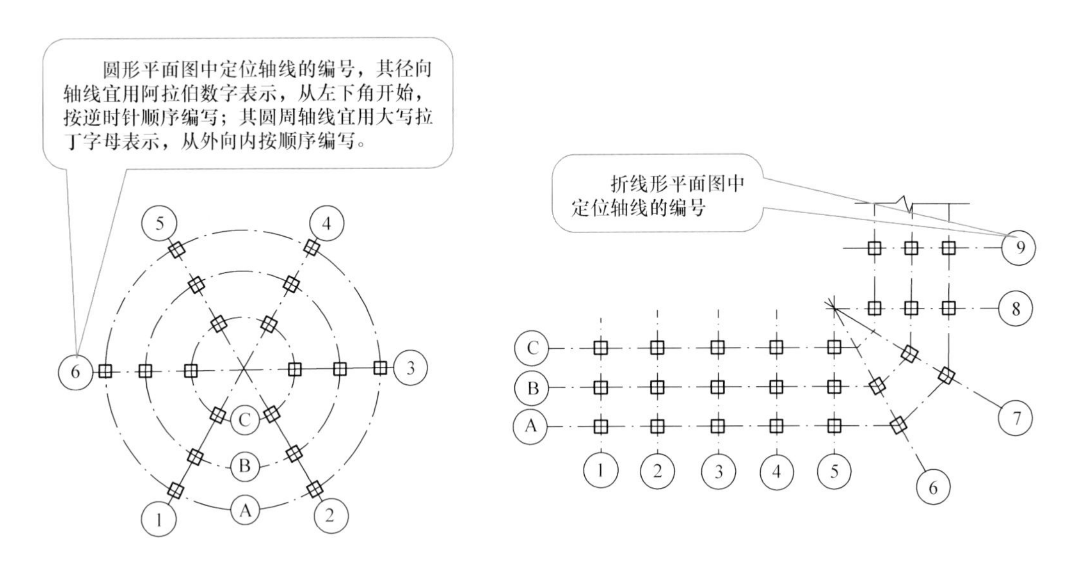

八、尺寸标注

设计图中必须有尺寸标注，才能让读图者准确地掌握其真实的大小。尺寸标注应当正确、清晰、完整，在具体的注写过程中还要注意一定的标注顺序，要有条理，才不会出现误标或者漏标。

1. 尺寸标注的组成

尺寸标注的组成要素是尺寸线、尺寸界线、尺寸起止符号和尺寸数字。四者共同组成一个整体，并与标注的图形形成恰当的位置关系。尺寸标注较多时，应注意合理地分布，尽量避免交叉和局部过于拥挤，保证图面的整体效果。（见下页图）

1）尺寸线：用细实线绘制，一般应与被注长度平行。图样本身的任何图线不得用做尺寸线。

2）尺寸界线：用细实线绘制，与被注长度垂直，其一端应距图样轮廓线不小于2mm，另一端宜超出尺寸线2～3mm。通常情况下，尺寸界线的引出段要明显长过其超出段。必要时，图样轮廓线可用做尺寸界线。

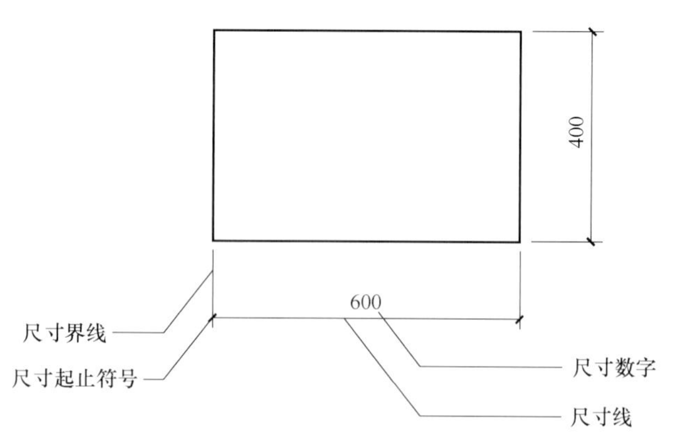

3）尺寸起止符号：一般用中粗斜短线绘制，其方向应与尺寸界线成顺时针45°角，长度宜为2～3mm；也可用黑色小圆点绘制，其直径宜为1mm。半径、直径、角度与弧长的尺寸起止符号宜用箭头表示。

4）尺寸数字：图样上的尺寸应以数字为准，不得从图上直接量取。当连续标注的尺寸是均分关系时，可以在控制总尺寸的前提下不标写具体数字，而都以“EQ”（即EQUAL的缩写）代替。尺寸单位在室内设计制图中除标高外，无特别说明外均为mm。

尺寸数字原则上应标注在水平尺寸线的上方和竖直尺寸线的左方，且位于靠近尺寸线的中部位置。当标注位置相对密集或注写位置不够时，可以错开或者引出注写。(见下图)

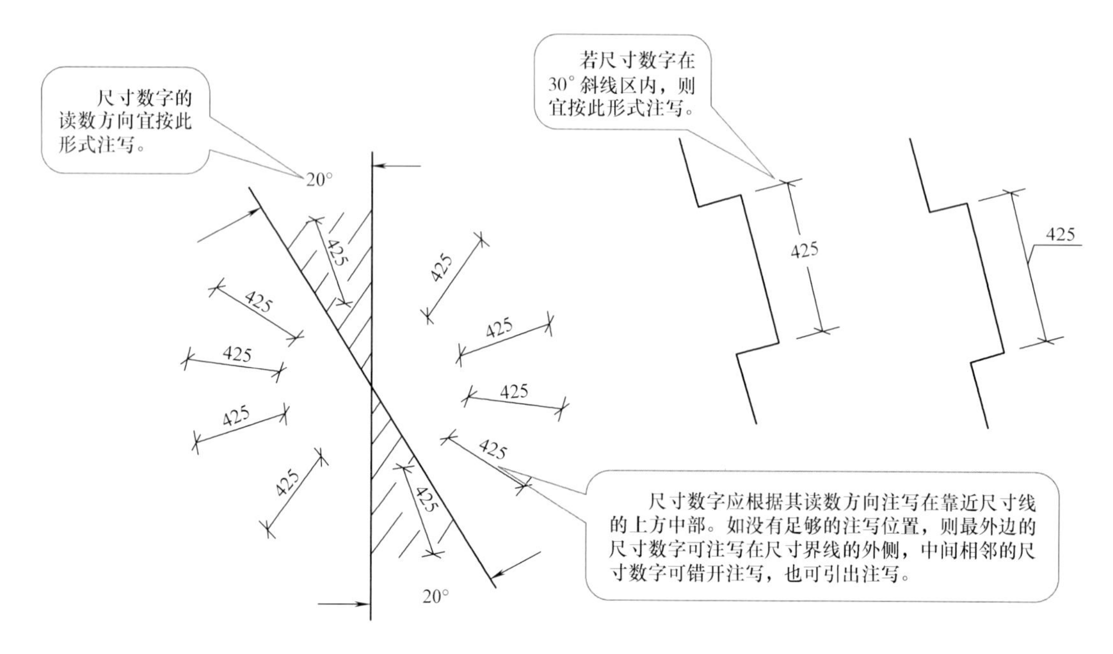

2. 尺寸标注的排列与布置

1）尺寸宜标注在图样轮廓线以外，不宜与图线、文字及符号等相交。

2）图线不得穿过尺寸数字，当不可避免时，应将尺寸数字处的图线断开。（见右图）

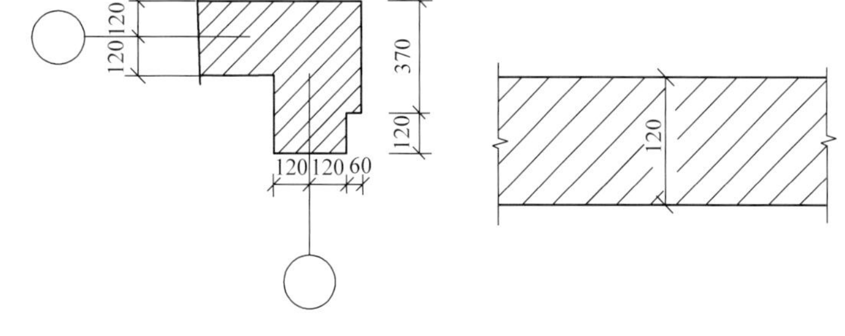

3）相互平行的尺寸线，应从被注的图样轮廓线由近向远整齐排列。小尺寸应离轮廓线较近，大尺寸应离轮廓线较远。

4）图样轮廓线以外的尺寸线，与图样最外轮廓线之间的距离不宜小于10mm；平行排列的尺寸线间距宜为7～10mm，并应保持一致。

5）总尺寸的尺寸界线应靠近所指部位，中间分尺寸的尺寸界线可稍短，但其长度应相等。

3. 半径、直径、球的尺寸标注

半径的尺寸线一端从圆心开始，另一端画箭头指至圆弧。半径数字前应加注半径符号“R”。标注圆的直径尺寸时，直径数字前应加符号“ϕ”。在圆内标注的直径尺寸线应通过圆心，两端画箭头指至圆弧。较小圆的直径尺寸可标注在圆外。（见下图）

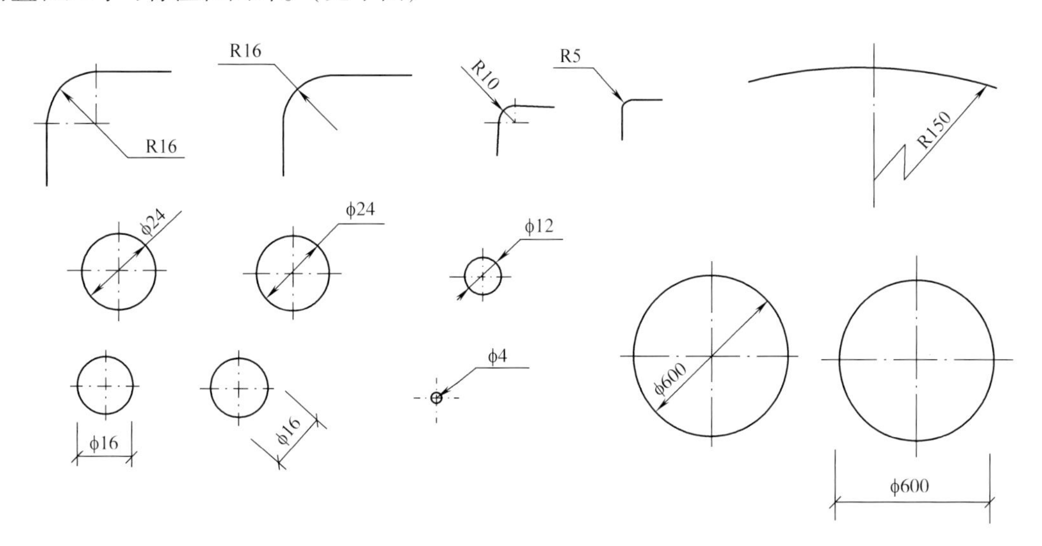

标注球的半径尺寸时，应在尺寸数字前加注符号“SR”。标注球的直径尺寸时，应在尺寸数字前加注符号“Sϕ”。注写方法与圆弧半径、圆直径相同。

4. 角度、弧长、弦长的标注

标注圆弧的弦长时，尺寸线应以平行于该弦的直线表示，尺寸界线应垂直于该弦，起止符号用中粗斜短线表示。其他标注方法见下页图。

角度的尺寸线应以圆弧线表示。该圆弧的圆心应是该角的顶点，角的两个边为尺寸界线。角度的起止符号应以箭头表示。如位置不够,可用圆点代替。角度数字应水平注写。

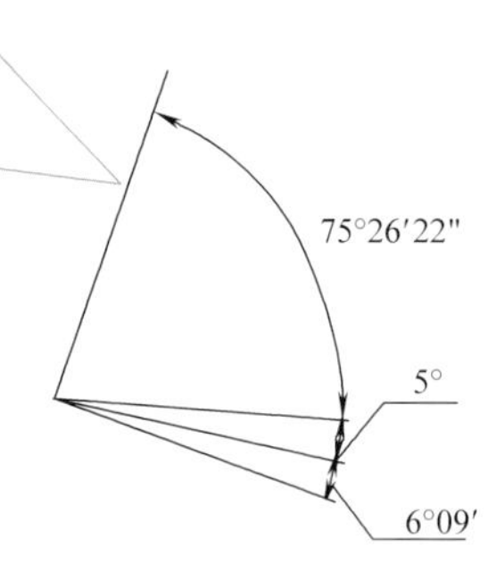

115

标注圆弧的弧长时，尺寸线应以与该圆弧同心的圆弧线表示，尺寸界线应垂直于该圆弧的弦，起止符号用箭头表示，弧长数字上方应加注圆弧符号“⌒”。

5. 其他尺寸标注（见下图）

在薄板板面标注板厚尺寸时，应在厚度数字前加厚度符号“t”。

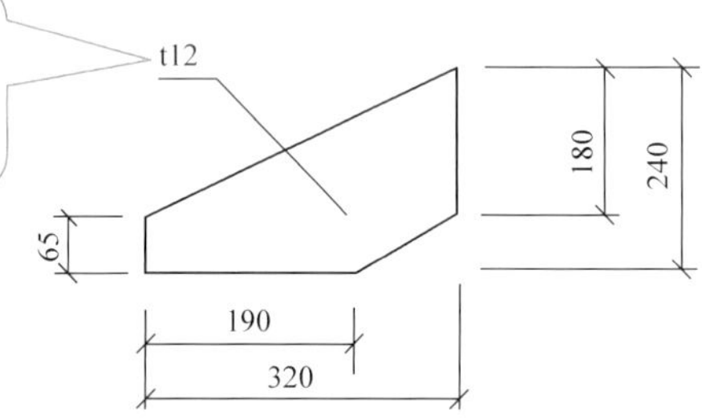

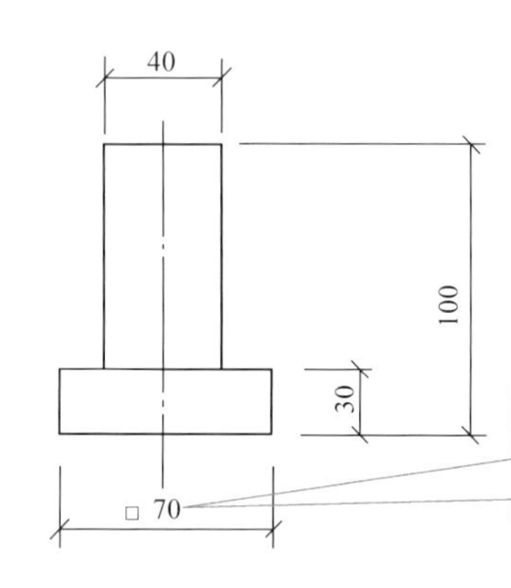

标注正方形的尺寸，可用“边长×边长”的形式，也可在边长数字前加正方形符号“□”。

标注坡度时，在坡度数字下应加注坡度符号。坡度符号的箭头一般应指向下坡方向，有三种表示方式。

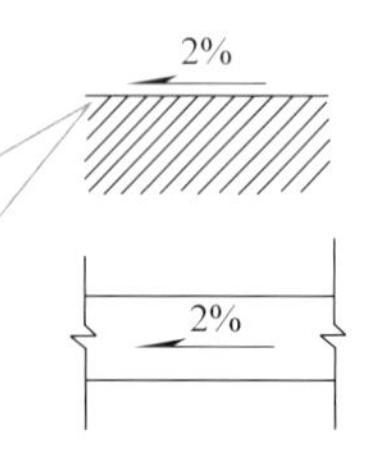

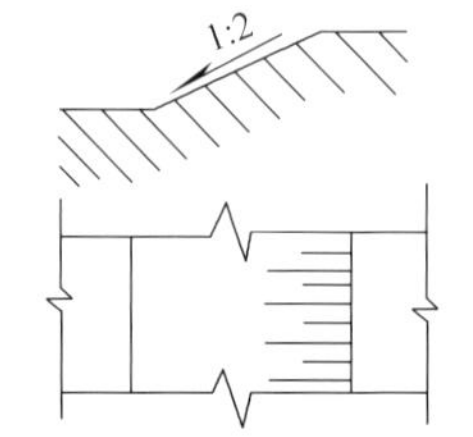

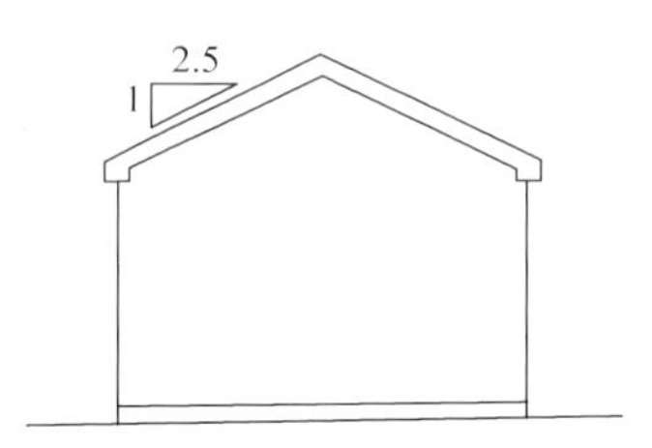

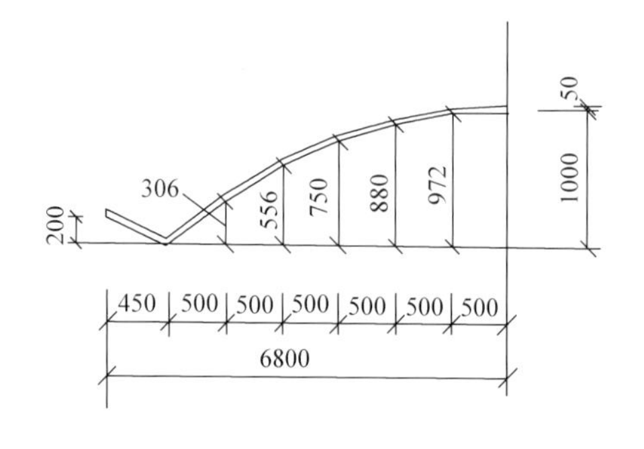

外形为非圆曲线的图形或构件，可用坐标形式标注尺寸；复杂的图形或构件，可用网格形式标注尺寸。

6. 尺寸的简化标注

1）如同一张图样内有多个构造图形或构件（如孔、槽等）相同，可仅标注其中一个图形或构件的尺寸。（见下图）

均分 (EQ)　均分 (EQ)　均分 (EQ)　均分 (EQ)

2）形状相似、尺寸不同的两个构配件，可在同一图样中将其中一个构配件的不同尺寸数字注写在括号内，该构配件的名称也应注写在相应的括号内。数个构配件，如仅某些尺寸不同，这些有变化的尺寸数字可用拉丁字母注写在同一图样中。其他标注方式见下图。

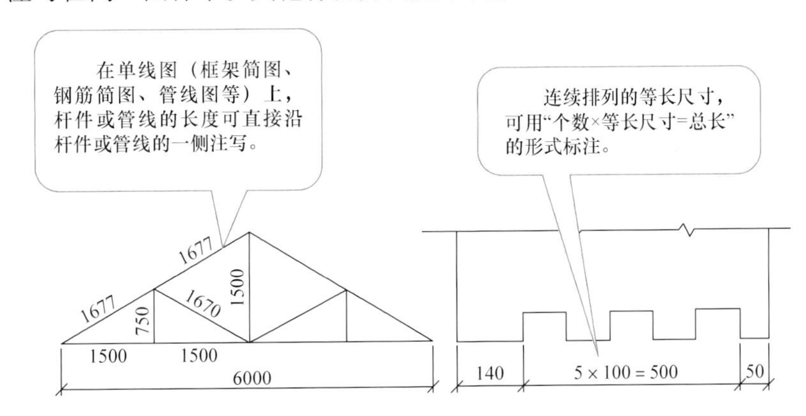

九、标高

在建筑室内设计图中，标高符号可以采用等腰直角三角形来表示，用细实线绘制，通常以该室内所处楼面的地坪高度为标高的相对零点位置，低于该点时前面要标上负号，高于该点时不加任何符号。（见下图）。

标高符号主要用于平面和顶面中的高度标注，也可用在立面或剖面中来标示顶、地或构件的高度位置。标高符号及数字的大小要适宜，以图面的清晰整洁为准。

标高数字应以 m 为单位，标注到小数点后三位。采用三角形标高符号时，三角形的尖端应指至被标注高度的位置。尖端一般应向下，也可向上。（见下图及下页图）。

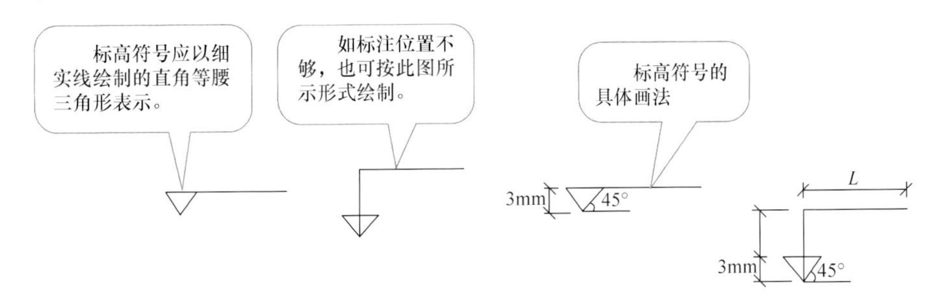

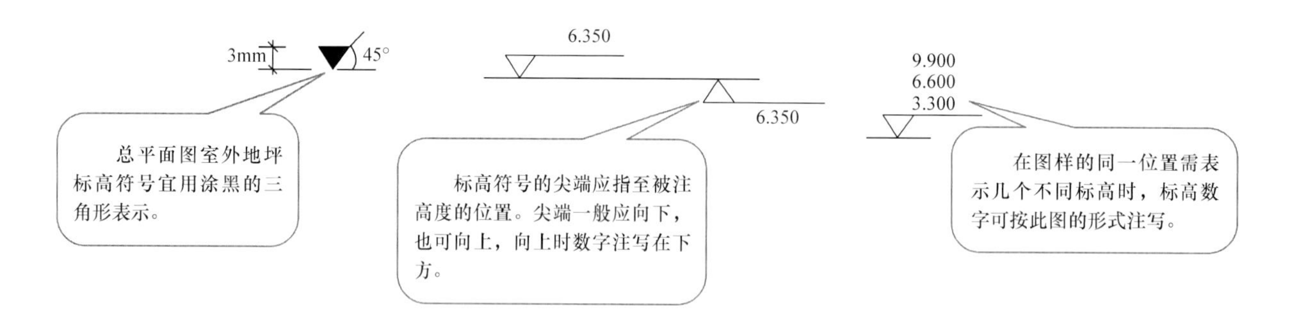

十、常用图例

1. 一般规定

1）图例线应间隔均匀、疏密适度，做到图例正确、表示清楚。

2）同类材料不同品种使用同一图例时（如混凝土、砖、石材、金属等），应在图上附加必要的说明。

3）两个相同的图例相接时，图例线宜错开，或倾斜方向相反。（见下图）

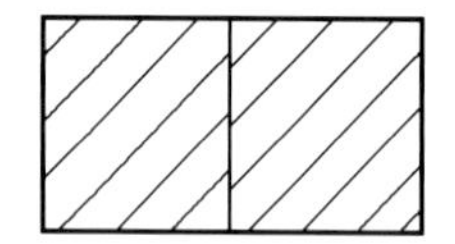

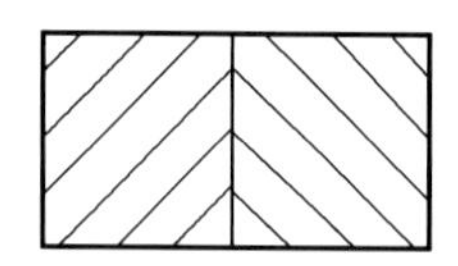

4）两个相邻的涂黑图例间应留有空隙，其宽度不得小于0.7mm。（见下图）

5）下列情况下不画建筑材料图例，但应加文字说明：

① 一张图纸内的图样只用一种建筑材料时。

② 图形太小而无法画出建筑材料图例时。

面积过大的建筑材料图例，可在断面轮廓线内沿轮廓线局部表示。

2. 常用装饰材料图例（见表 3-8）

表 3-8 常用装饰材料图例

图例（剖面）	名　称	图例（剖面）	名　称
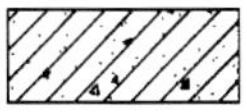	钢筋混凝土		防水材料
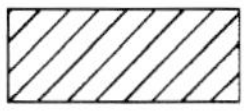	砖墙	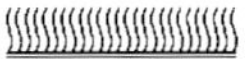	地毯
	混凝土	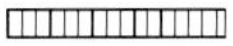	饰面砖
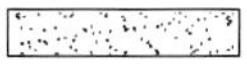	粉刷层		多孔材料
	天然石材		橡胶
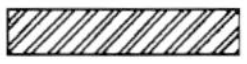	金属		纤维材料
	玻璃		木饰面
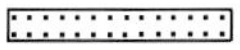	石膏板	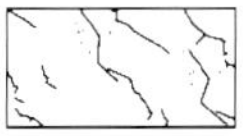	大理石
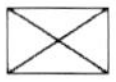	木方	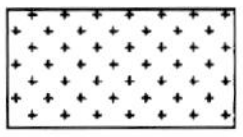	软包
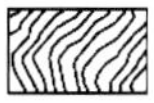	实木造型	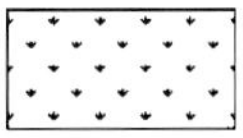	墙纸
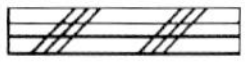	胶合板	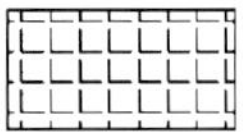	马赛克
	密度板	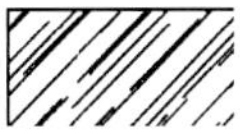	普通玻璃
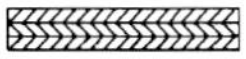	多层板	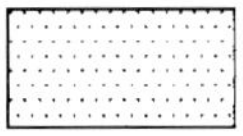	磨砂玻璃
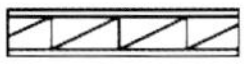	细木工板	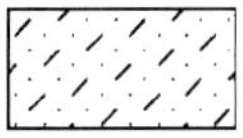	夹层玻璃

3. 常用灯具图例（见表3-9）

表 3-9　常用灯具图例

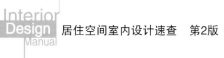

图　例	名　称	图　例	名　称
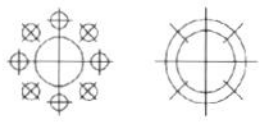	艺术吊灯		落地灯
	吸顶灯		水下灯
	筒灯		踏步灯
	射灯		荧光灯
	轨道射灯	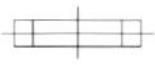	镜前灯/画灯
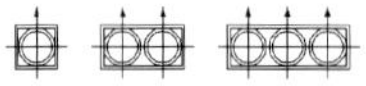	格栅射灯		埋地射灯
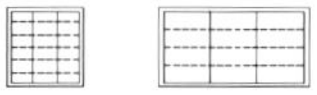	格栅荧光灯		嵌入式荧光灯
	灯带		投光灯
	壁灯		泛光灯
	台灯		聚光灯

4. 常用开关、插座图例（见表3-10）

表 3-10　常用开关、插座图例

图例（平面）	名　称	图例（平面）	名　称
	（电源）插座		带保护极的（电源）插座
	三个插座		单相二、三极电源插座

（续）

图例（平面）	名　　称	图例（平面）	名　　称
	带单极开关的（电源）插座		单联电控开关
	带保护极的单极开关的（电源）插座		双联单控开关
C	信息插座		三联单控开关
J	电接线箱	t	单极限时开关
	公用电话插座		双极开关
	直线电话插座		多位单极开关
F	传真机插座		双控单极开关
C	网络插座		按钮
TV	有线电视插座	AP	配电箱

5. 常用设备图例（见表3-11）

表3-11　常用设备图例

图　　例	名　　称	图　　例	名　　称
	送风口		侧送风、侧回风
	回风口		排气扇
(立式明装) (卧式明装)	风机盘管		卡式机风口

（续）

图　例	名　称	图　例	名　称
	疏散指示灯		感温探测器
F	防火卷帘	S	感烟探测器
	消防自动喷淋	EXIT	安全出口
(单口)　(双口)	室内消火栓		扬声器

第三节　工程图样绘制要点

一、平面图

（一）概念

建筑平面图是建筑工程图的基本图样，它是假想用一个水平的剖切面沿门窗洞位置将房屋剖切后，对剖切面以下部分所作的水平投影图。它反映出房屋的平面形状、大小和布置，墙、柱的位置、尺寸和材料，门窗的类型和位置等。

对于多层建筑，一般每层应有一个单独的平面图。但一般建筑常常是中间几层平面布置完全相同，这时就可以省掉几个平面图，只用一个平面图表示，这种平面图称为标准层平面图。建筑施工图中的平面图一般有：底层平面图（表示第一层房间的布置、建筑入口、门厅及楼梯等）、标准层平面图（表示中间各层的布置）、顶层平面图（最高层的平面布置图）以及屋顶平面图（即屋顶平面的水平投影，其比例尺一般比其他平面图小）。（见下页图）

室内设计平面图的主要内容有：

（1）建筑物及其组成房间的名称、尺寸、定位轴线和墙壁厚等。

（2）走廊、楼梯位置及尺寸。

（3）门窗位置、尺寸及编号。门的代号是M，窗的代号是C。在代号后面写上编号，同一编号表示同一类型的门窗。如M-1、C-1。

（4）台阶、阳台、雨篷、散水的位置及细部尺寸。

（5）室内地面的高度。

（6）剖面图的剖切位置线。

（7）家具与设备的布置。

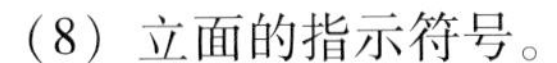
（8）立面的指示符号。

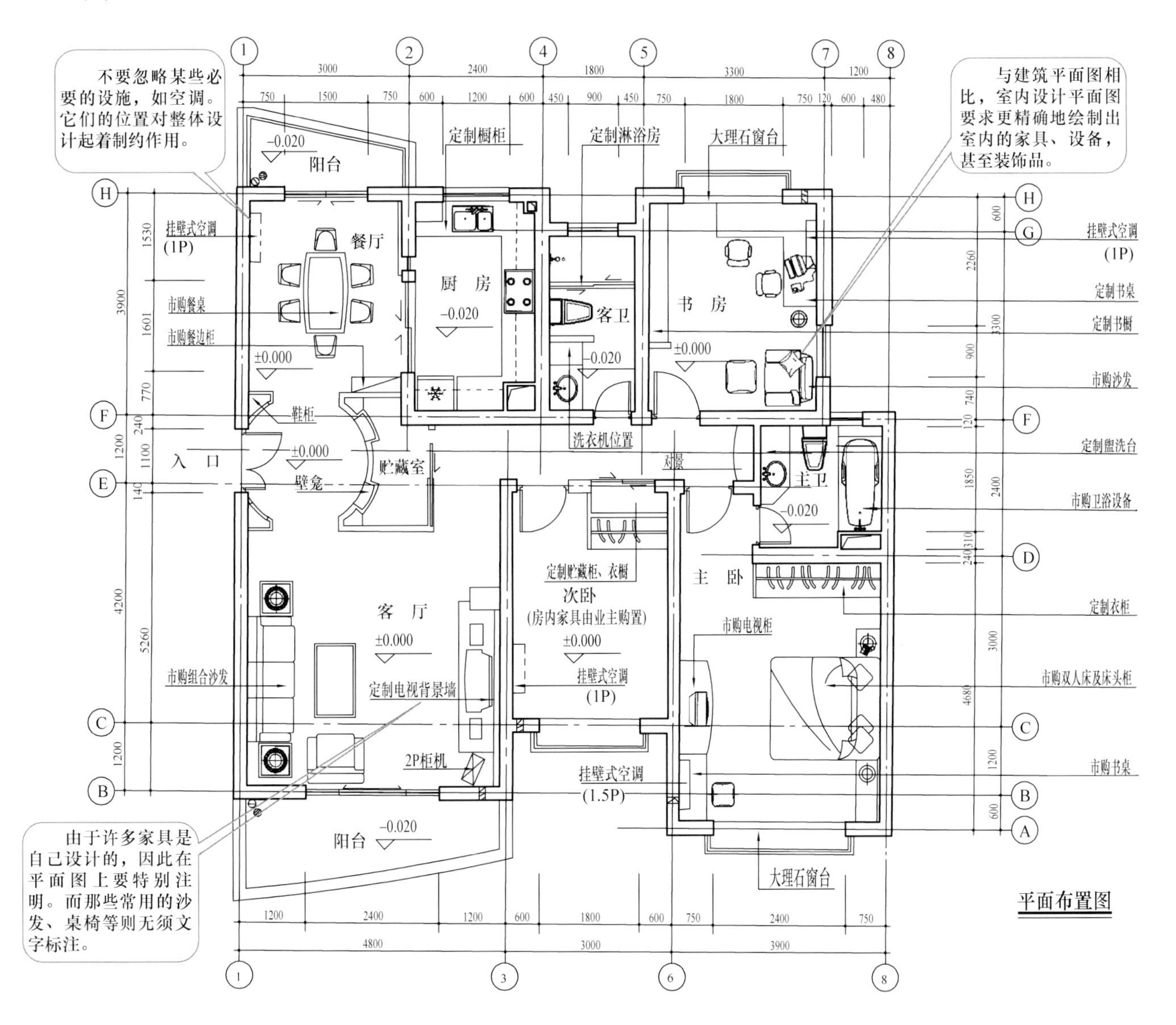

（二）制图要点

平面图反映的是整个住宅的总体布局，表明各个房间的功能划分、设施的相对位置、家具的摆设、室内交通路线和地面的处理等，是室内装饰组织施工及编制预算的重要依据。以下是四种常用平面图的制图要点。

1. 原始平面图

原始平面图表明室内空间的形状和朝向，内部房间的布置及相互关系，入口、走道、楼梯的位置等，反映了纵横两轴的定位轴线和尺寸标注数据，又称原始结构图。下面以一张原始平面图为例具体说明需注意的制图问题。

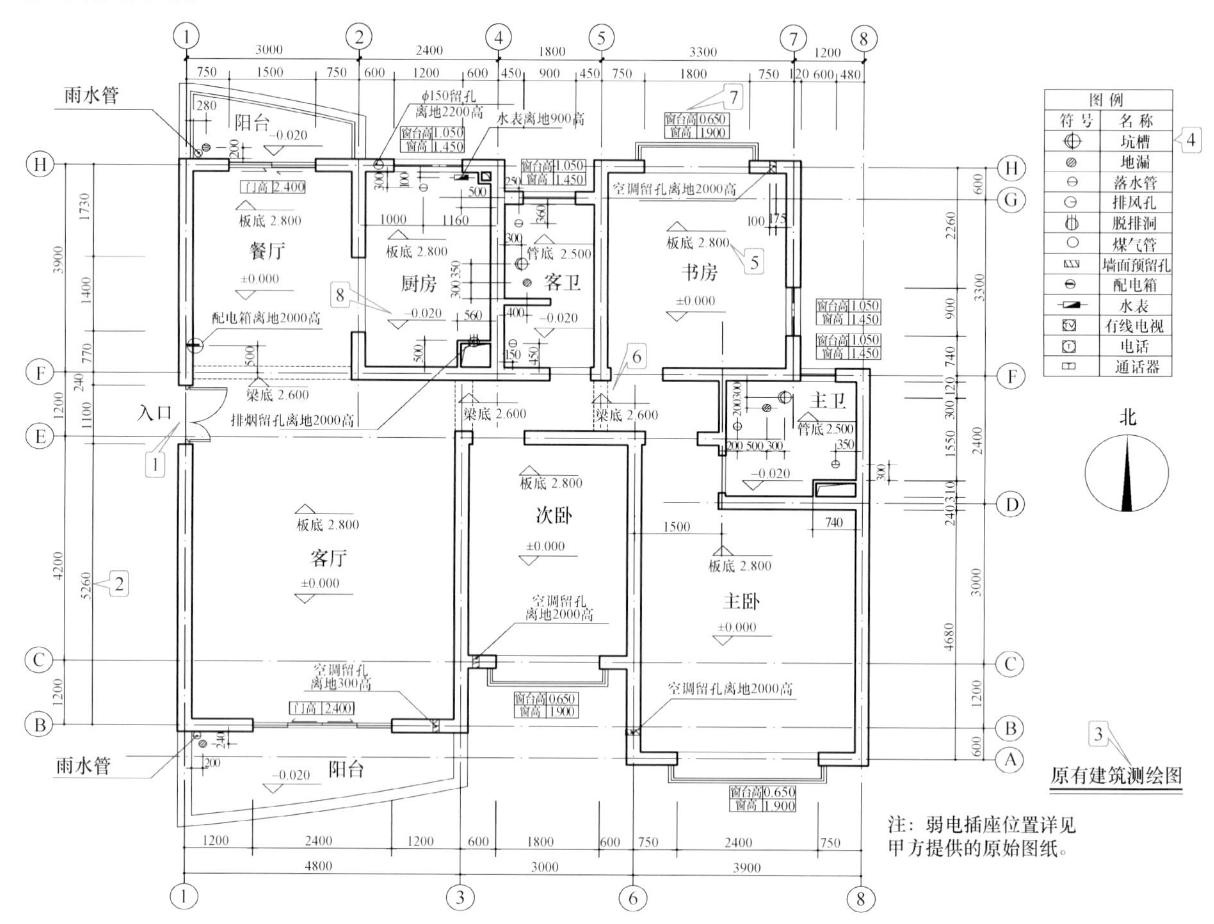

（1）平面图中需注明入口位置，宜用实心三角形及文字注明。

（2）尺寸的标注分三个层次，并和轴线相结合。从内到外的尺寸分别为：

① 第 1 道尺寸为细部尺寸，标注的是门窗的洞口尺寸和窗间墙的尺寸。

② 第 2 道尺寸为轴线尺寸，标注的是房间的开间和进深尺寸。

③ 第 3 道尺寸是建筑的外包尺寸，是从一端外墙到另一端外墙边的总长和总宽。

④ 内部尺寸所标注的内容主要是门洞、窗洞、孔洞、墙体厚度等。

（3）图名一般注写在图的下方或右下方。图需占图样内容的 70%，据此规定可调整图的比例。

（4）各类管道、配电箱、弱电箱等需要注明，在图中使用图例表示，标注位置关系。图例表示方式可根据习惯确定，同套图样中保持一致。

（5）楼板底部标高（即净高）需注明。

（6）梁应采用虚线表示，除注明梁的宽度外，还需注明梁与楼板间的距离，即梁底标高。

（7）对于凸窗、飘窗等，需标明窗台的高度、尺寸以及窗的顶部高度。

（8）卫生间、厨房、阳台及户门外与内部的高差一般在 20～30mm 之间，故标高为 -0.020 左右。

2. 拆建平面图

拆建平面图指根据设计要求，表示拆除与新建墙体的图样，又称结构改（变）动图。拆建平面图中需用图例表示拆除与新建部分。如果改动比较大，拆除与新建图需分开绘制。拆除与新建部分需注明尺寸与位置关系。（见下图）

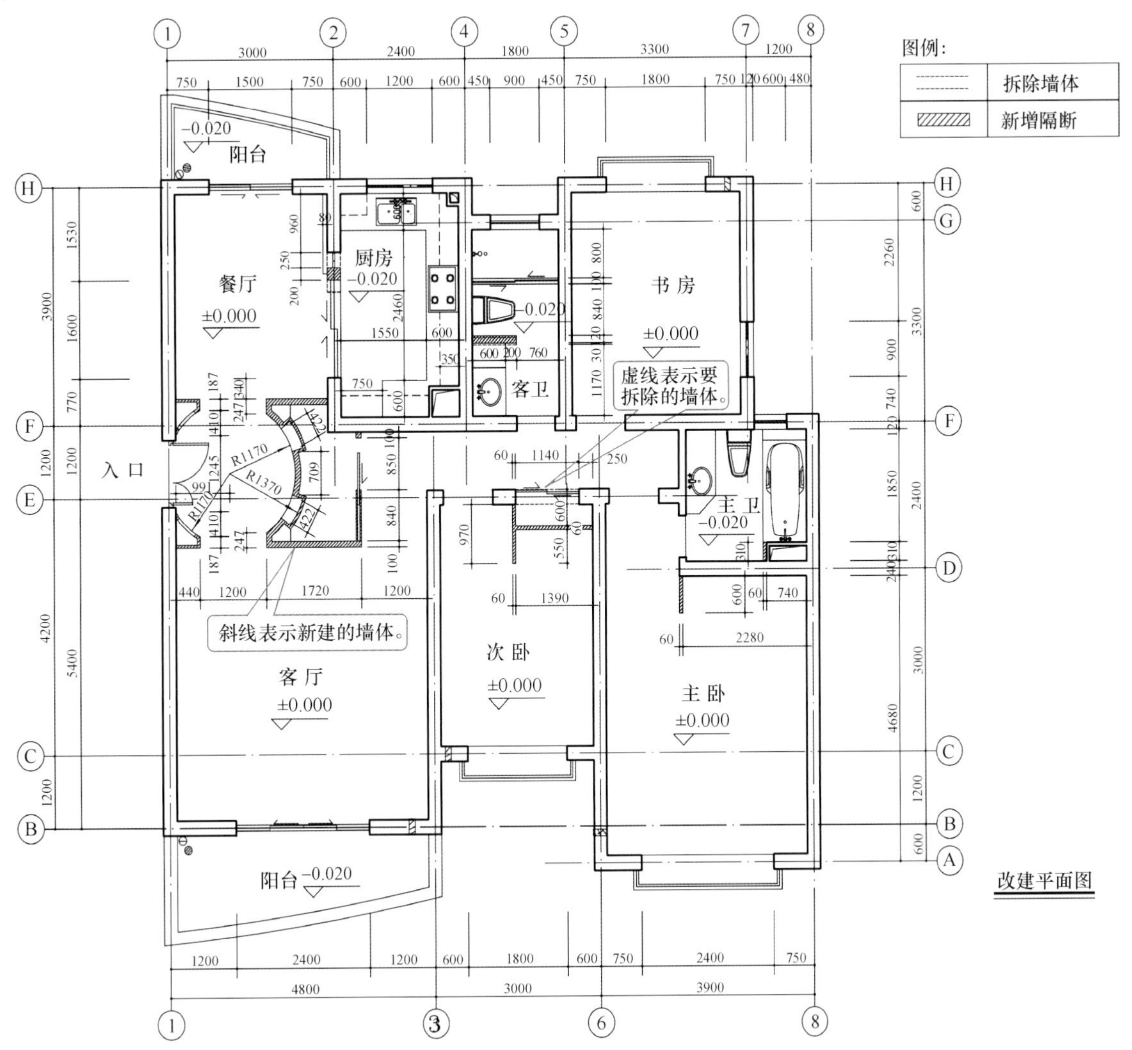

3. 平面布置图

平面布置图根据设计要求，表明室内空间的布局，各种固定设施（洁具、操作台等）、固定家具的大小和相对位置。它是施工放线、砌筑、安装门窗、室内外装修以及编制预算、备料等工作的依据。下面以一张平面布置图为例具体说明需注意的制图问题。

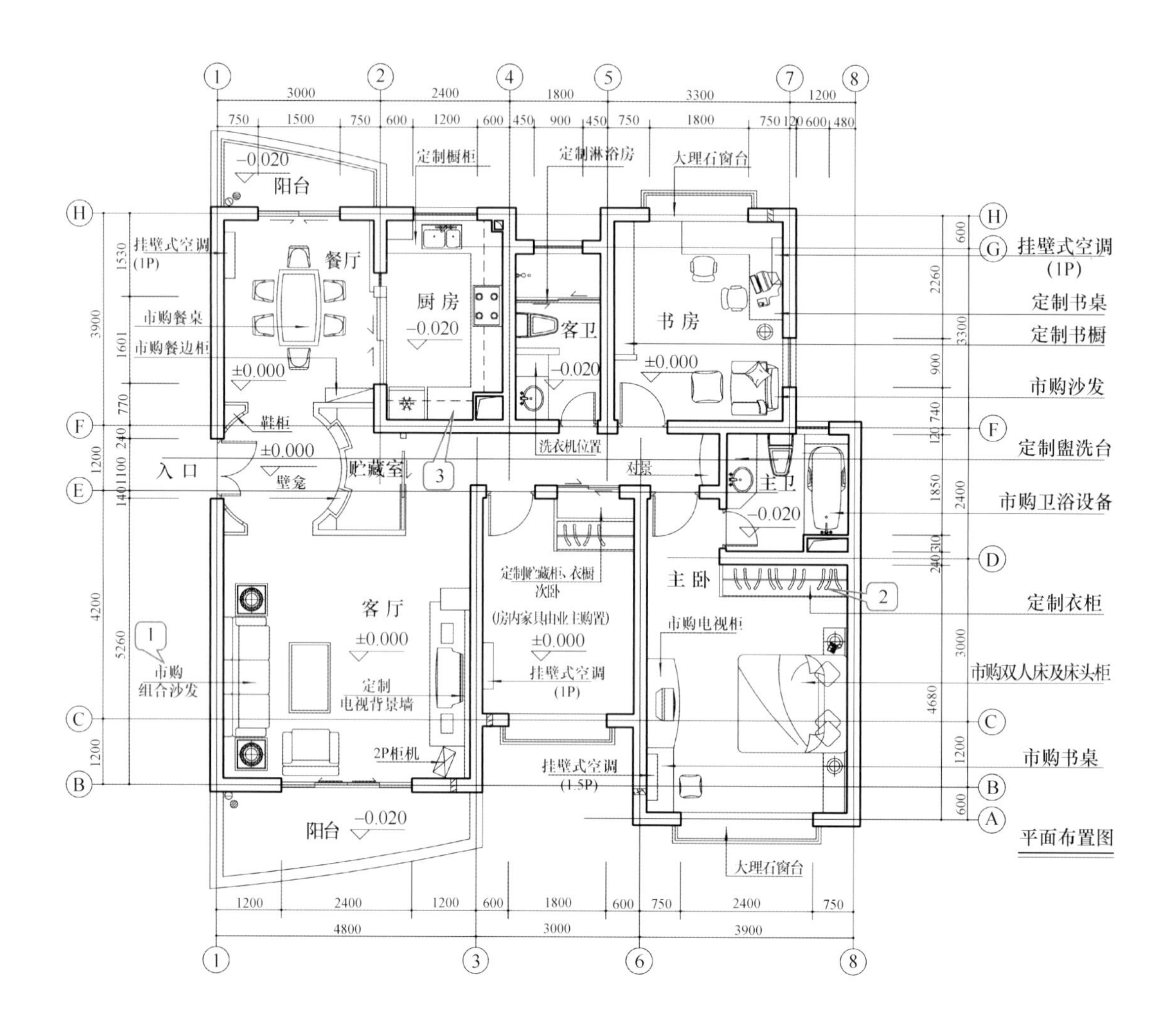

（1）不能完全表示清楚的图以及有特殊要求的图需用文字说明，如上图中的台盆为现场制作。文字标识使用引出线，引出线采用细实线，端点宜使用小黑点或实心箭头。引出线及文字说明的方向应一致，宜放在图的两侧，文字高度在 3～5mm 之间。

（2）图中需标注固定家具及设施的相对位置关系。

（3）橱柜的表示方式见下图。

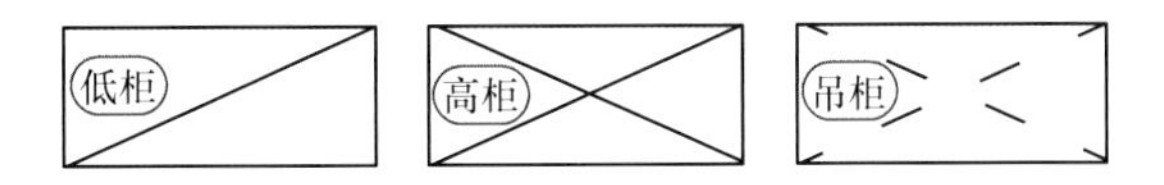

4. 地面布置图

地面布置图又称地坪布置图。它根据设计要求，表明室内空间地面的标高与材料。下面以一张地面布置图为例具体说明需注意的制图问题。

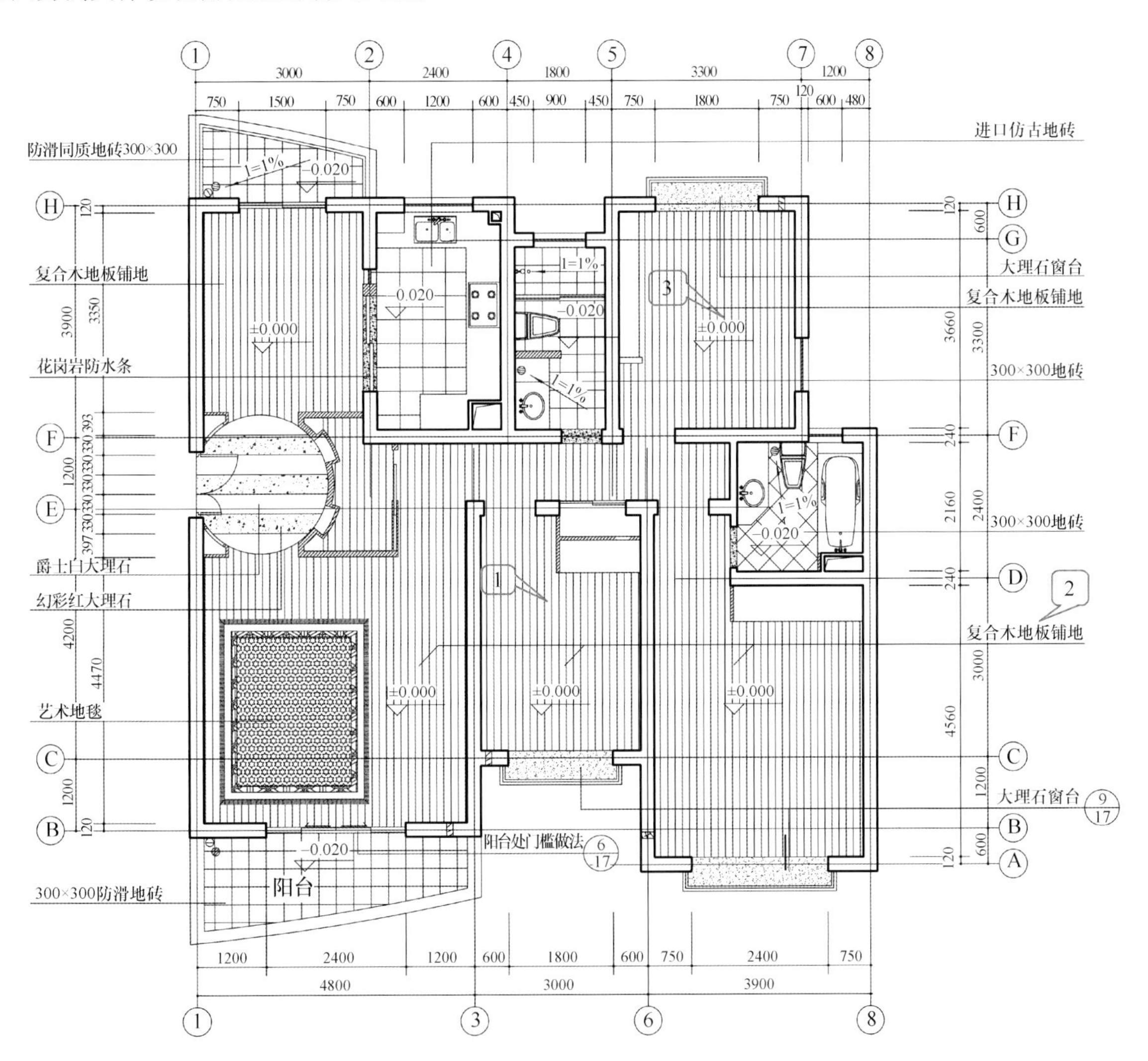

（1）地面材料使用通用图例，宜按比例使用细实线绘制。墙体使用粗实线。

（2）除材料使用图例外，需加注文字说明，说明材料的规格、型号等，注写方式与平面图相同。

（3）地面布置图需要注明标高。

（三）家具、设备与材料的绘制

1. 家具的平面画法

家具平面的意义在于表现平面的布局，因此重要的是表达准确的尺度与位置，样式与细节不必追求过多。

（1）桌椅、沙发平面

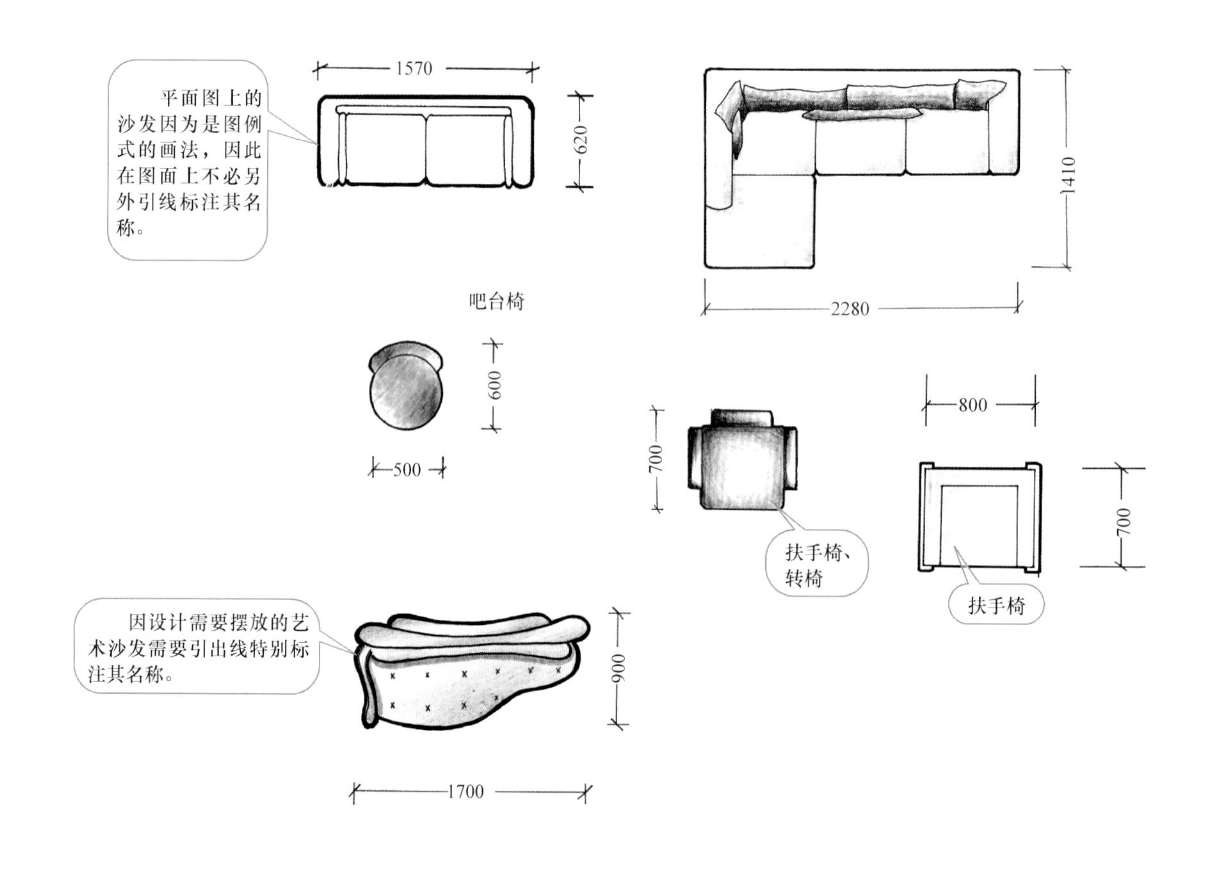

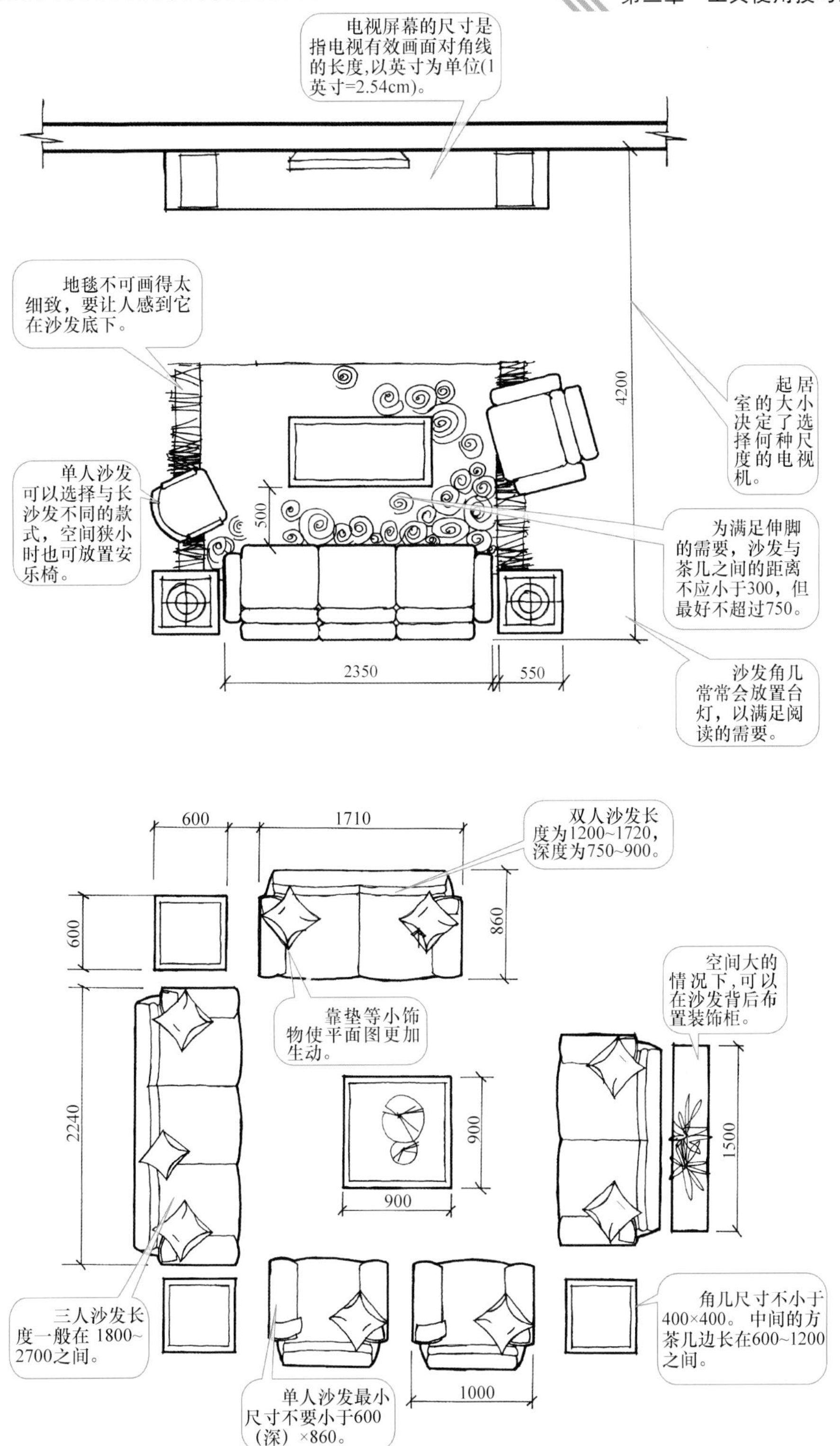
电视屏幕的尺寸是指电视有效画面对角线的长度,以英寸为单位(1英寸=2.54cm)。
地毯不可画得太细致，要让人感到它在沙发底下。
起居室的大小决定了选择何种尺度的电视机。
4200
单人沙发可以选择与长沙发不同的款式，空间狭小时也可放置安乐椅。
500
为满足伸脚的需要，沙发与茶几之间的距离不应小于300，但最好不超过750。
2350
550
沙发角几常常会放置台灯，以满足阅读的需要。
600
1710
双人沙发长度为1200~1720，深度为750~900。
600
860
空间大的情况下，可以在沙发背后布置装饰柜。
靠垫等小饰物使平面图更加生动。
2240
900
900
1500
三人沙发长度一般在 1800~2700之间。
角几尺寸不小于400×400。中间的方茶几边长在600~1200之间。
1000
单人沙发最小尺寸不要小于600（深）×860。

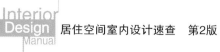

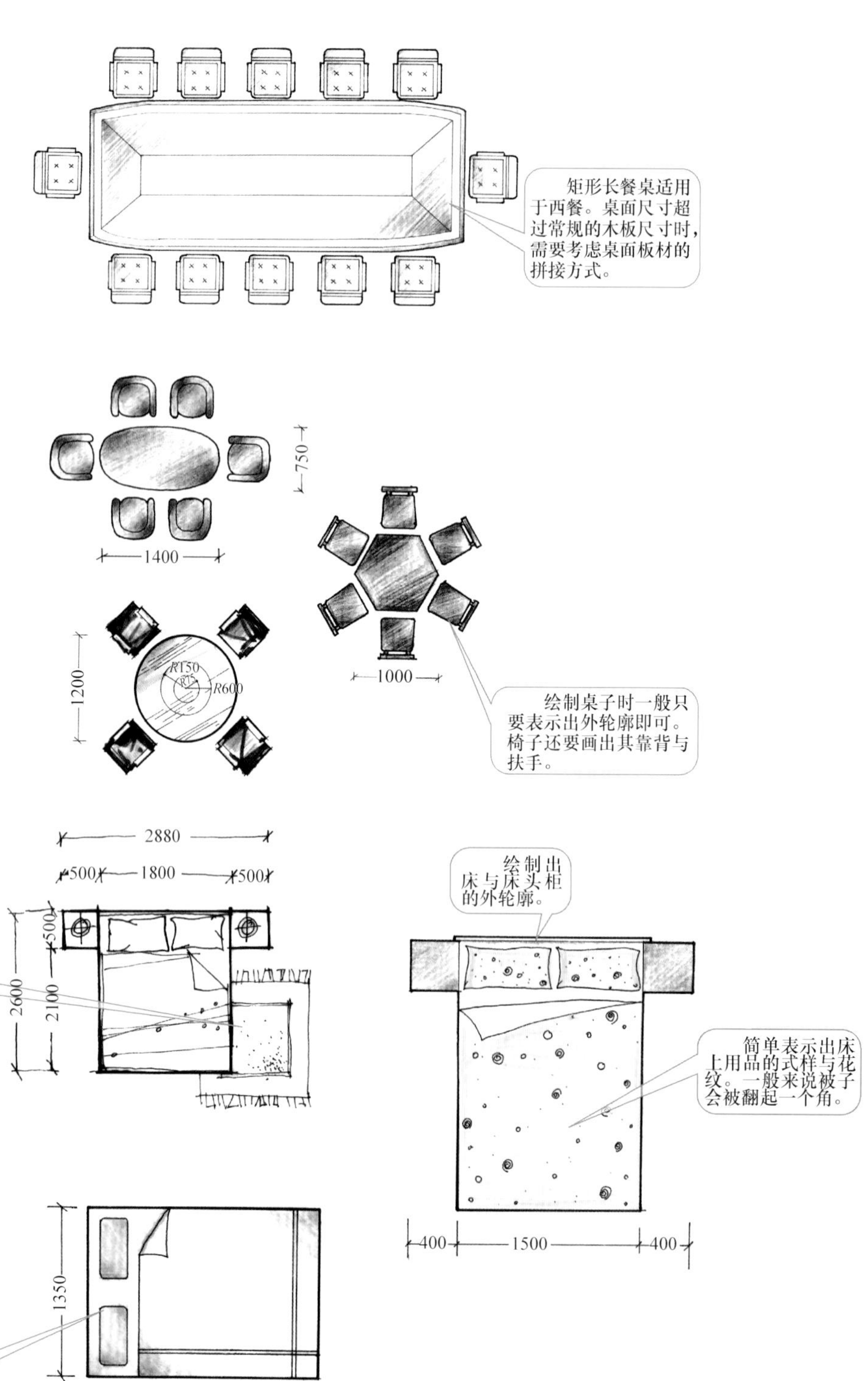
矩形长餐桌适用于西餐。桌面尺寸超过常规的木板尺寸时，需要考虑桌面板材的拼接方式。
750
1400
1000
1200
R150
R75
R600
绘制桌子时一般只要表示出外轮廓即可。椅子还要画出其靠背与扶手。
(2) 卧具平面
2880
500
1800
500
2600
2100
适当增加地毯或床凳等辅助用具。
绘制出床与床头柜的外轮廓。
简单表示出床上用品的式样与花纹。一般来说被子会被翻起一个角。
400
1500
400
1350
1900
用色彩表示大致明暗关系。

2. 设备的平面画法

（1）卫生洁具平面

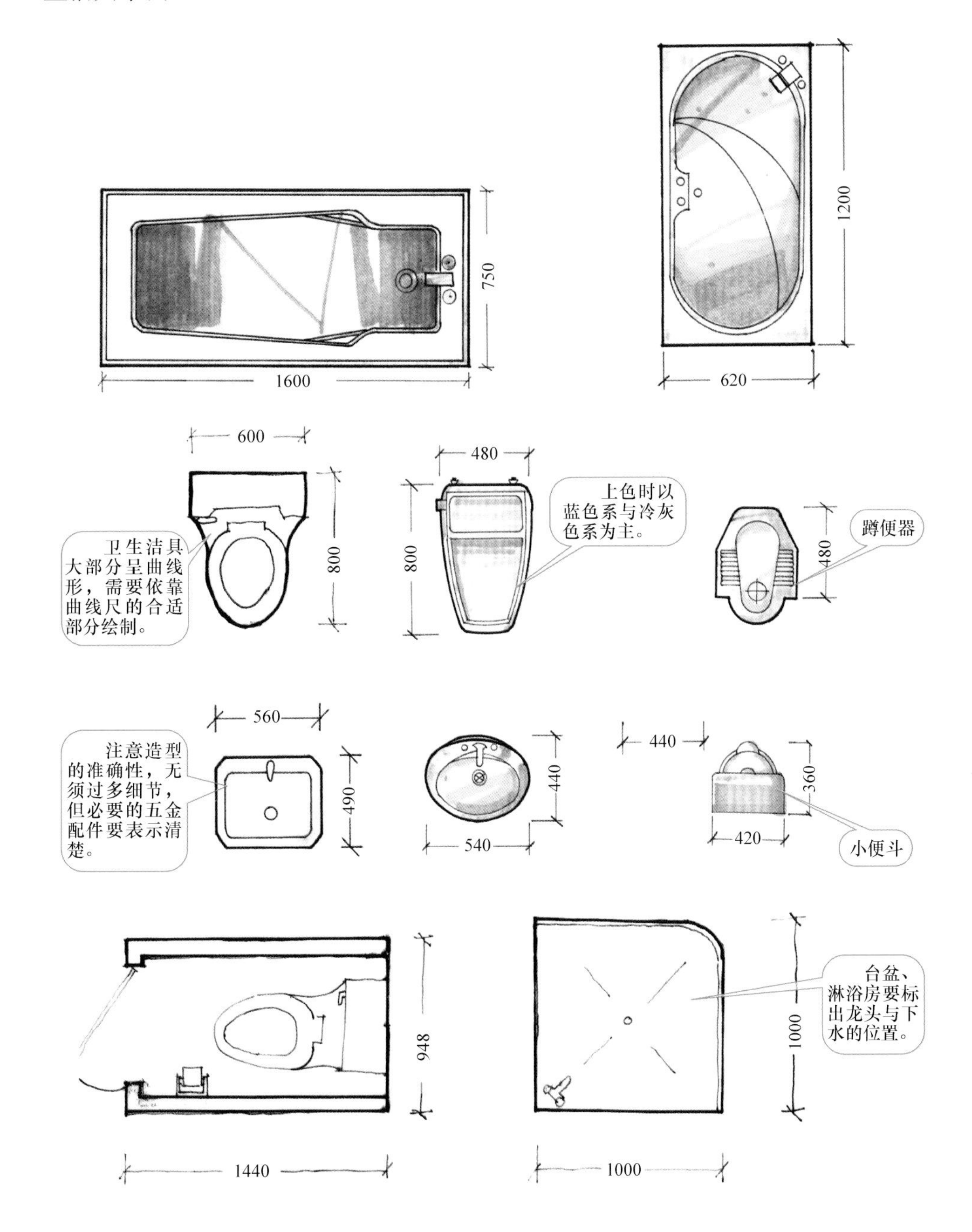

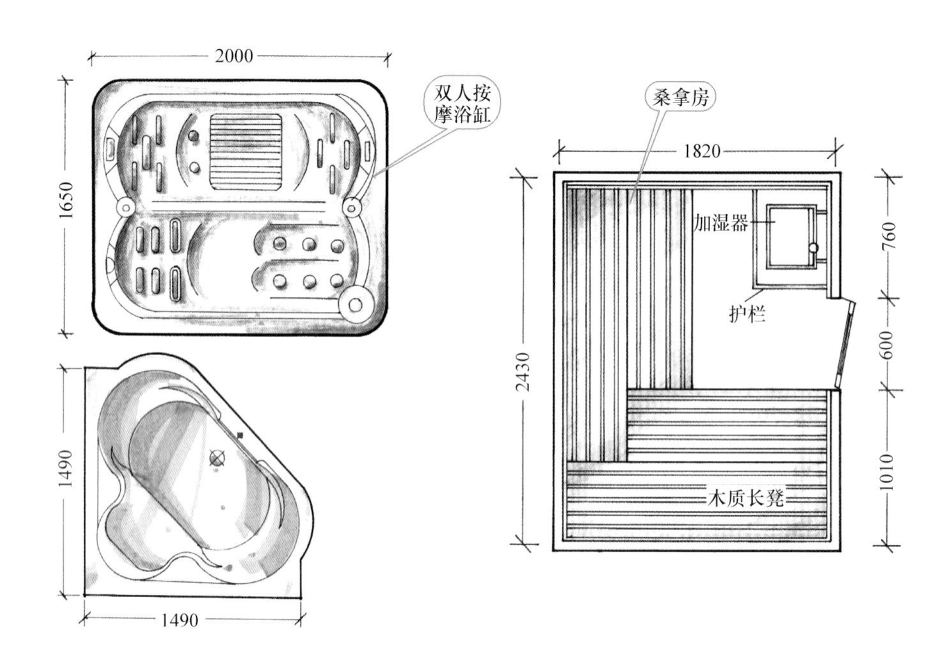
2000
1650
双人按摩浴缸
1490
1490
桑拿房
1820
2430
加湿器
护栏
木质长凳
760
600
1010

（2）厨房设备平面

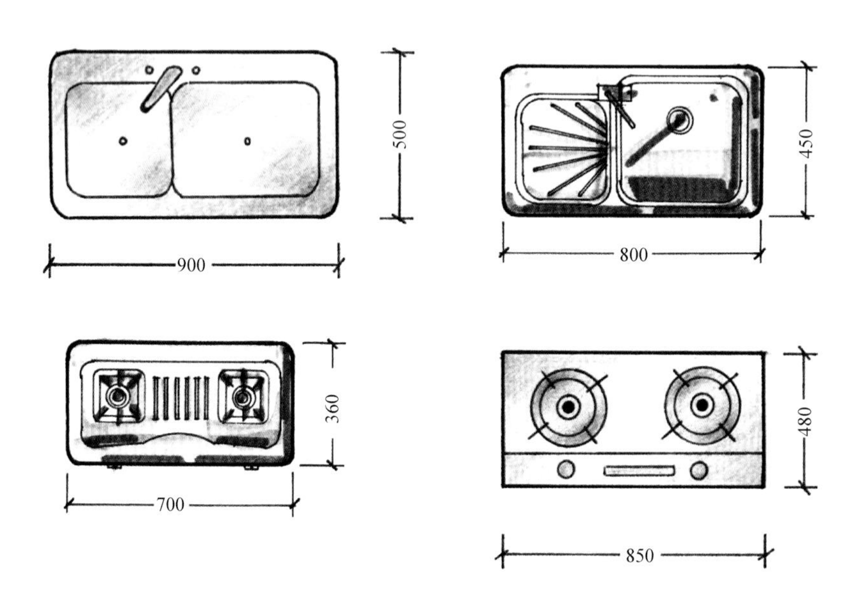
500
900
450
800
360
700
480
850

（3）其他平面

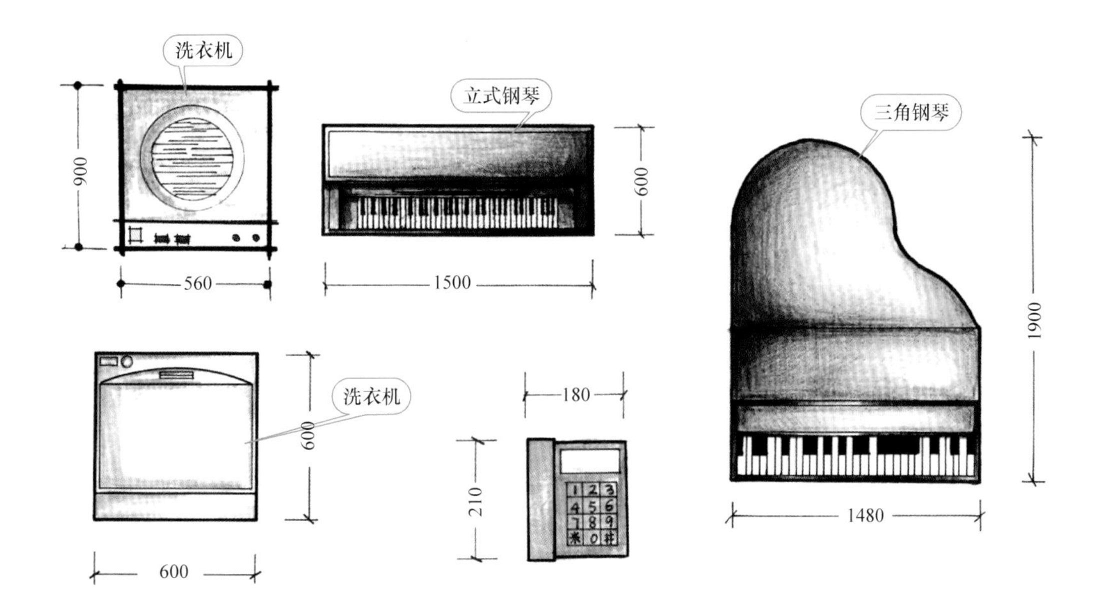

3. 铺地材料的平面画法

（1）石材

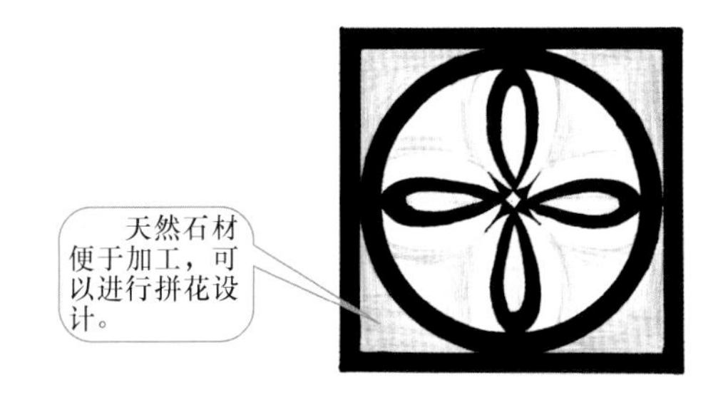

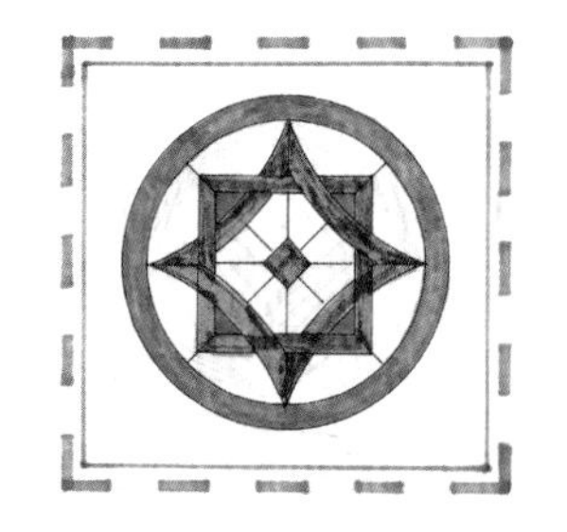

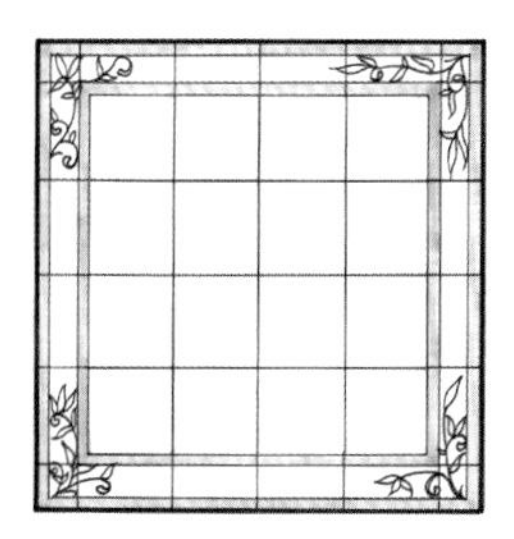

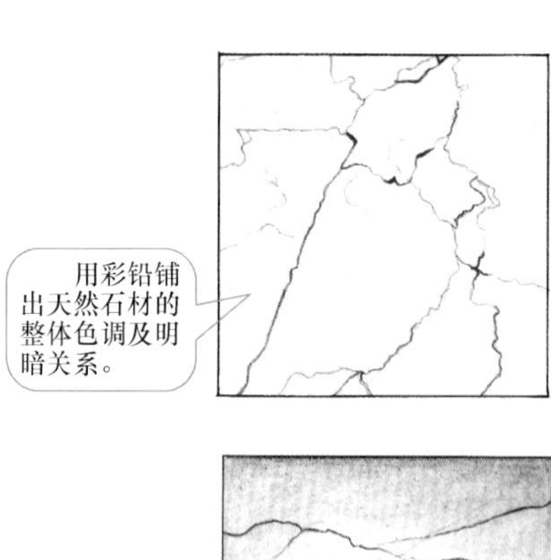
用彩铅铺出天然石材的整体色调及明暗关系。

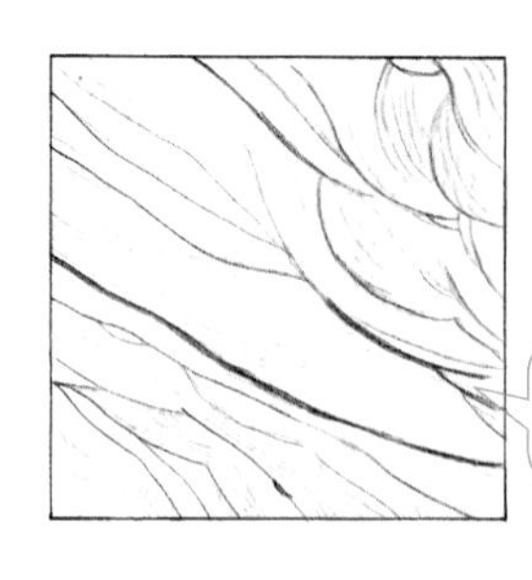
用彩铅表现出石材纹理。

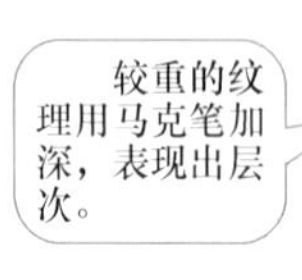
较重的纹理用马克笔加深，表现出层次。
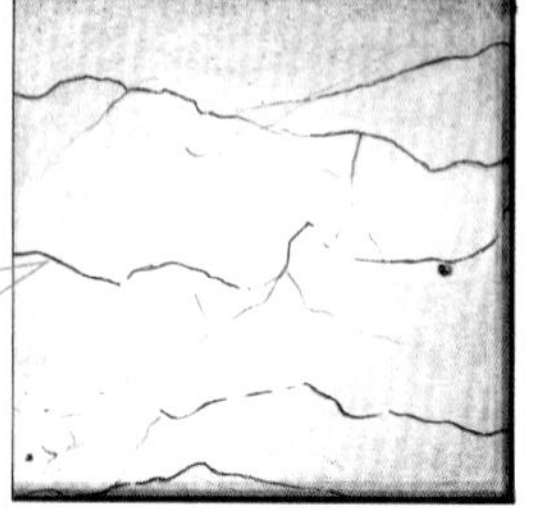
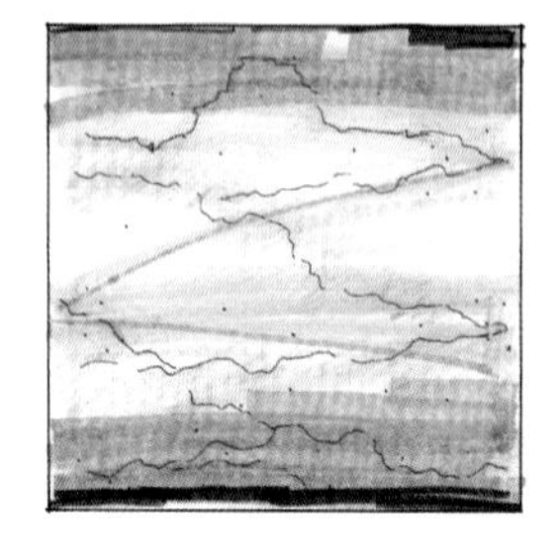
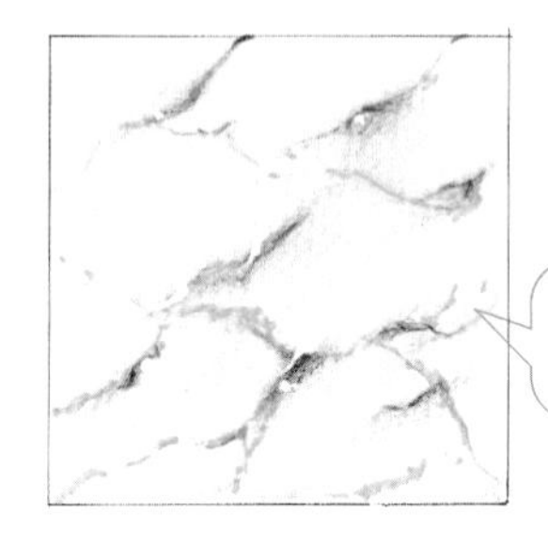
调整质感，突出反光效果。

（2）釉面砖

釉面砖比起天然石材，肌理的效果更为丰富。绘制时要注意表现表面的凹凸效果。
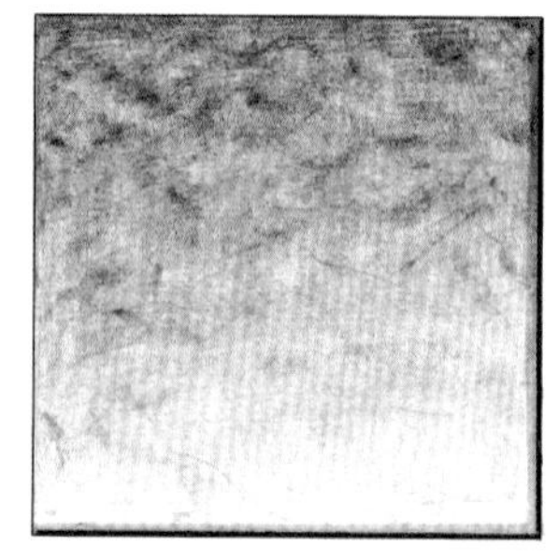
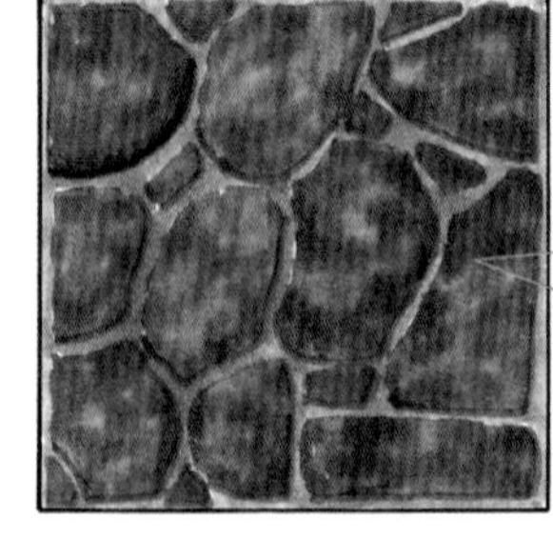
有些釉面砖会模拟小块石材的拼贴效果，绘制不规则的拼贴时要留意画面分割的排列与对比。

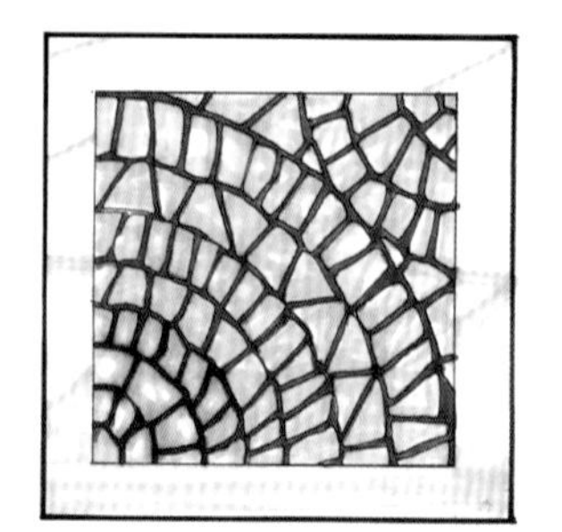

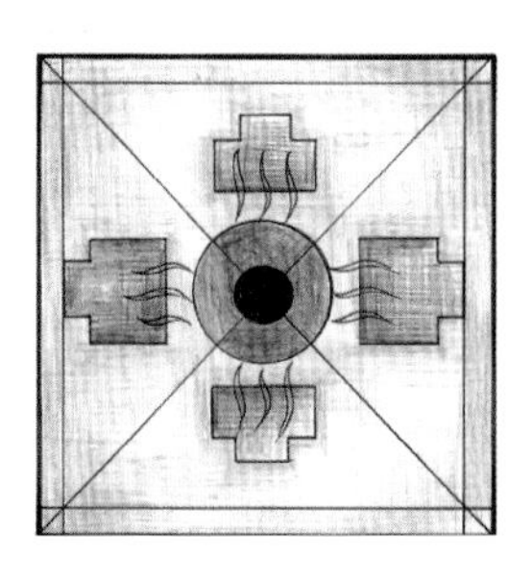

与石材相比，釉面砖不便于切割，因此拼花时不能采用任意形式，只能根据釉面产品的型号进行组合。但是釉面砖可以印刷图案，因此花砖的样式千变万化。

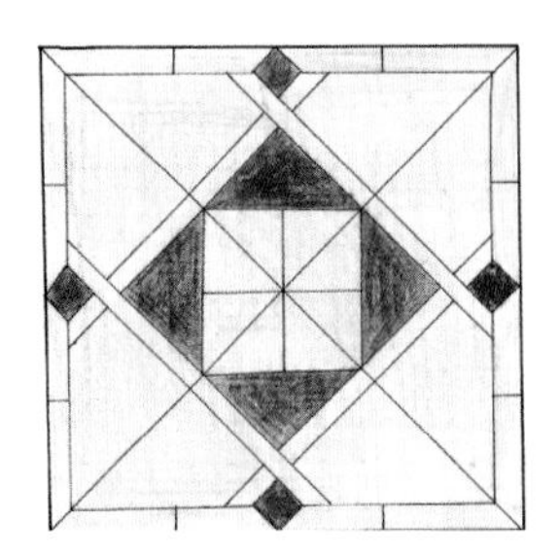

（3）木地板

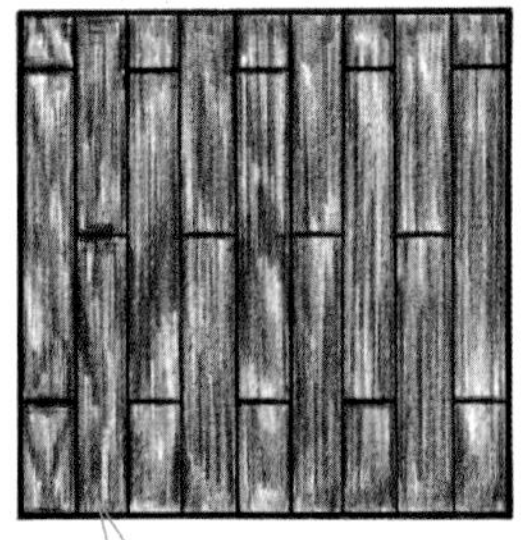

根据比例绘制出木地板的铺砌形式。

参考所要表达的木材色彩铺大体颜色与明暗关系。

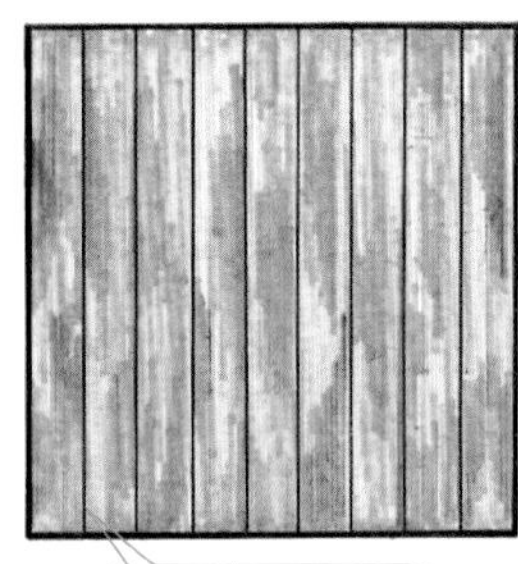

模拟木材纹理。

表现做旧等特殊效果。

二、顶面图

1. 概念

顶面图也称吊顶图、天花平面图或顶棚平面图，主要用来表达顶部的造型、尺寸、材料与规格；灯具的样式、规格与位置；空调风口、消防系统、报警系统、音响系统的位置等。

顶面图有仰视投影和镜像投影两种图示方法。仰视投影是假想以通过门窗洞口以上位置的剖切平面将房屋剖开，向上作投影，所得到的投影图称仰视平面图。镜像投影就是把顶棚相对的地面假设为整片的镜面，顶棚的所有形象可以如实地照在镜面上，这镜面就是投影面。镜面的图像就是顶棚的正投影，把仰视转换成了俯视。镜像图所显示的图像纵横轴排列与俯视平面图完全相同。

室内设计顶面图的主要内容有：

1）建筑物及其组成房间的名称、尺寸、定位轴线和墙壁厚等。

2）门窗部位过梁的位置及尺寸。注意：绘制时不画门扇，只画过梁。

3）雨篷的位置及细部尺寸。

4）不同部位吊顶的标高。

5）顶面的材料。

6）灯具、送回风口（包括侧风口）、消防设施、音响设备的布置与定位尺寸。灯具要表示出种类、式样、规格与数量。

7）墙体顶部有关装饰配件（如窗帘盒、窗帘等）的式样和位置。

8）顶棚剖面构造详图的剖切位置及剖面构造详图所在的位置。

2. 绘制要点

顶面图在绘制过程中，如遇到体量较大、相对复杂的情况，也可以将其拆分为吊顶造型图、灯具布置图、空调布置图、消防设施图、弱电布置图等。下面以一张顶面图为例具体说明需注意的制图问题。

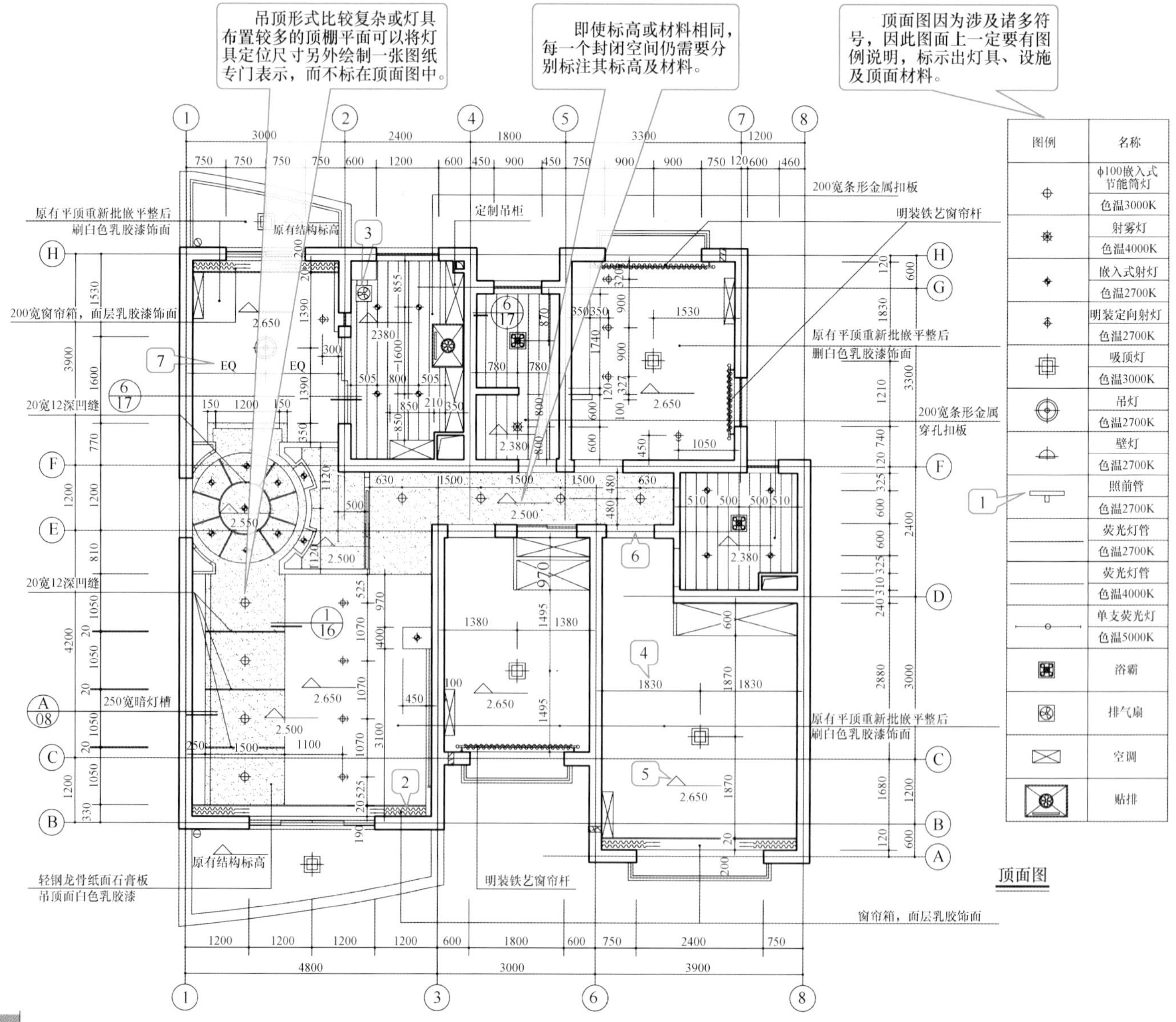

（1）顶面图中需绘制图例表，并用文字说明各类图例的名称。吊顶材料可使用图例的形式表示，也可直接用引出线与文字说明。灯具的款式、型号应使用图例形式表现，作为灯具布置图中的一部分一同表现。

（2）图中需画出窗帘的形式与位置，并标明拉启方向。

（3）如有中央空调，需画出空调的送风口与回风口及其位置。

（4）顶面上各种设备相对位置的标注很重要，标注时注意不要重叠，尽量少交错。

（5）内部标高是工作的重点，需详细标明顶面每处有高差处的标高。

（6）顶面图中无需画出门的图例，代之以细实线封闭门洞即可。

（7）当灯具位于空间的中心时，可采用图示的方式，从空间 4 个顶点拉交叉线，交点即中心点，线采用细虚线。当灯具等距排列时，可采用“EQ”或“均分”方式标注。

3. 顶面造型设计常用工艺材质

顶面造型设计是顶面图中非常重要的一个环节，对整体设计效果有着非常重要的直接影响。顶面设计风格应与整体空间风格同步考虑。下面列举几种常用的材质工艺。

（1）轻钢龙骨石膏板吊顶

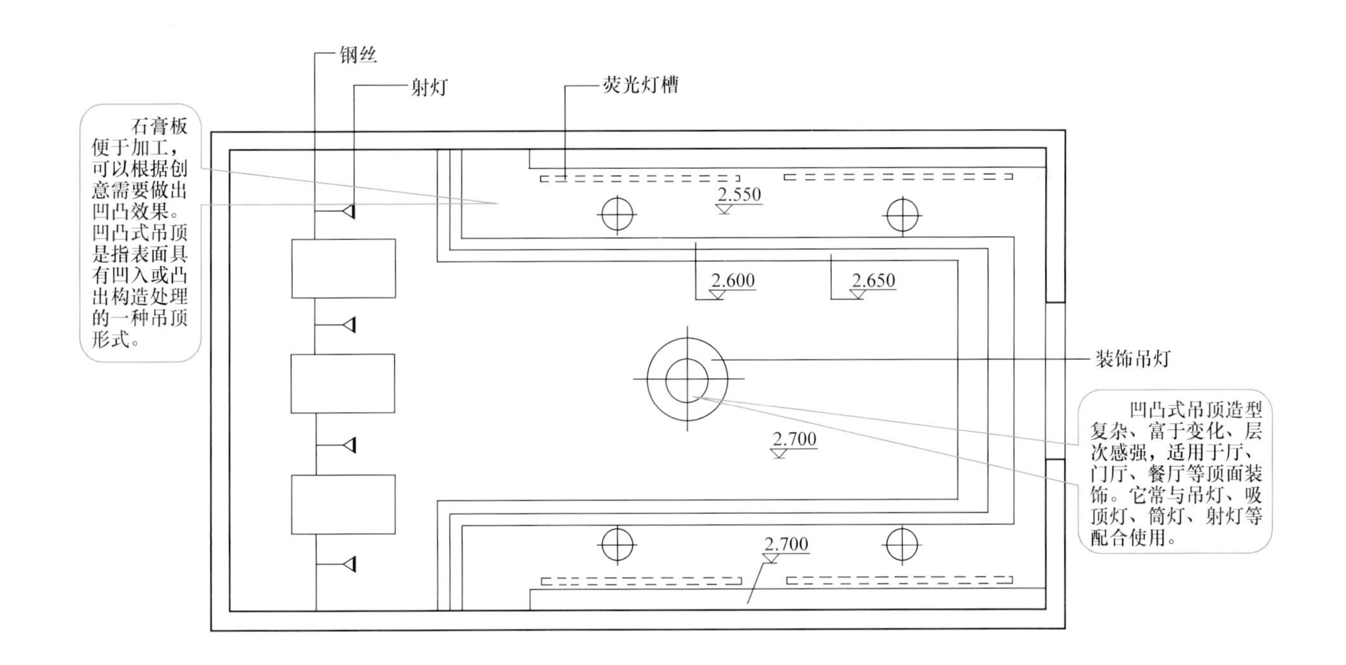

(2) 铝扣板吊顶

常用的铝扣板有方形与长条形两种。

铝扣板适合平板式吊顶，不做其他复杂的造型。灯具应选用质量较轻的吸顶灯或嵌入式筒灯等。

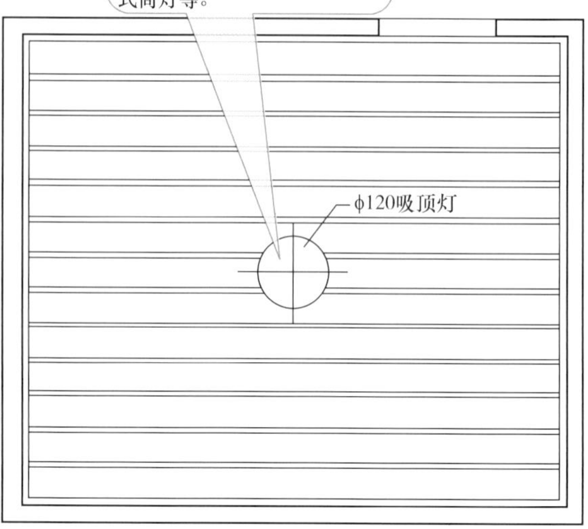

(3) 玻璃天花吊顶

吊顶的玻璃一定要采用安全玻璃，常用钢化夹胶玻璃。

采用特殊工具可以在钢化前在玻璃上开洞，以便安装灯具、设备。

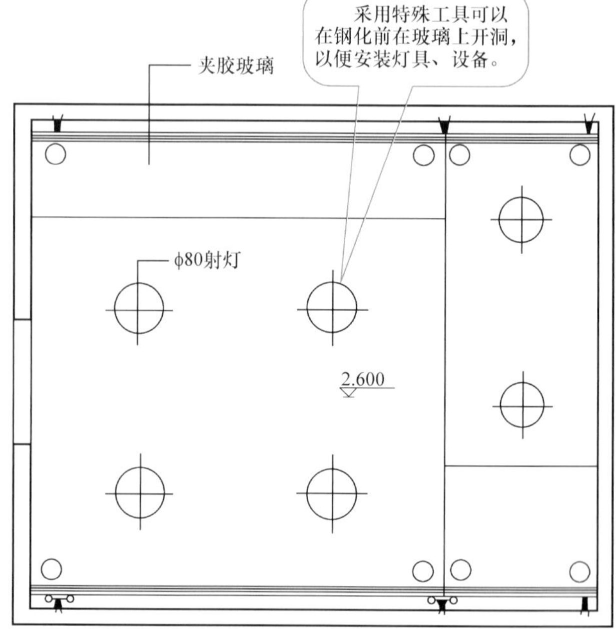

（4）格栅吊顶

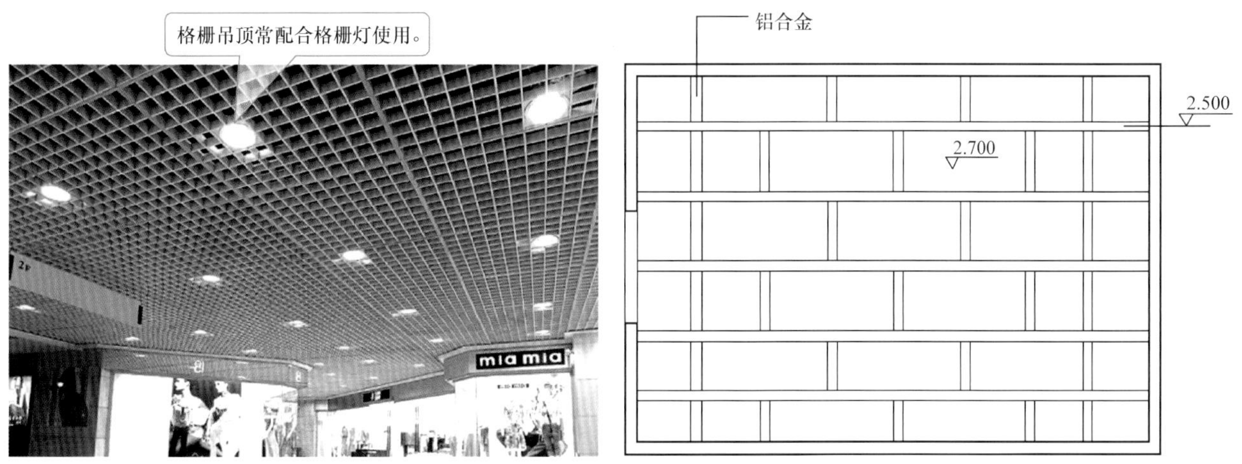

（5）其他板材吊顶

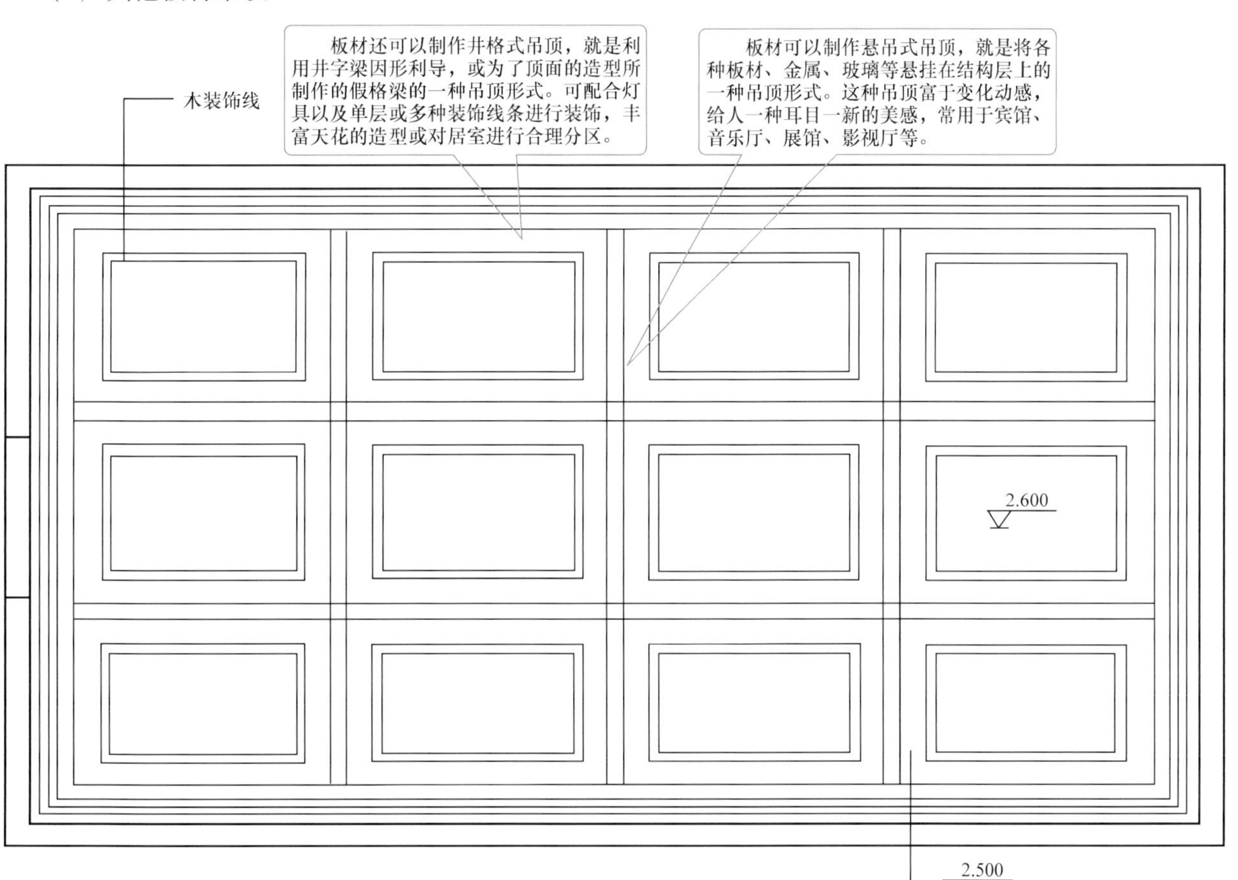

板材还可以制作井格式吊顶，就是利用井字梁因形利导，或为了顶面的造型所制作的假格梁的一种吊顶形式。可配合灯具以及单层或多种装饰线条进行装饰，丰富天花的造型或对居室进行合理分区。
板材可以制作悬吊式吊顶，就是将各种板材、金属、玻璃等悬挂在结构层上的一种吊顶形式。这种吊顶富于变化动感，给人一种耳目一新的美感，常用于宾馆、音乐厅、展馆、影视厅等。
木装饰线
2.600
2.500

三、立面图与剖面图

（一）概念

1. 立面图

立面图也称立面投影图，是指按照投影原理，将室内垂直面上所有看得见的构件、装饰及细部都按照正确尺度与比例表示出来的工程图纸 。立面如果有一部分不平行于投影面，如成圆弧形、折线形、曲线形等，可将该部分展开到与投影面平行，再用正投影法画出其立面图，但应在图名后注写“展开”两字。对于平面为回字形的房屋，其在院落中的局部立面可在相关的剖面图上附带表示。如不能表示时，则应单独绘出。（见下图）

室内设计立面图的主要内容有：

（1）台阶、花台、门、窗、雨篷、阳台、楼梯、墙、柱、孔洞、檐口、墙面分格线或其他装饰构件等。

（2）主要部位的标高，洞口、壁龛的大小尺寸及定位尺寸。

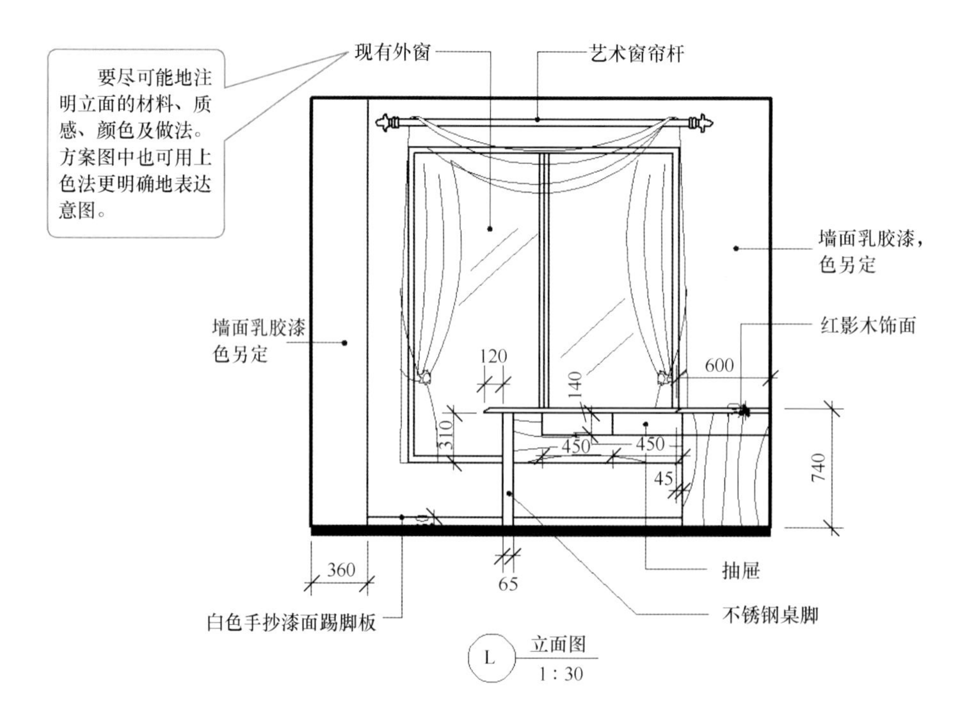

（3）建筑物两端或分段的轴线及编号。

（4）各部分构造、装饰节点详图的索引符号。墙面的装修材料及做法用图例、文字或列表说明。

2. 剖面图

剖面图是假想用一个或多个垂直于建筑墙面轴线的铅垂剖切面将房屋剖开所得的投影图，也称为建筑剖面图或剖立面图。剖面图用以表示房屋内部的结构或构造形式、分层情况和各部位的联系、材料及其高度等，是与平、立面图相互配合的不可缺少的重要图样之一。

剖面图的数量是根据室内设计的具体情况和施工实际需要而决定的。剖面图的图名应与平面图上所标注剖切符号的编号一致，如 1-1 剖面图、2-2 剖面图等。剖面图中的断面，其材料图例、粉刷面层、楼地面面层线的表示原则及方法，应与平面图的处理相同。(见下图)

室内设计剖面图的主要内容有：

(1) 墙、柱及其定位轴线。

(2) 室内底层地面、地坑、地沟、各层楼面、顶棚、屋顶（包括檐口、女儿墙，隔热层或保温层、天窗、烟囱、水池等）、门、窗、楼梯、阳台、雨篷、留洞、墙裙、踢脚板、防潮层、室外地面、散水、排水沟及其他装修等剖切到或能见到的内容。

(3) 各部位完成面的标高和高度方向的尺寸。注写标高及尺寸时，注意与立面图和平面图相一致。

(4) 建筑及装饰结构的构造。一般可用引出线说明，引出线指向所说明的部位，并按其构造的层次顺序逐层加以文字说明。若另画有详图，在剖面图中可用索引符号引出说明。

(5) 需画详图之处的索引符号。

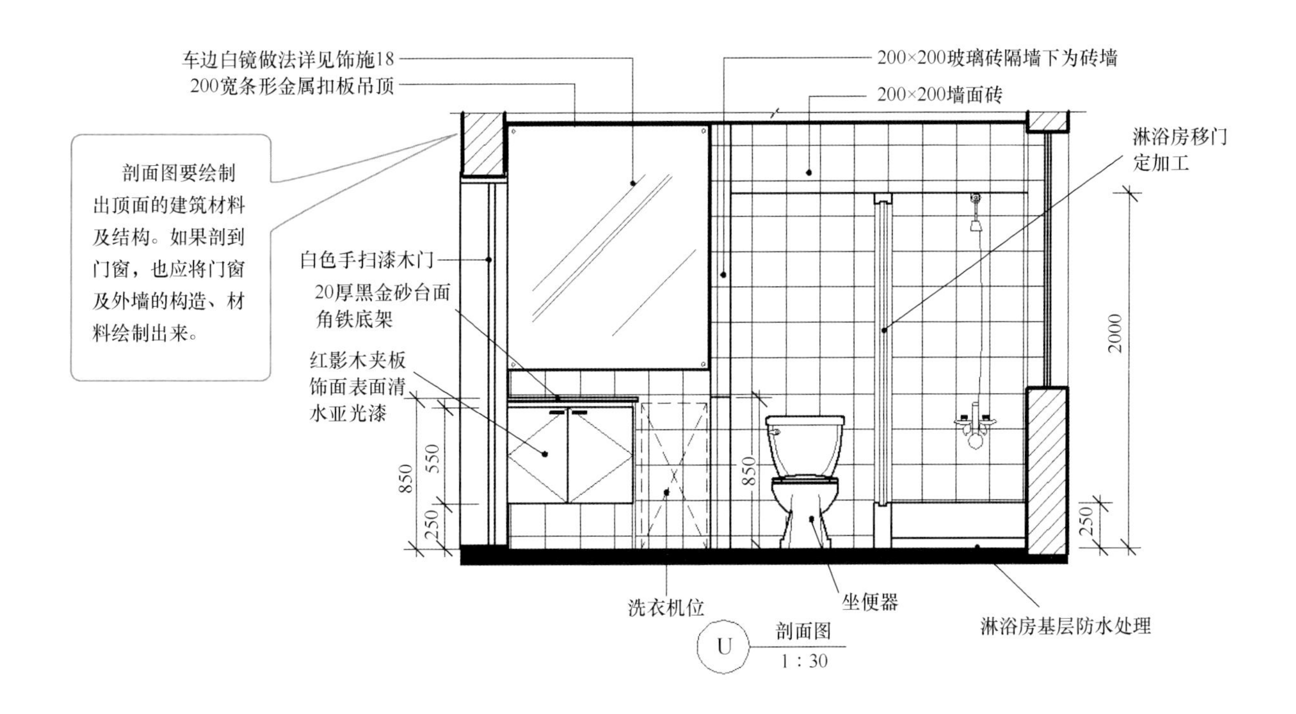

（二）绘制要点

1. 楼梯

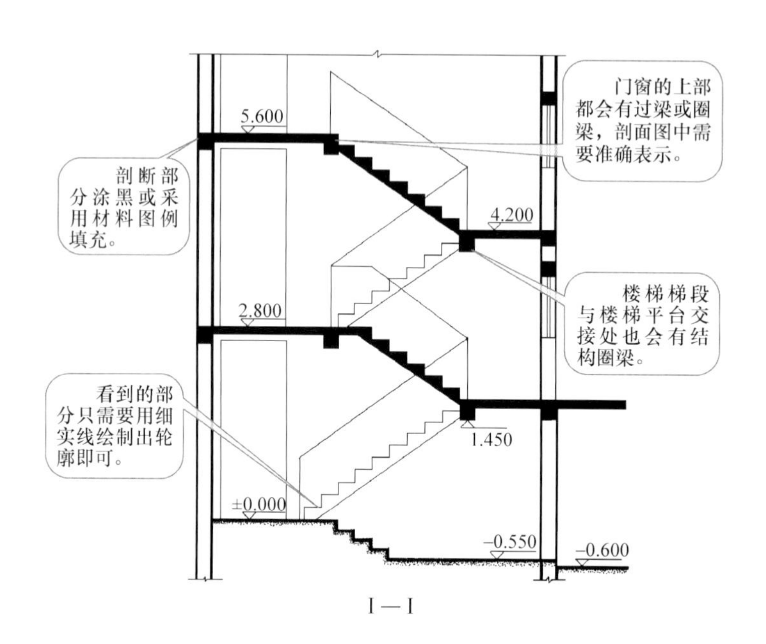

Ⅰ—Ⅰ

2. 立面图

立面图及剖面图主要表达室内墙面及有关室内装饰情况，如室内立面造型、门窗、比例尺度、家具陈设、壁挂等装饰的位置与尺寸、装饰材料及做法等。

立面图的种类主要有：外视立面图、内视立面图及内视立面展开图等。立面图一般情况下只绘制到顶面，顶面以上部分可省略。

下面以一张衣柜的内视立面图为例具体说明需注意的制图问题。

（1）立面图中需用引出线引出文字说明材料、结构等，方式同前文。文字说明尽可能详尽，如材料等无法确定，则需在设计说明中说明情况。

（2）立面需要标注标高，说明立面的起始高度、最终高度。

（3）尺寸标注要全面，能真实反映立面的整体情况，注意细节。

（4）立面图与平面图一样，需使用不同宽度的线条，以便区别。通常地坪线使用粗实线，立面轮廓线使用中粗实线，内部线条使用细实线，也可用不同的粗线区别物体的轮廓线，以示前后关系。

（5）图名注写在图的右侧或下方，图名为 X 立面图，“X”宜为编好号的大写英文字母。

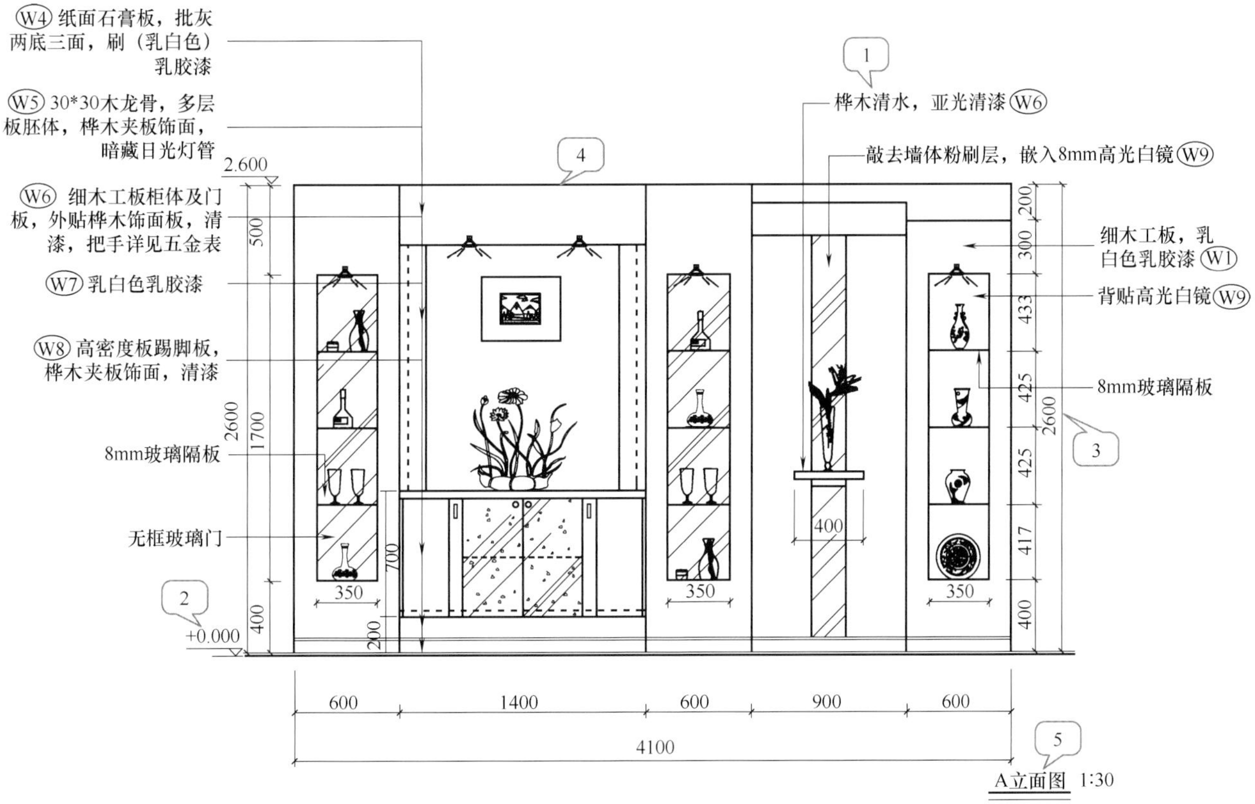

A立面图 1:30

3. 剖面图

剖面图反映了空间变化、层高、相应室内家具的摆放情况及标高。剖面图与立面图相近，但需比立面图多绘制顶面以上及楼板等结构的具体情况。下面以一张剖面图为例具体说明需注意的制图问题。

（1）剖面图需绘制结构的详细情况，如楼板、梁、墙体以及顶面的具体情况。结构部分为剖切部分，外轮廓需使用粗实线，内部需使用剖面线，剖面线用图例表示。

（2）剖面图需要标注详细标高，说明剖面的起始高度、地面抬升高度、最终高度、顶棚高度及楼板底板高度等。标高一般注写在图的左右侧。如标在左侧则标高符尾巴方向向左；右侧则向右。注标高时，如相邻标高过于接近导致部分重叠，则可使用上图方式，下面标高符号的尖端向上。标高也可注写在图内部，如标注梁、楼板或顶面高度，尖端则宜向上。

（3）尺寸标注要全面，能真实反映剖面的整体情况，注意细节。

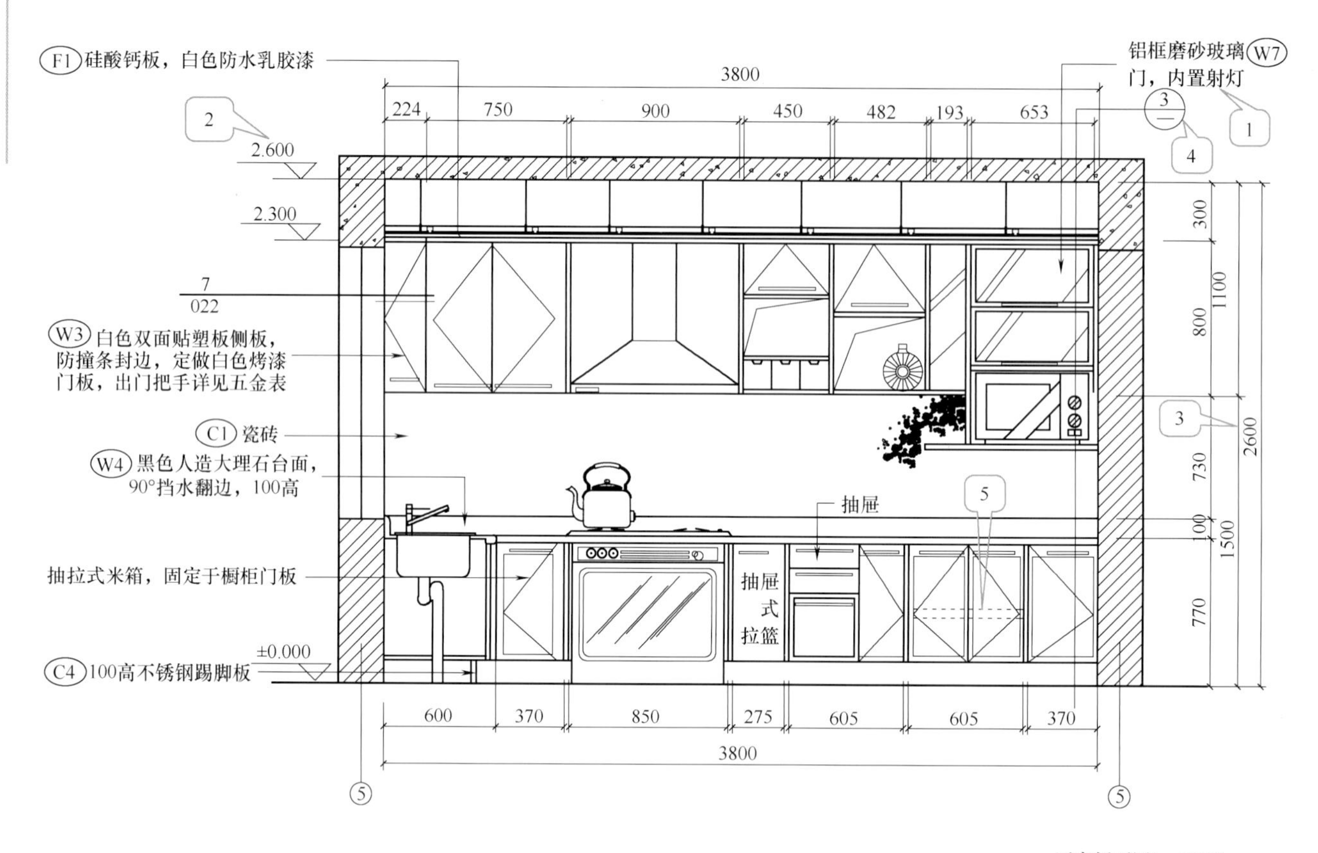

厨房剖面图1—11:20

（4）要剖切整个柜子的侧面，使用详图索引符号，剖切线贯穿整体，前头方向表示看的方向。上图例子中，详图与剖面图在同一个图面中，故索引符号中下半圆使用“－”表示。

（5）柜、橱等内部搁板由于不可见，因此可以使用虚线表示出来。柜门开启方式需绘制。

（6）如有节点需要画详图，则要使用索引符号。如果这些节点详图不在同一个图面中，则索引符号下半圆使用该节点所在的图号。

（三）家具、设备与立面材料的绘制

1. 家具的立面画法

绘制家具立面有三个要点：一是尺寸准确；二是造型要注重风格与整体室内环境统一协调，各家具之间属于统一流派；三是不可绘制得过于繁琐。每个家具的外轮廓可以加粗，以体现空间感。

（1）桌椅、卧具

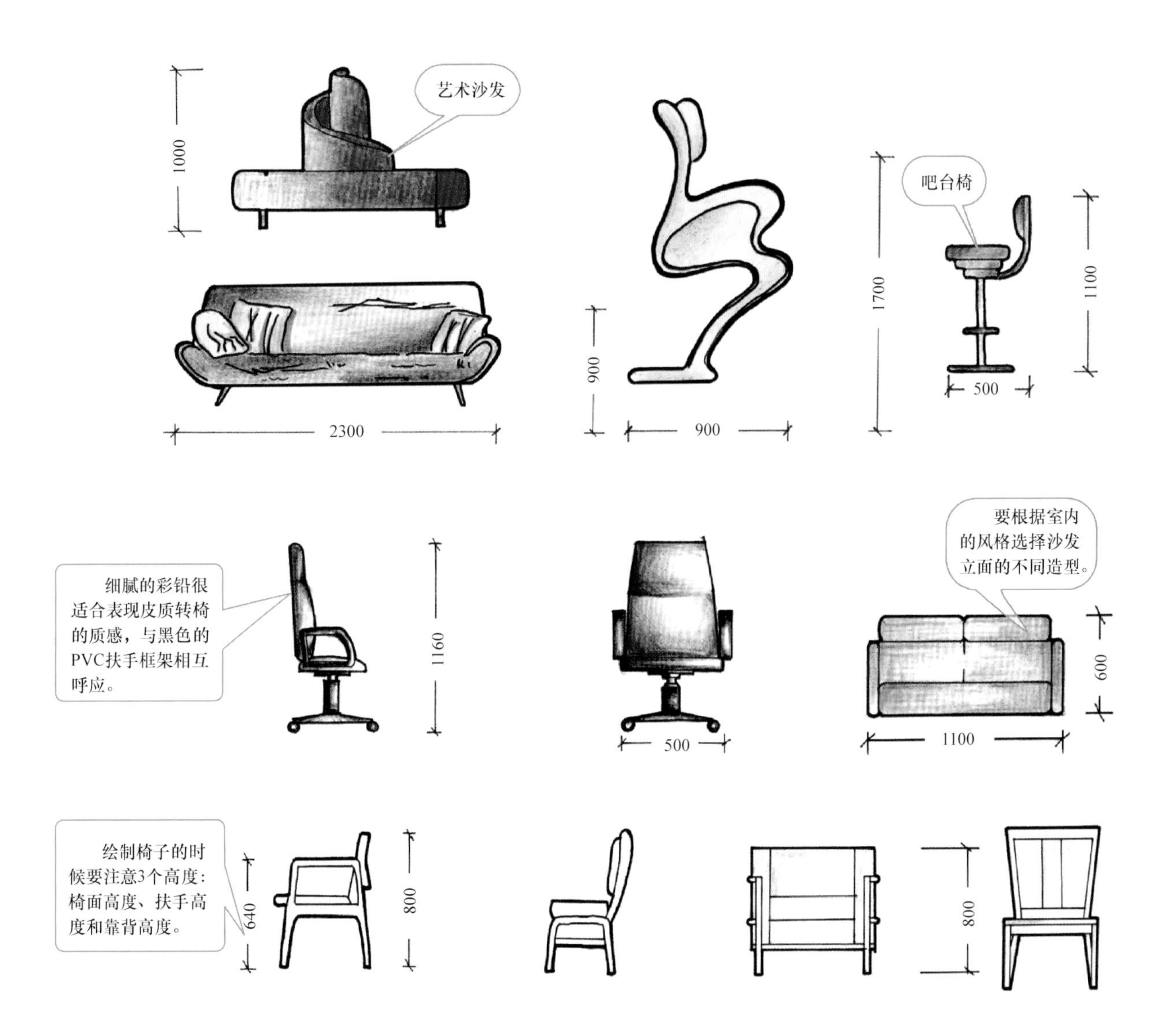
艺术沙发
1000
2300
900
900
吧台椅
1700
1100
500
细腻的彩铅很适合表现皮质转椅的质感，与黑色的PVC扶手框架相互呼应。
1160
500
要根据室内的风格选择沙发立面的不同造型。
600
1100
绘制椅子的时候要注意3个高度：椅面高度、扶手高度和靠背高度。
640
800
800

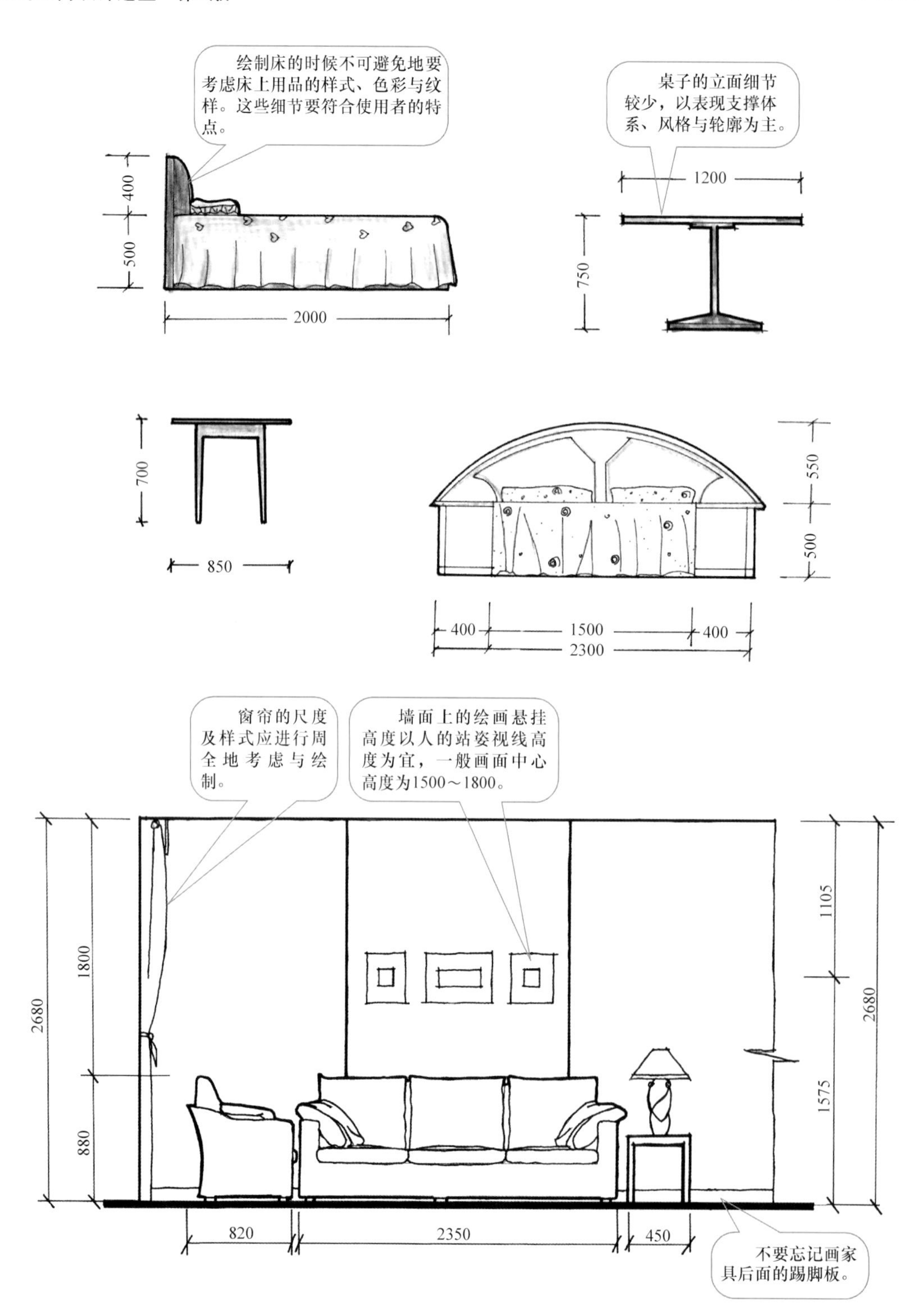
绘制床的时候不可避免地要考虑床上用品的样式、色彩与纹样。这些细节要符合使用者的特点。
桌子的立面细节较少，以表现支撑体系、风格与轮廓为主。
400
500
2000
1200
750
700
850
550
500
400
1500
400
2300
窗帘的尺度及样式应进行周全地考虑与绘制。
墙面上的绘画悬挂高度以人的站姿视线高度为宜，一般画面中心高度为1500～1800。
2680
1800
880
1105
1575
2680
820
2350
450
不要忘记画家具后面的踢脚板。

（2）橱柜　在室内设计的内容中，如果说桌椅和卧具大多采用市场选购，那么橱柜则多出于使用及场地的特殊要求采取自行设计的原则。设计橱柜时一定要了解所放置物品的尺寸、特点及拿取方式，同时要了解各种五金配件的尺寸及安装方法，橱柜的分格尺寸要根据五金配件来决定。橱柜由竖板、层板、台面与背板组成，这 4 种构件可以采用同一种材料，也可以采用不同的材料进行搭配。（见下图及下页图）

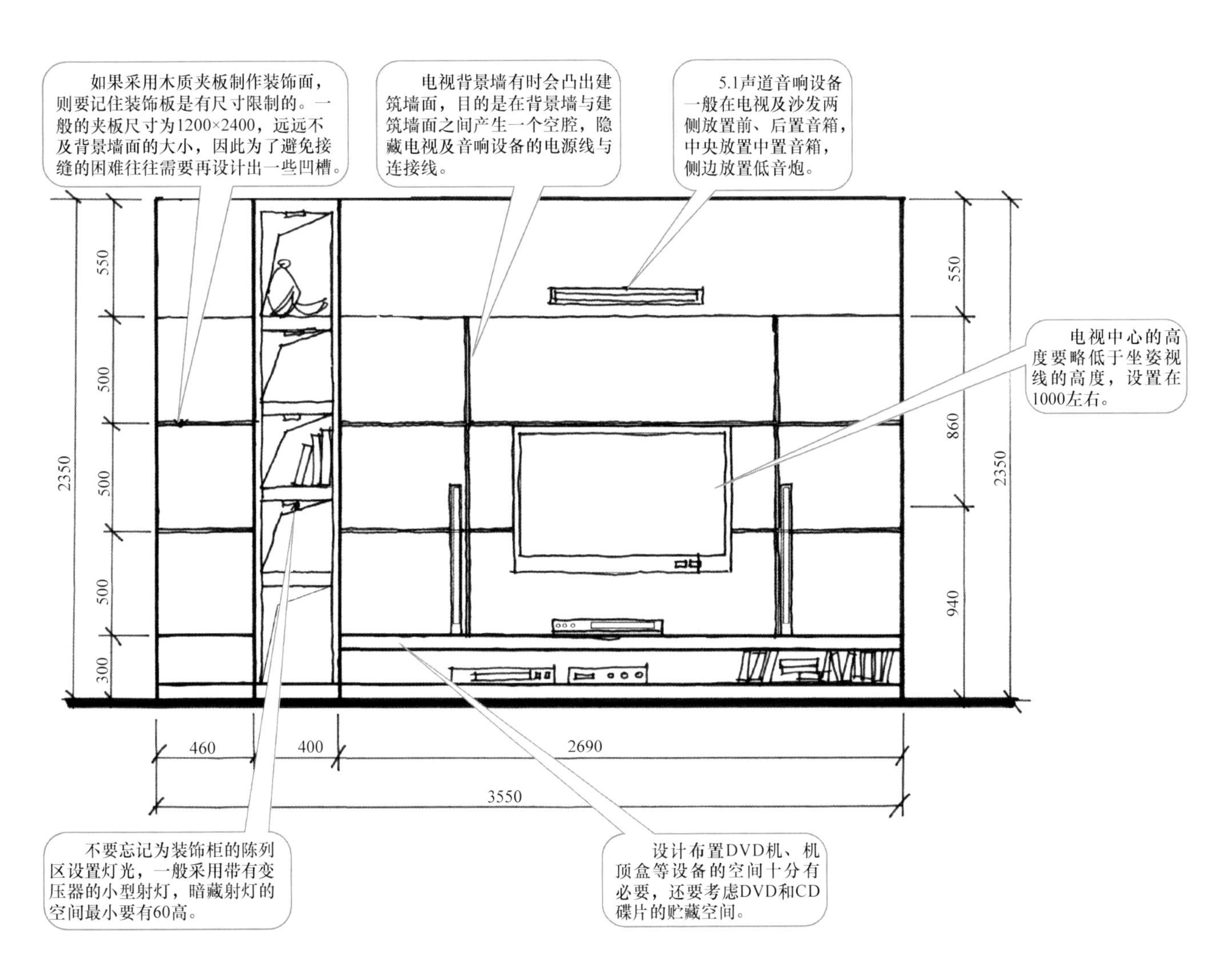

如果采用木质夹板制作装饰面，则要记住装饰板是有尺寸限制的。一般的夹板尺寸为1200×2400，远远不及背景墙面的大小，因此为了避免接缝的困难往往需要再设计出一些凹槽。
电视背景墙有时会凸出建筑墙面，目的是在背景墙与建筑墙面之间产生一个空腔，隐藏电视及音响设备的电源线与连接线。
5.1声道音响设备一般在电视及沙发两侧放置前、后置音箱，中央放置中置音箱，侧边放置低音炮。
电视中心的高度要略低于坐姿视线的高度，设置在1000左右。
不要忘记为装饰柜的陈列区设置灯光，一般采用带有变压器的小型射灯，暗藏射灯的空间最小要有60高。
设计布置DVD机、机顶盒等设备的空间十分有必要，还要考虑DVD和CD碟片的贮藏空间。
550
500
500
500
300
2350
550
860
940
2350
460
400
2690
3550

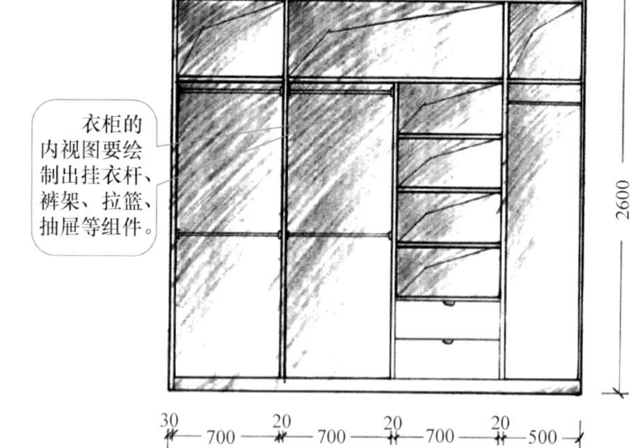

衣柜的内视图要绘制出挂衣杆、裤架、拉篮、抽屉等组件。

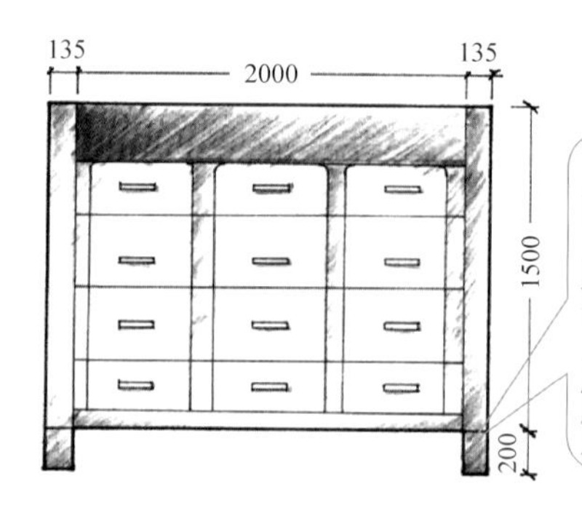

考虑到地面变形与清洁地板的因素，任何装有开门的橱柜、抽屉或空格都不可直接落在地面上，一般会用支脚架高或者将支脚前用挡板封死成为踢脚板。

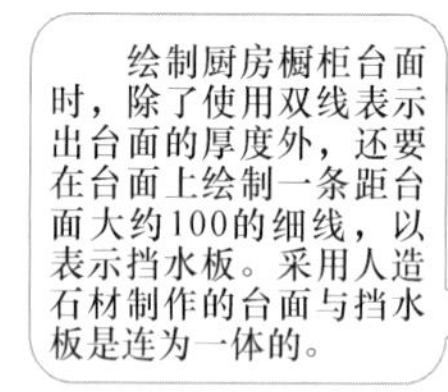

绘制厨房橱柜台面时，除了使用双线表示出台面的厚度外，还要在台面上绘制一条距台面大约100的细线，以表示挡水板。采用人造石材制作的台面与挡水板是连为一体的。

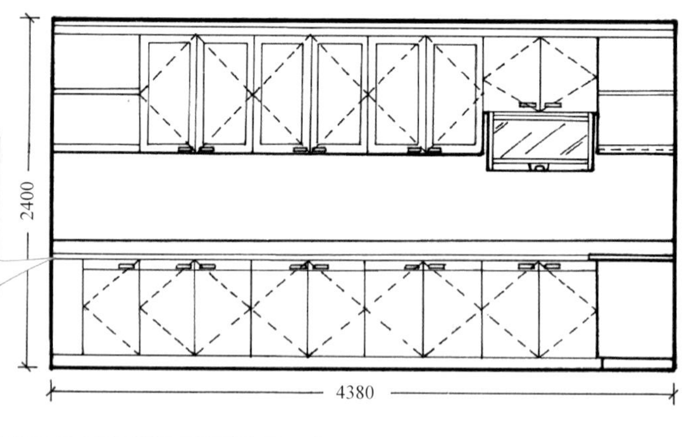

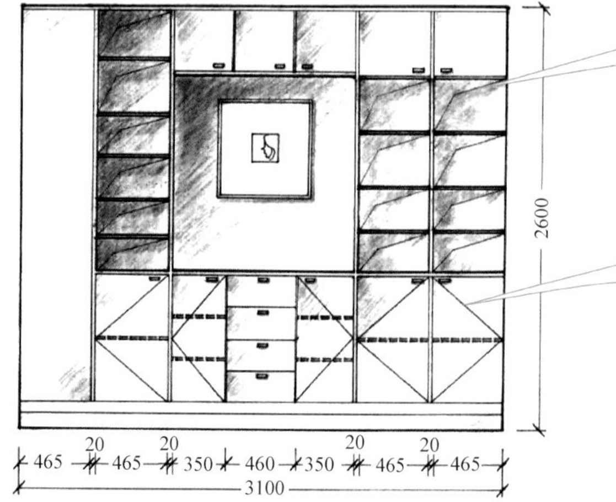

书架中用细折线表示凹入的部分，也可以绘制一些书籍、装饰品表示其空间。如绘制了装饰品，则无须绘制折线。

另一种折线用来表示开门，折线相交处表示合叶。因为橱柜的门都是向外开的，因此折线使用细实线。这种方法也可以表示其他门，如门向内开，则使用虚线绘制。

2. 设备的立面画法

(1) 卫生设备

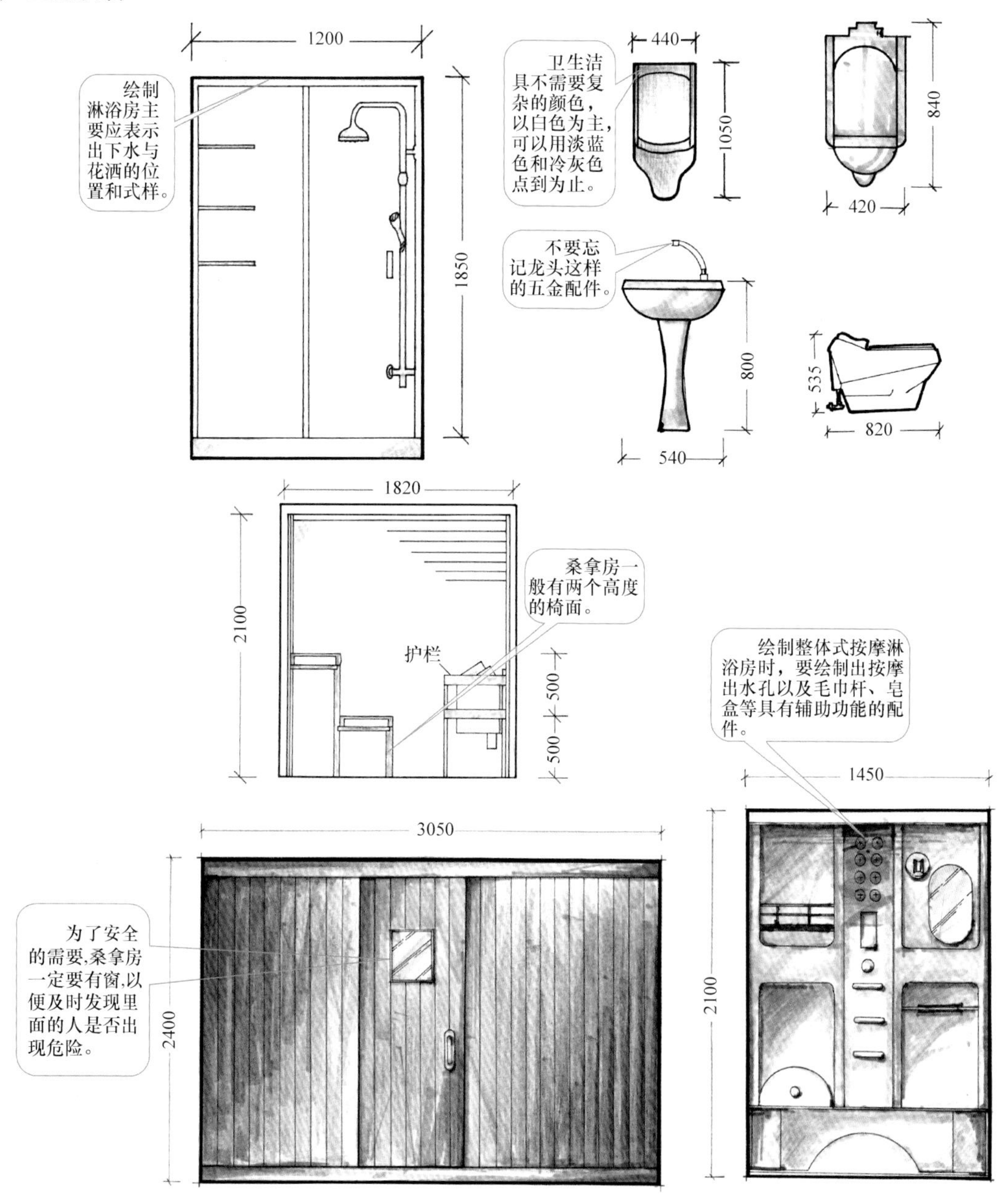

1200
1850
绘制淋浴房主要应表示出下水与花洒的位置和式样。
440
1050
卫生洁具不需要复杂的颜色，以白色为主，可以用淡蓝色和冷灰色点到为止。
840
420
不要忘记龙头这样的五金配件。
800
540
535
820
1820
2100
桑拿房一般有两个高度的椅面。
护栏
500
500
绘制整体式按摩淋浴房时，要绘制出按摩出水孔以及毛巾杆、皂盒等具有辅助功能的配件。
1450
3050
为了安全的需要,桑拿房一定要有窗,以便及时发现里面的人是否出现危险。
2400
2100

（2）厨房设备

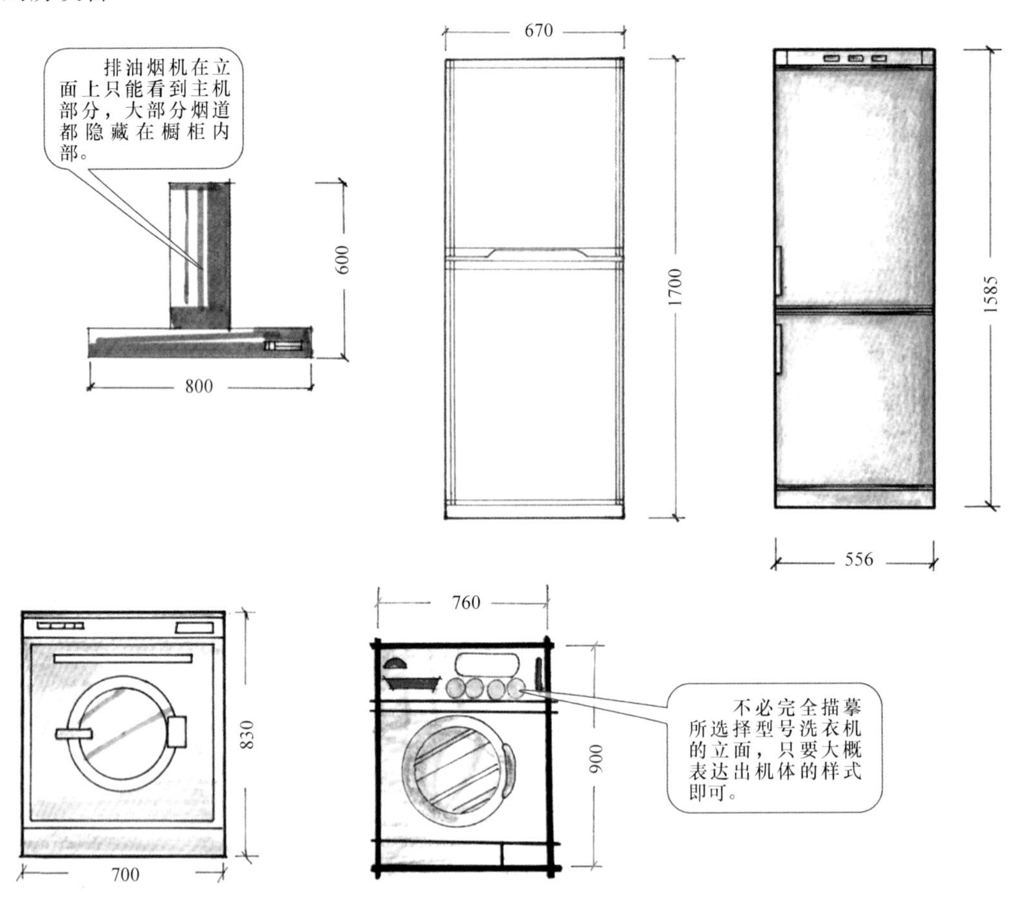
排油烟机在立面上只能看到主机部分，大部分烟道都隐藏在橱柜内部。
600
800
670
1700
1585
556
760
830
700
900
不必完全描摹所选择型号洗衣机的立面，只要大概表达出机体的样式即可。

（3）钢琴立面

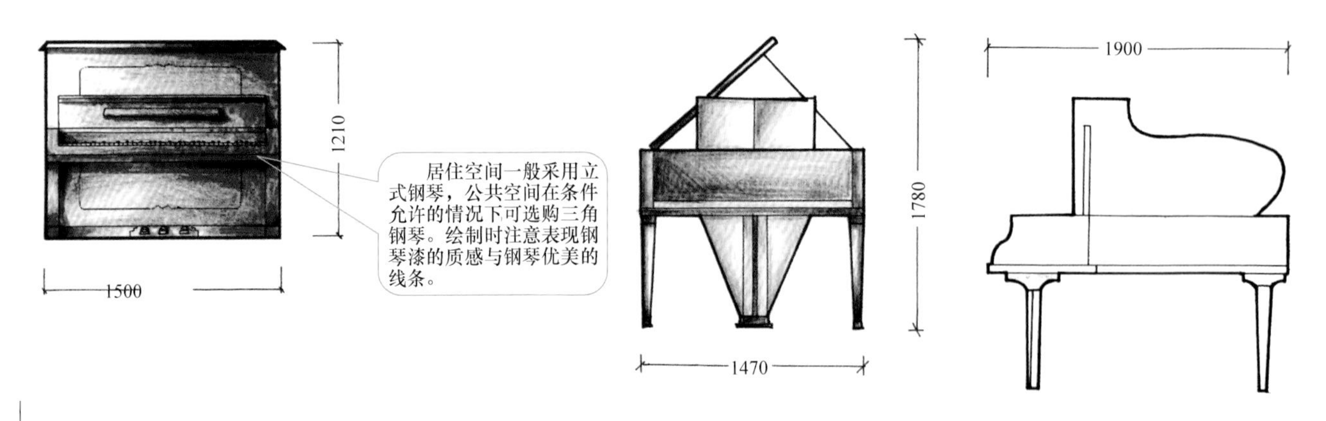
1210
1500
居住空间一般采用立式钢琴，公共空间在条件允许的情况下可选购三角钢琴。绘制时注意表现钢琴漆的质感与钢琴优美的线条。
1780
1470
1900

3. 立面材料的画法

（1）石材、人造石材

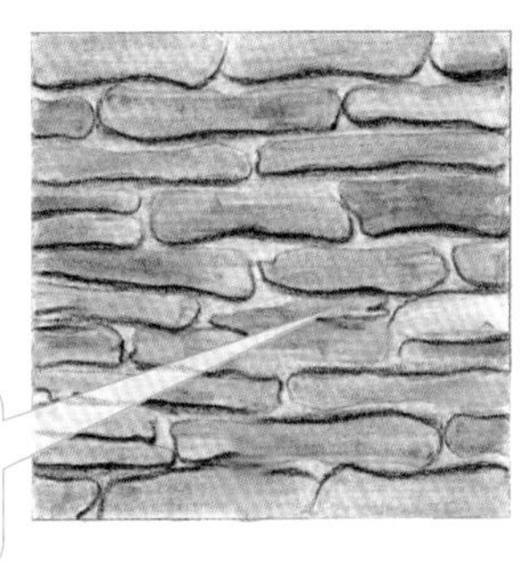

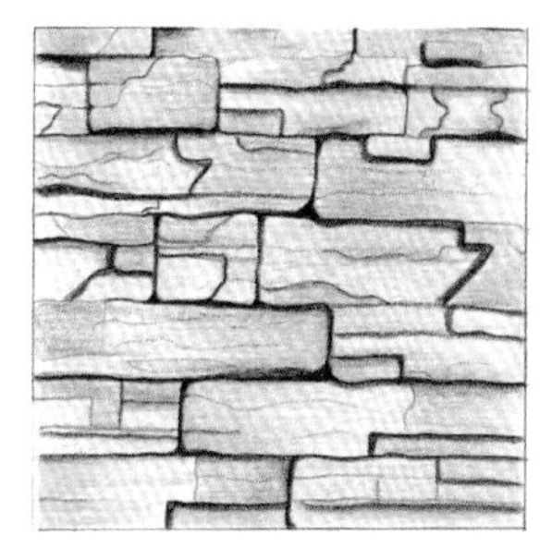

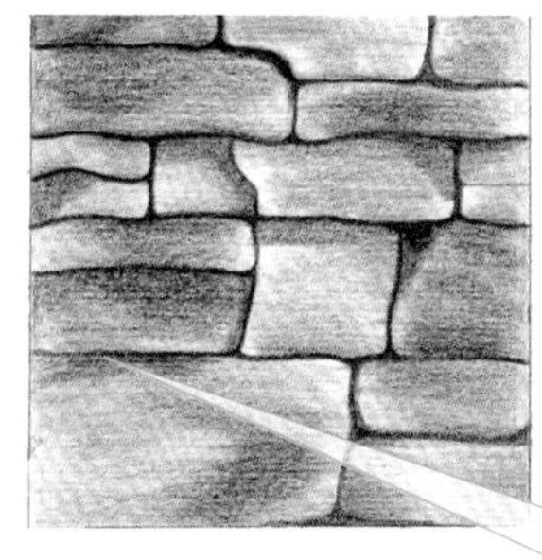

艺术石材是常用的立面材料。绘制时要以整体色调为主，不能画得过于杂乱。

石材之间的缝隙可以用阴影加强。

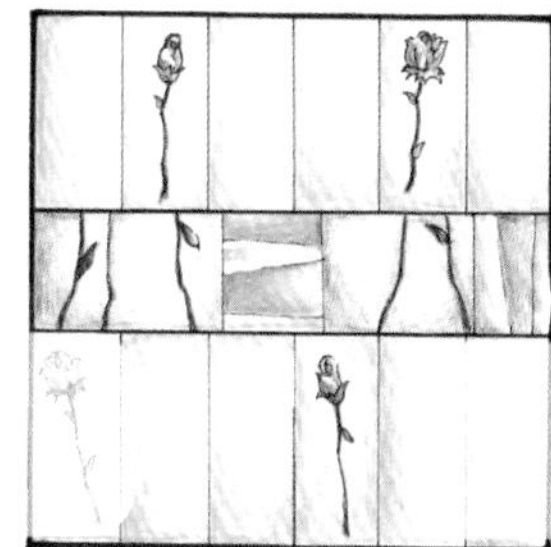

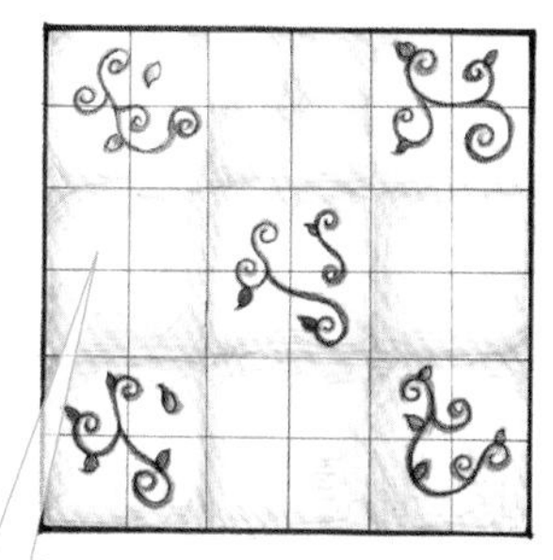

骨粉、石粉可以加工成别具一格的艺术墙面。

绘制瓷砖的花砖时，注意表现其釉面的质感。

（2）木质护饰面

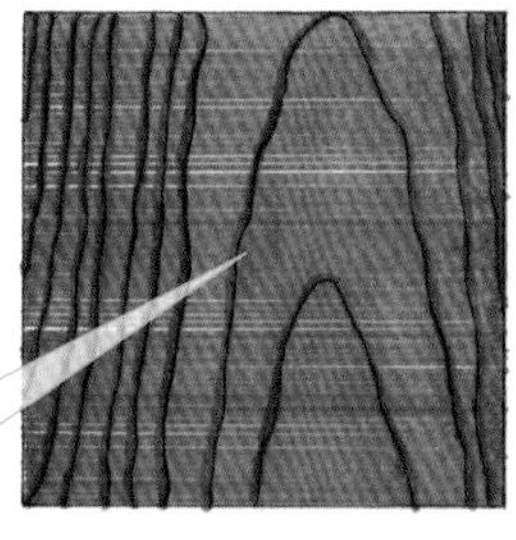

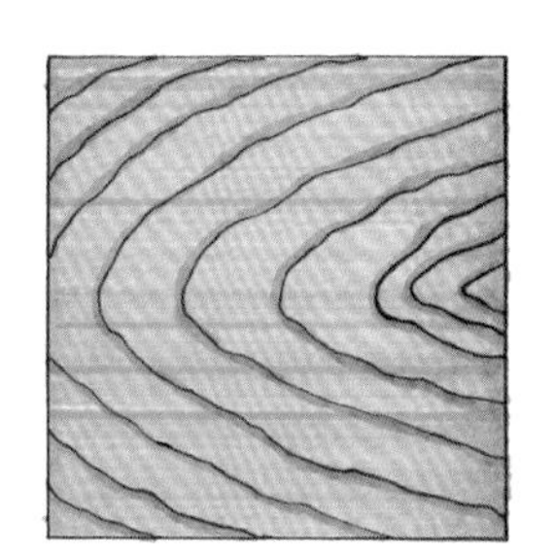

表现木质纹理时可以直接用墨线，也可以用彩铅含蓄地表达。

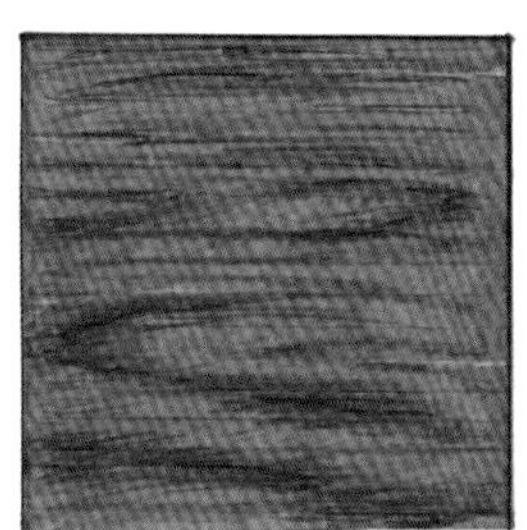

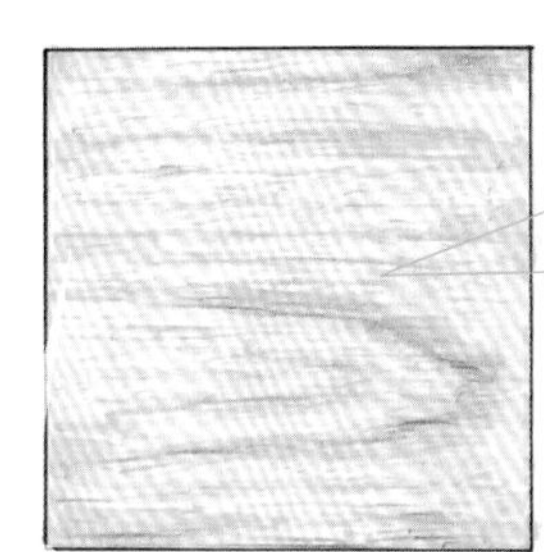

注意要表达的木材种类，平时要多积累相关的图片。

（3）壁纸及手绘墙

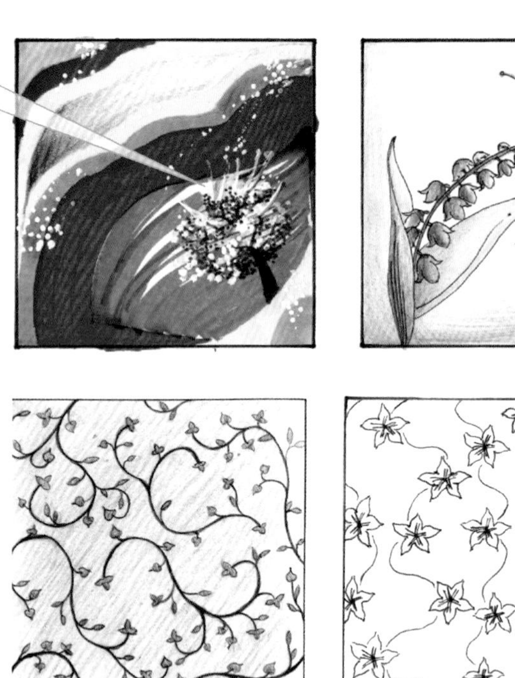

手绘墙面是近年来十分流行的艺术墙面，绘制时要与整体立面的色彩、风格保持一致。

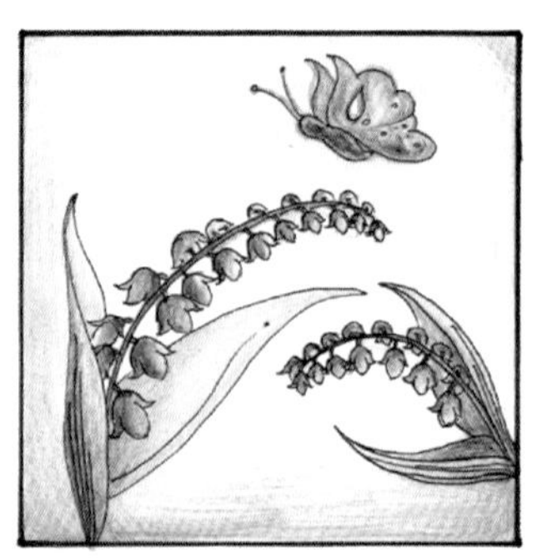

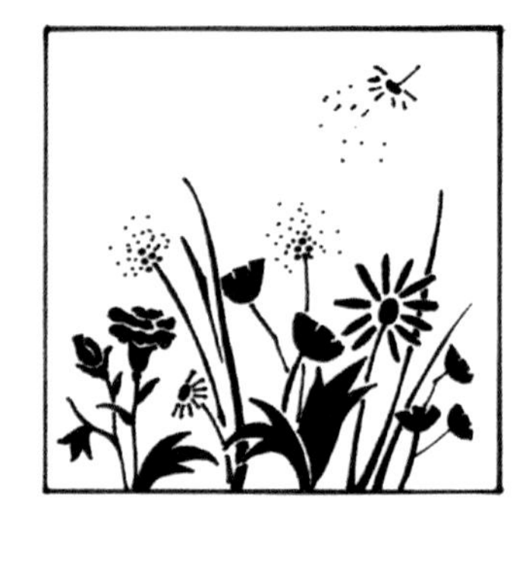

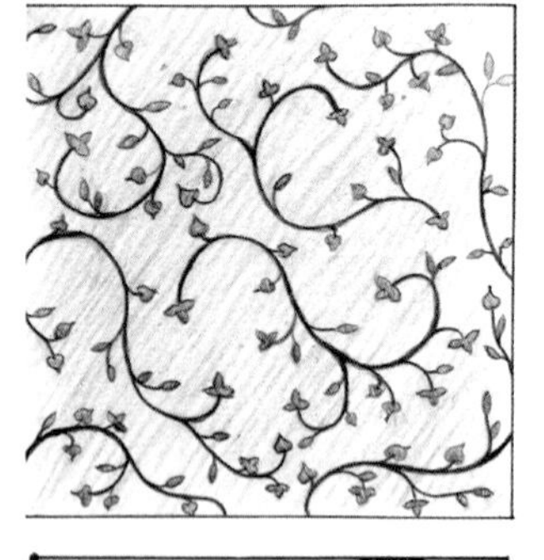

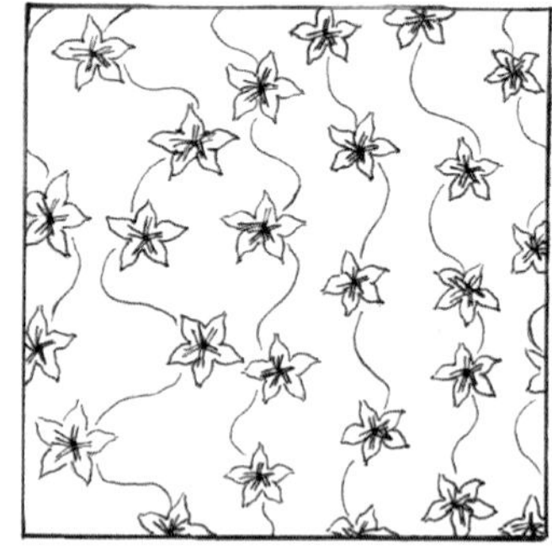

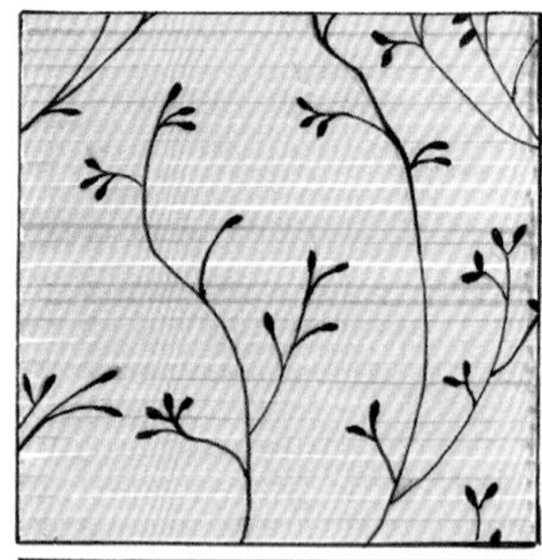

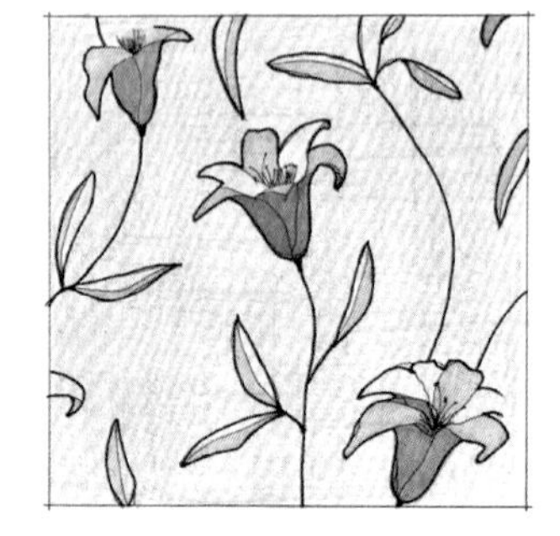

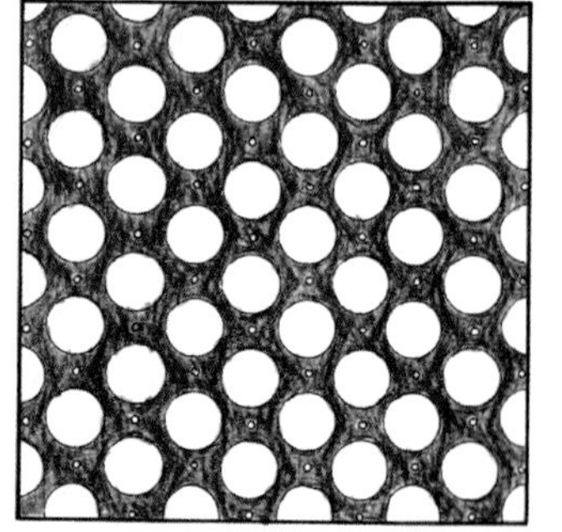

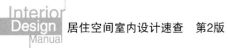

（4）窗帘

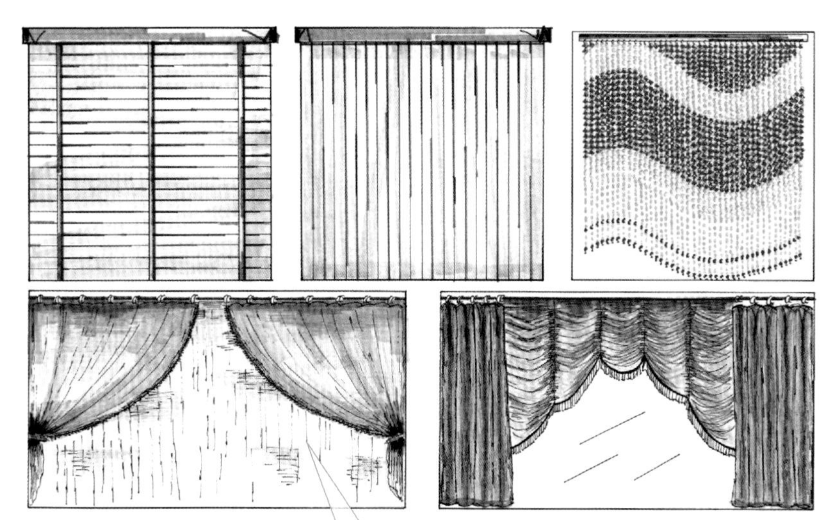

绘制窗帘时，一是要注意质感：粗糙、光滑或透明。二是要注意皱褶，表现立体关系。

第四章　手绘透视效果图

第一节　概　　述

手绘透视效果图能真实、直观地表现出室内的空间效果，无论在室内设计的初稿阶段、定稿阶段，还是招投标阶段，都起着重要的作用。因此，快速绘制室内透视效果图的能力是从业设计人员必备的基本技能与专业素质。

一、手绘透视效果图的定义

手绘透视效果图是室内设计图中的一种，是以绘画的手段直观立体并且形象具体地表达室内设计师构思意图和设计最终效果的图。这样的图一定是虚拟的，即绘制当时所表现的室内效果一定还未实现。

二、手绘透视效果图的特性

（1）科学性：作为室内设计图中的一种，绘制时要有科学的态度和方法。手绘效果图要求表现精确的尺度比例、准确的材料质感和色彩肌理，还要真实地表现室内光线阴影效果，用严谨的透视画法充分表现空间的真实感。

（2）艺术性：手绘透视效果图是以绘画手段来表达的，它必定要符合艺术美感的普遍规律，因此形式美法则与构图法则同样适用于它。此外，艺术渲染力与强有力的可观赏性也是手绘透视效果图实用价值的体现。(见右图)

三、手绘透视效果图的作用

优秀的手绘透视效果图可以为方案审批者（甲方）提供直观的竣工后效果。它独特的艺术感染效果也会为设计中标助力。手绘透视效果图与其他设计表现方式相比，快速易修改，低成本独得先机。

在设计推敲过程中，手绘透视效果图能帮助设计师进行全面的立体空间深化设计，快速捕捉设计灵感，整体处理设计细部。它也是设计师之间交流的主要设计语言。一旦施工，它能对施工目标效果起到直观明确的指导作用。

第二节　手绘透视效果图的要素

一、形态基本要素

构成画面的基本元素是点、线、面，而点、线、面有着不同的形态，表现出不同表情，给观者以不同的心理感受。

（1）点：表现为没有方向的位置。点的位移形成线，点的密集构成面。画面中表现出以下特性：

➢ 求心性：大小排列的点中，视线会被小点引领。（见右图）

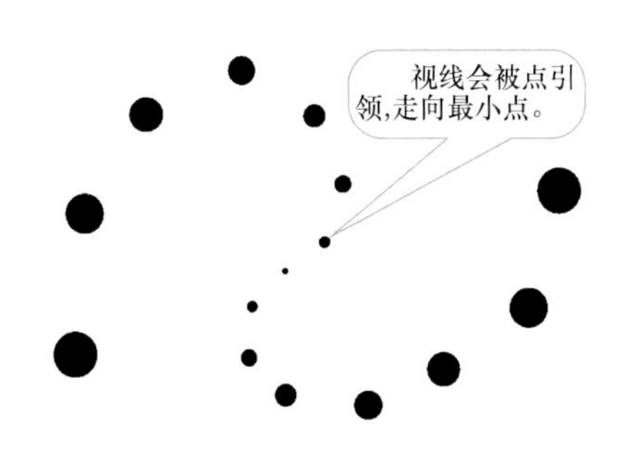

➢ 连续性：等距离排列的相似点，视觉上产生连续感，可以划分区域。（见下图）

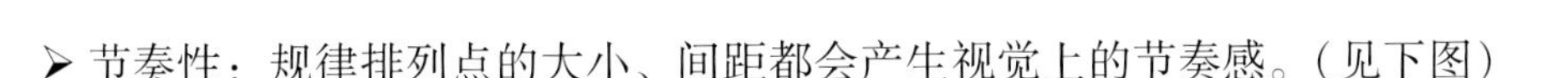

➢ 节奏性：规律排列点的大小、间距都会产生视觉上的节奏感。（见下图）

（2）线：对线的描述有位置、长度、方向、宽度等，因此线具有强大的心理效果。

➢ 直线：具有男性气概的视觉特征，传达给人明晰、单纯、直接、执着的心理感受。

➢ 曲线：具有女性气韵的视觉特征，传达给人速度、弹力、运动、高贵而且富变化。

➢ 粗细线：粗细线并置时，粗线向前，细线向后，因此画面中前面的物体用线要粗些，后面物体用细线，这样能更好地体现画面的空间效果。

➢ 徒手线：具有丰富的表现力。不同的纸笔、不同的作者以及不同的心态都会产生不同的效果。

➢ 水平线：能保持重力与平衡，让人联想到平静的水面与地平线，因此具有安定、寂静、温顺、平和之感。适用于表现静态空间。

➢ 垂直线：具有平衡有力的支柱感，让人联想到柱子，因此具有严正、威严、崇高的感觉。适用于表现崇高精神纪念意义的主题场景。

➢ 斜线：由于重心偏向产生动感，生动而敏感。适用于运动空间和不安定环境空间。

（3）面：面是点的密集，是线移动的轨迹。利用绘制大小、材质、色彩不同的面，可以表达不同的空间、光影与情感。

二、构图基本要素

（1）空间感：人对空间的渴求是天性，绘画就是在平面中创造空间效果，而这种空间效果来源于视错。因此，我们要在绘画中利用这种视错，使画面接近于真实的空间场景。要做到这一点，需要从透视构图、线条前后、色彩空间感觉等方面来仔细推敲，以取得想要的效果。

（2）运动感：运动是视觉最容易捕捉到的现象，也是生命的标识。静态画面中的运动是通过运动的定格状态和具有运动能力的事物来表现的，如车、人、树在效果图中都能成就运动生机。

（3）光感：人天生具有向光性，对光充满向往。在室内设计中，人工灯光成为重要的光源。灯光可以模拟自然光来塑造环境空间的气氛，以表现出各种不同的情绪。

➢ 阳光：直率，使人清醒、振奋。

➢ 月光：美好、思念，使人冥想、静思。

➢ 火光：欢乐、温暖、博爱，使人回想童年。

➢ 星光：神秘、遥远，使人遐想。

（4）质感：质感是人对物体表面肌理的感受。质感与人的感情相吻合，绘画时要尽量描绘得体，以产生视觉美感。

➢ 木质：温和、亲切，用于表现居住空间的温馨气氛。

➢ 石质：牢固、冷峻，用于表现宾馆、银行公共空间的富贵、牢靠、安全。

三、形式美基本法则

人的大脑认识事物有强烈的规律性，我们在不断地探索各种自然规律，不断地深入了解自然界。自然界存在秩序，无论浩瀚的星际还是微观晶体都是有序地排列着。这些规律的存在产生美感，其规律符合以下共性。

（1）统一与变化：多样悦人、多样统一是世界乃至整个宇宙的美。世上没有完全相同的鱼，鱼只是以统一的生存方式、相似的形态出现。蝴蝶、花朵都是这样存在并让我们认识的。因此，变化中求统一、统一中求变化是万物之理，是形式美的总则。

（2）对称与平衡：对称是自然界遵循的美感，羽毛、树叶、动物、人都是以对称的形体出现的，对称成为审美的天性，我们常看人是否漂亮，其实是在潜意识地对比他（她）的左右对称度。自然状态下不存在绝对的对称。对称多以相对状态出现。平衡是一种力的对称。施加于物体上的各种力相互抵消达到物理平衡；外部刺激大脑中生理力的分布达到相互抵消，从而使人感到心理平衡。平衡与对称的画面带给观者稳定、安全、平静的心理感受。

（3）节奏与韵律：呼吸、心跳是生理节奏，节奏是生命的律动，也是“生”的标志、“活”的标识。人们对节奏的渴望与追求源于求生的本能。韵律是指节奏的变化与统一，“韵”强调变化，“律”强调统一。画面中的线条、色块都能产生节奏与韵律，达到观者的审美需求。

第三节　快速透视的画法

一、透视的基本概念

依据物体在人眼球的水晶体成像的原理，用科学的方法绘制出“近大远小”的平面图像，使观者发生“视错”的感觉，从而产生三维立体空间效果的方法叫透视。

常用名词：

（1）立点——观者站立的位置。

（2）立距——立点到基准面的距离。

（3）灭点——视线消失点。

（4）视高——视平线的高度。

（5）视平线——眼睛高度的画面水平线。

（6）距点——透视变形控制点。

（7）视角——视线切割墙角产生的两个夹角。

（8）真高线——透视图中映射物体空间真实高度的尺寸参照线。

（9）基准面——一点透视图中反映物体真实尺度比例的面。

二、常见透视表现快速作图方法

1. 一点透视（平行透视）

一点透视能展现室内五个界面，图面效果稳定，适于表现静态单纯的空间环境。画面中平行于基准面的各个垂直面，其水平、垂直尺寸比例不变，纵深方向的尺寸逐渐缩小，直至消失于灭点。下面以一张单人卧室平面图为例来说明一点透视的基本画法。

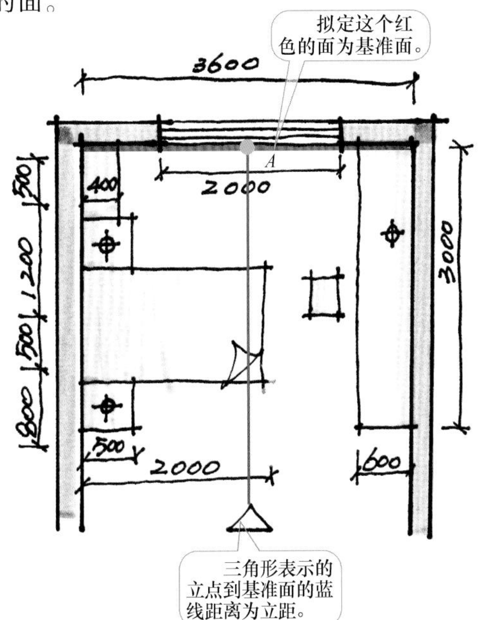

绘出右图平面的一点透视图，共有以下几个步骤：

（1）绘制界面轮廓

➢ 通过右图立点向上作垂线，与基准面交于点 A。这就是灭点在基准面上的平面位置。

➢ 按比例绘制基准面。

➢ 做一条平行于基准面底线的水平线，水平线与基准面底线的距离为视高（我们习惯将视高定为1.4m）。通过 *A* 点向上作垂线，与视平线相交于点 *M*，*M* 即是该透视图的灭点。

➢ 分别将四个基准面角点与灭点 *M* 连接起来，并向外延长，这样就绘制出了单人卧室一点透视的五个界面。

➢ 绘制出界面后还要求一个十分重要的点：距点。首先标出视平线与基准面的交点 *C*，自 *C* 点开始，向右量出立距，从而得到 *D* 点，这就是距点。（见下图）

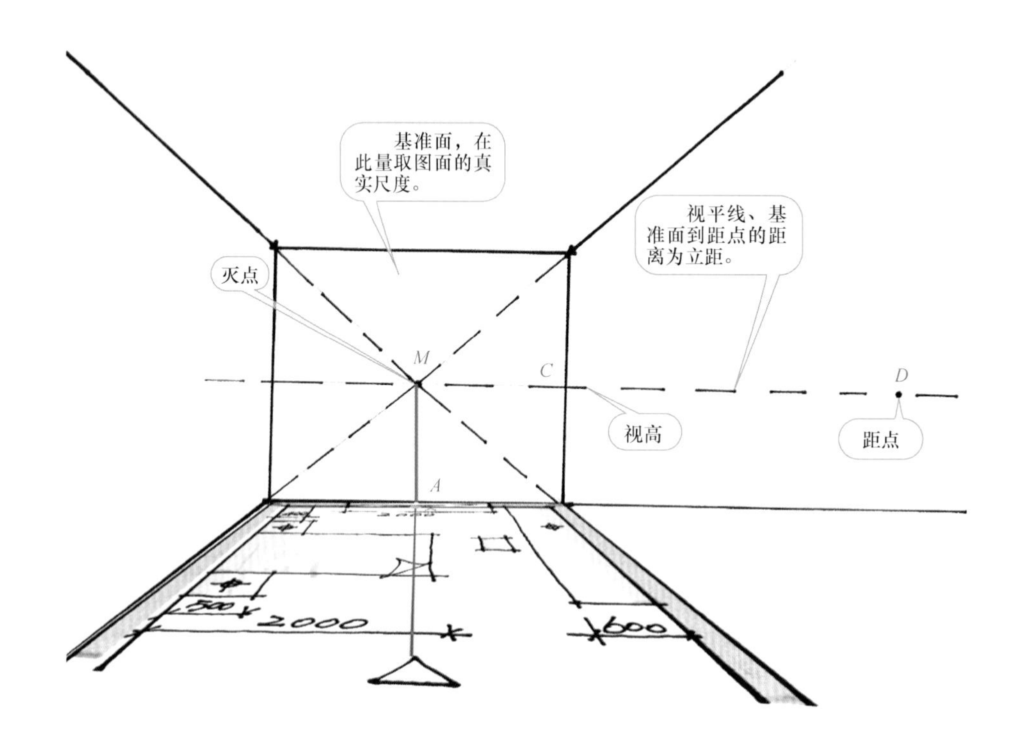

（2）将平面“搬”到透视平面上

➢ 基准面上的所有尺寸反映的都是物体的真实尺寸，因此基准面也称为真高面。透视图中，构件、家具的尺寸都要在这个面上量取。下面我们首先绘制单人卧室最右边的长柜体。在真高面上量取柜体的宽度为600，得到点 *E*。连接并延长 *M*、*E*。此 *ME* 的延长线即为柜体的长度所在线。

➢ 延长基准面的底线到 *F*，使 *JF* 的距离等于柜体的真实长度3000。连接距点 *D* 与 *F*，并延长，与墙角线相交于点 *G*。*JG* 的距离即为该柜体在透视图中的长度。

➢ 通过点 *G* 作水平线，与 *ME* 的延长线交于点 *H*。*E*、*J*、*G*、*H* 所围合的橙色梯形就是柜体在透视中的平面。通过这个方法可以求出其他家具在透视中的平面位置。（见下页图）

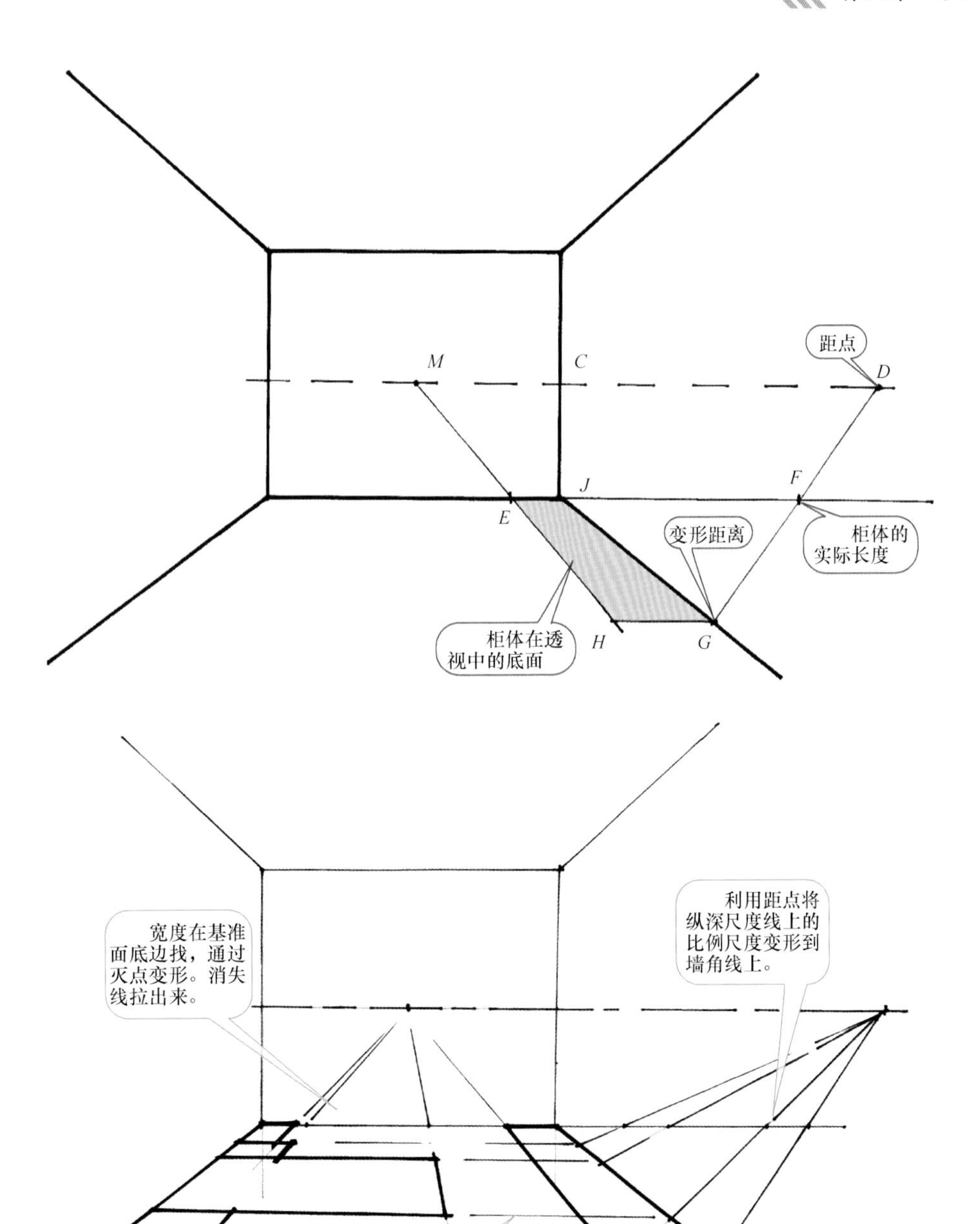

（3）把家具拉高：分别通过上图求得柜体的四个顶点向上作垂线。其中最里面的一个面与基准面重合。柜体的高度在基准面上量取，得到点 K，连接 M、K，并延长，与柜体的垂直线交于点 N。以此方法求得柜体的立体图形。（见下页图及 171 页上图）

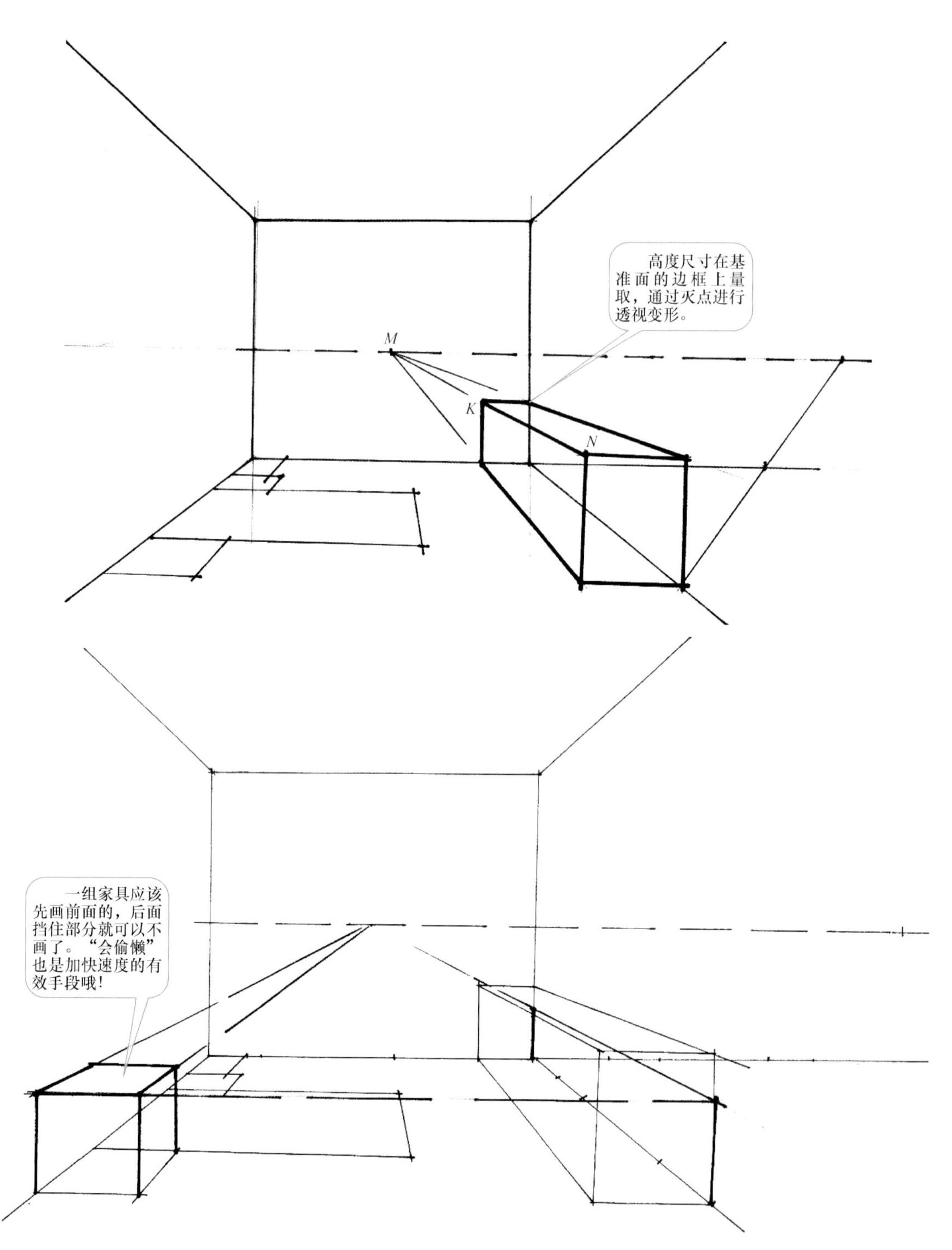
高度尺寸在基准面的边框上量取，通过灭点进行透视变形。
M
K
N
一组家具应该先画前面的，后面挡住部分就可以不画了。“会偷懒”也是加快速度的有效手段哦！

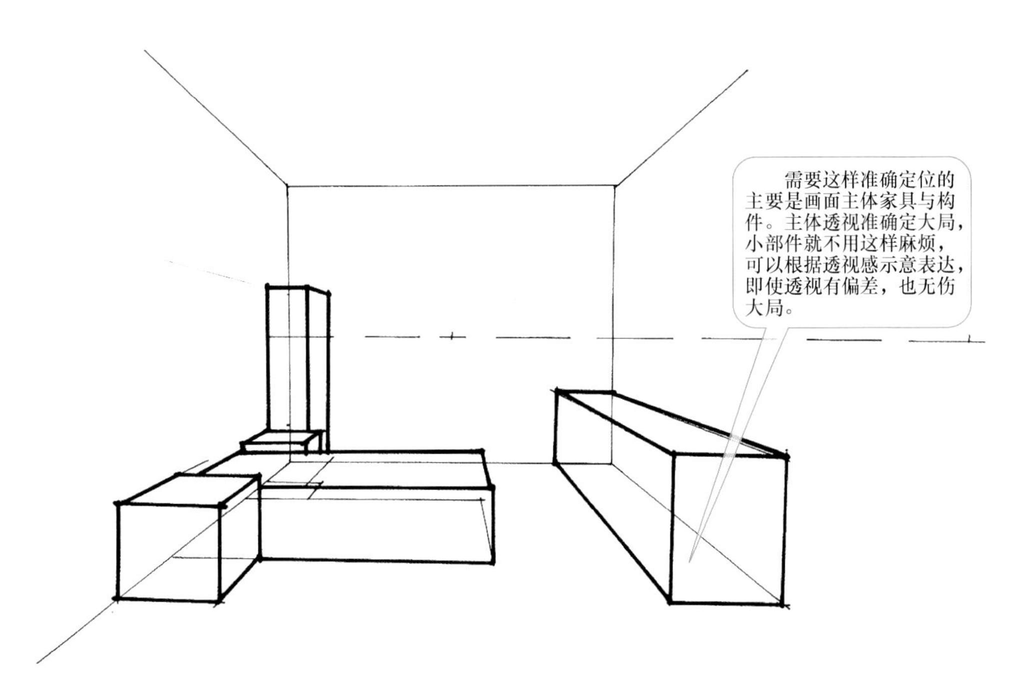

需要这样准确定位的主要是画面主体家具与构件。主体透视准确定大局，小部件就不用这样麻烦，可以根据透视感示意表达，即使透视有偏差，也无伤大局。

(4) 整理造型完成透视图：求出空间的基本家具轮廓后，就要通过丰富这些构件的细节，并添加配景来完成最终效果。这个过程中要注意线条的美感。可以先用铅笔起稿，然后描出准确的墨线，完成墨线底稿的制作。顶部造型也要用步骤（1）~（3）的方法在顶部找到正确的透视位置，再丰富造型。（见右图）

2. 两点透视（成角透视）

两点透视能展现室内4个界面，画面活泼，适于表现动态、复杂的空间环境。绘制要点是：垂直方向比例不变，水平与纵深方向的线都消失于灭点。

（1）绘制界面轮廓，常用的两点透视视角为90°，视高定为1.4m。下图显示了两点透视的几个基本概念与重要基准点。

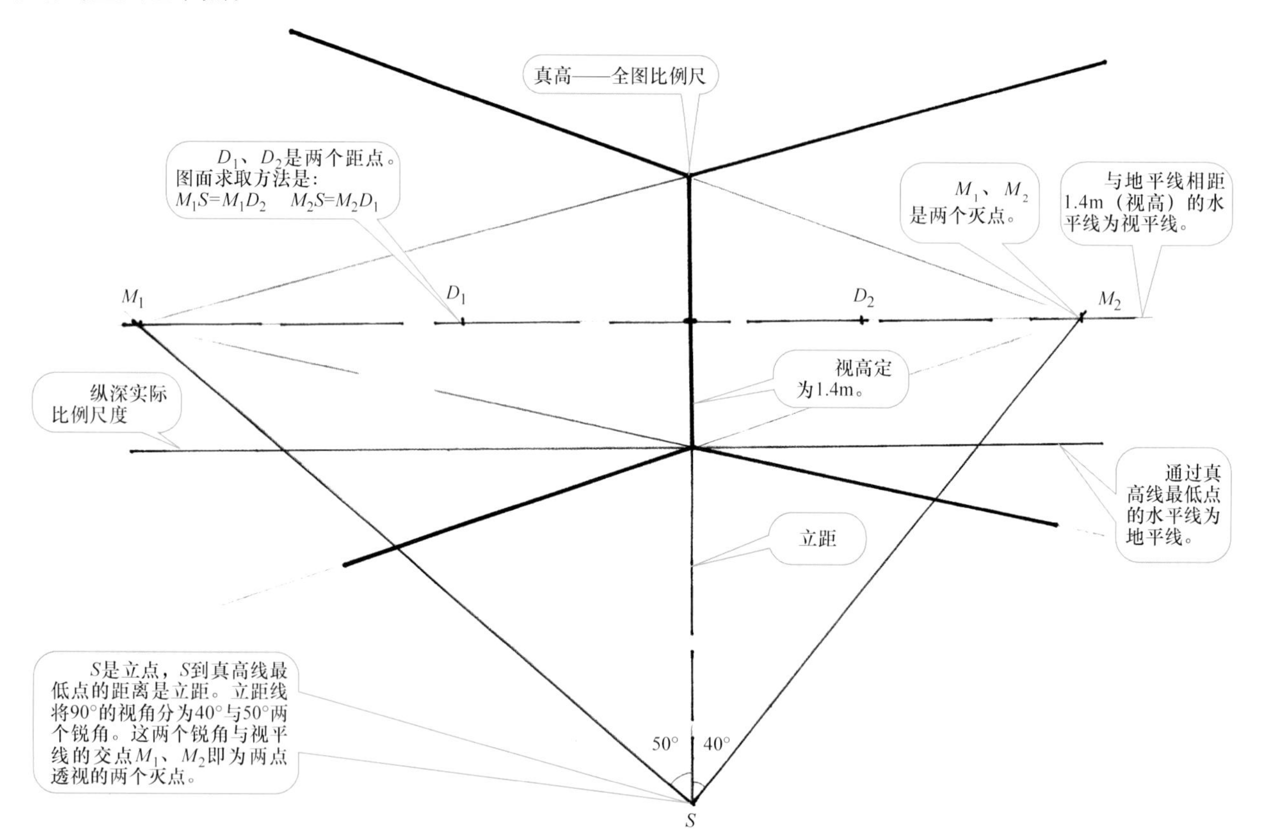
真高——全图比例尺
D_1、D_2是两个距点。图面求取方法是：$M_1S=M_1D_2$ $M_2S=M_2D_1$
M_1、M_2是两个灭点。
与地平线相距1.4m（视高）的水平线为视平线。
M_1
D_1
D_2
M_2
视高定为1.4m。
纵深实际比例尺度
通过真高线最低点的水平线为地平线。
立距
S是立点，S到真高线最低点的距离是立距。立距线将90°的视角分为40°与50°两个锐角。这两个锐角与视平线的交点M_1、M_2即为两点透视的两个灭点。
50°
40°
S

（2）下面在透视界面中绘制一个距左右墙面都是1m的简单立方体，从中学习两点透视的基本方法。

➢ 量取立方体的实际尺寸，绘制于地平线上，得到点 A_1 与 A_2。连接 D_2A_1 与 D_2A_2 并延长至墙角，得到点 B_1 与 B_2。

➢ 连接 M_2 与 B_1、B_2 并延长，得到立方体底面的两条边线。用相同的方法可以求得另外两条边线。四条边线的交点就形成了该立方体的底面轮廓（见下页图中的橙色梯形）。从这个轮廓的四个顶点向上引垂直线，这些垂线就是立方体的高度线。

➢ 在真高线上量取立方体的真高，得到点 C，并与灭点 M_1 相连。通过 B_2 向上引垂线，与 M_1C 相交于点 F。连接 M_2F 并延长，交立方体的高度线于 E 点。E 即是立方体在透视图中的高度。（见下页图）

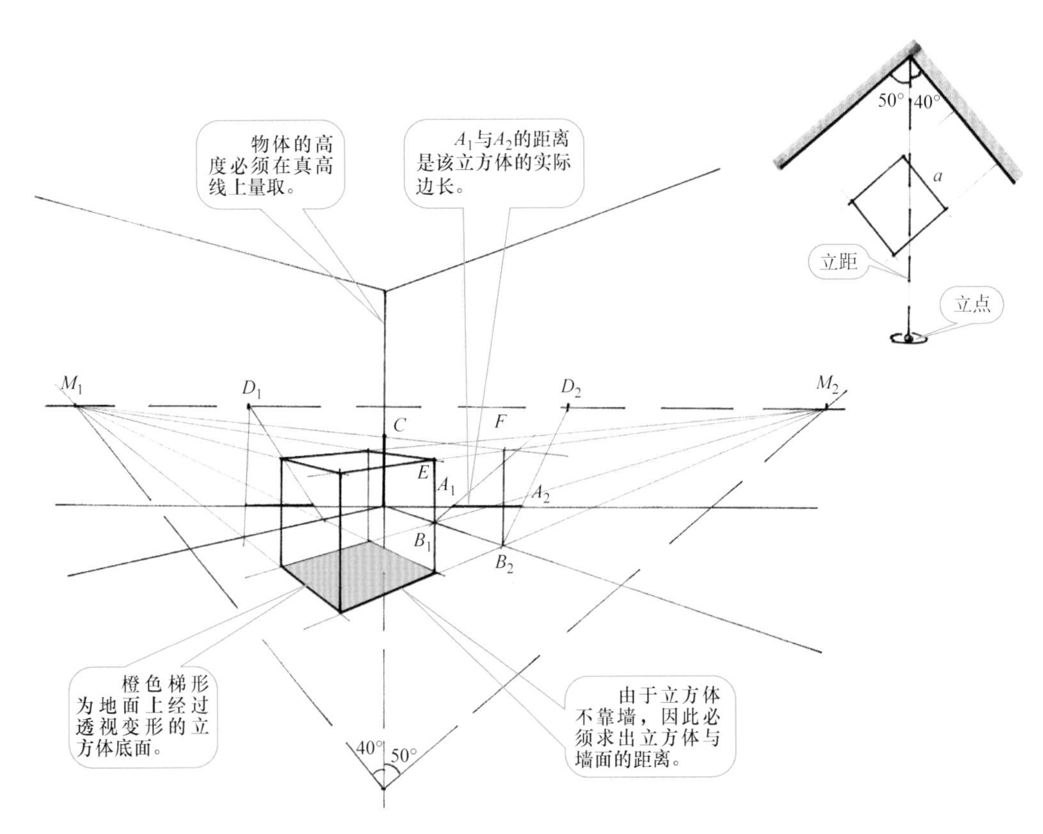

（3）以右图所示平面图为例题，绘制两点透视效果图。

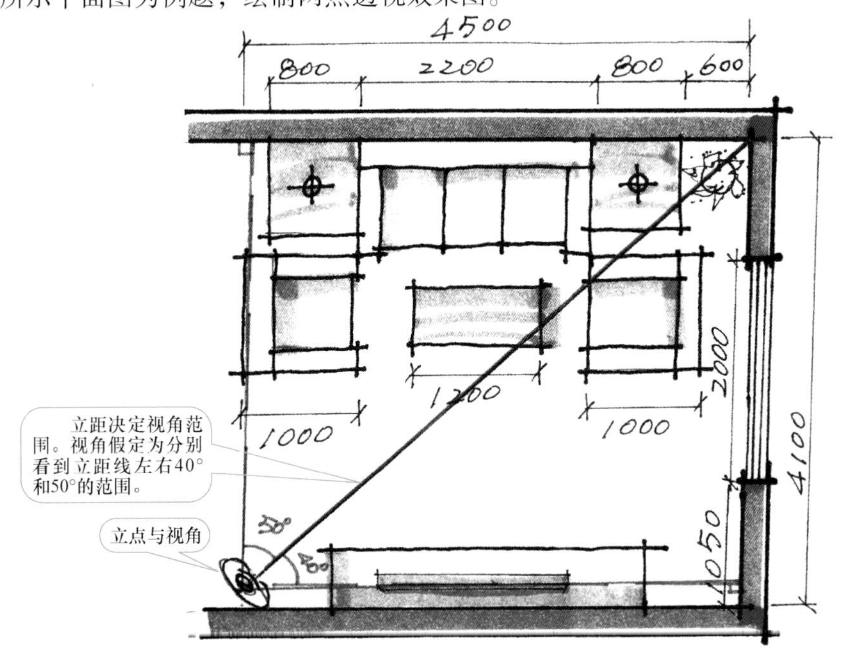

（4）根据前面讲述的方法，按平面图绘制出两点透视框架，并将平面主要家具搬入透视地面上。（见下图）

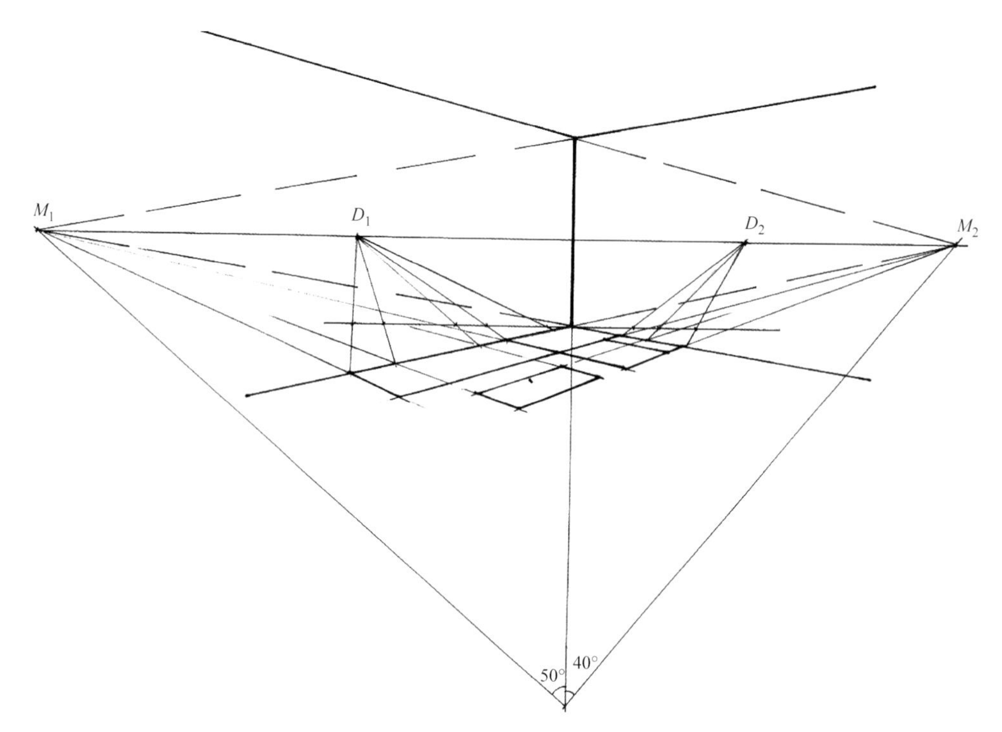

（5）拉高家具时要注意空间平面的转换。利用家具间的相互关系减少工作量，快速完成透视。（见下图）

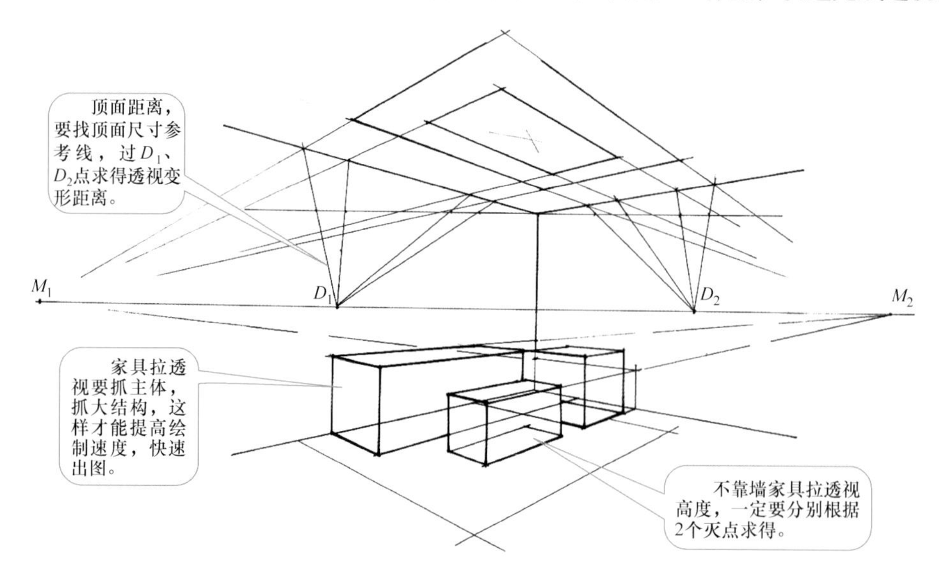

顶面距离，要找顶面尺寸参考线，过D_1、D_2点求得透视变形距离。
M_1
D_1
D_2
M_2
家具拉透视要抓主体，抓大结构，这样才能提高绘制速度，快速出图。
不靠墙家具拉透视高度，一定要分别根据2个灭点求得。

（6）用造型丰富画面，注意线条美感。可以先用铅笔起稿，然后覆盖描出准确的墨线，完成墨线底稿的制作。顶部造型也要用以上步骤在顶部找到正确的透视位置，再丰富造型。(见下图)

3. 透视图形的分割与延长

（1）对角线等分法：在绘制透视图的过程中，如果遇到需要等分的面，可以用对角线等分法快速绘制，不必再用透视法求得。如下页图所示，连接矩形的四角，得到对角线的交点即为该面的中点。通过该点作垂直线便将矩形等分。这种等分法适用的段数必须是 2 的平方数，如 2、4、8、16 等。

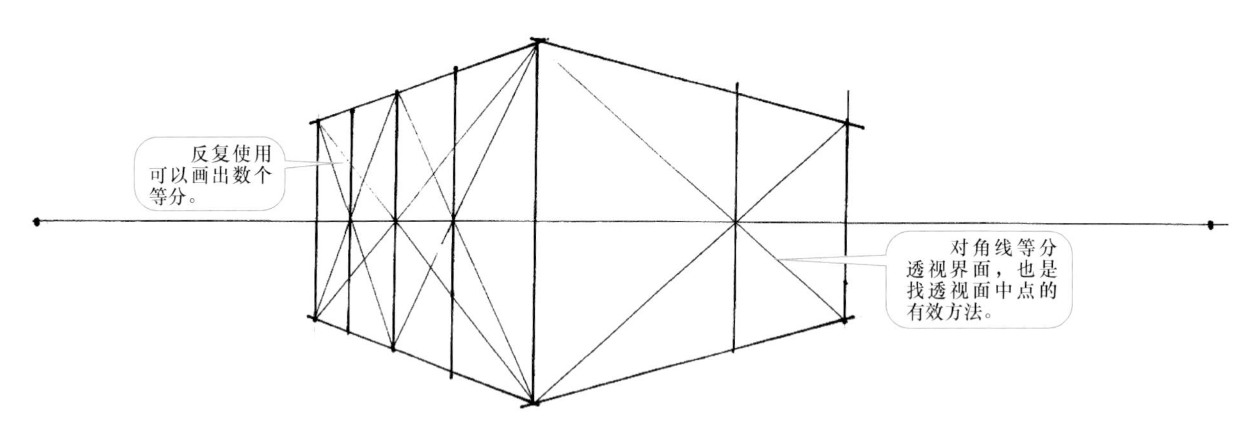

反复使用可以画出数个等分。
对角线等分透视界面，也是找透视面中点的有效方法。

（2）对角线等分的延续：按照下图的画法，使用对角线等分法还可以延续界面。

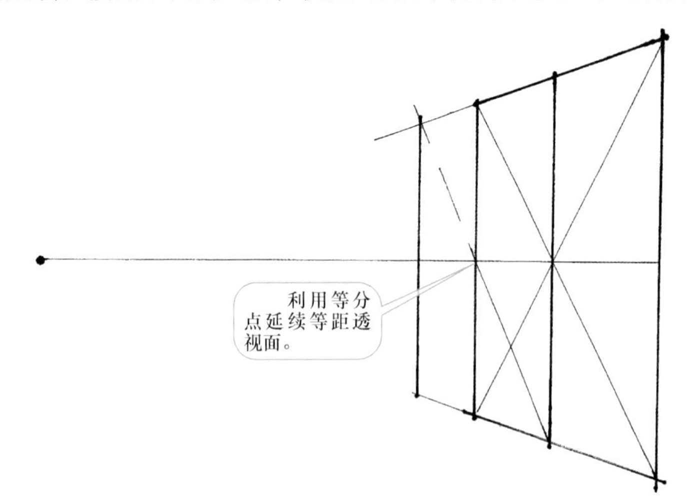

利用等分点延续等距透视面。

（3）任意等分分割法：如果图面上有数个等分段，这些等分段较多或者不是2的平方数，则可以采用任意等分分割法。如右图所示，在任意一条垂直线上先将其等分，再连接各个等分点与灭点，即可得到高度上的等分线。

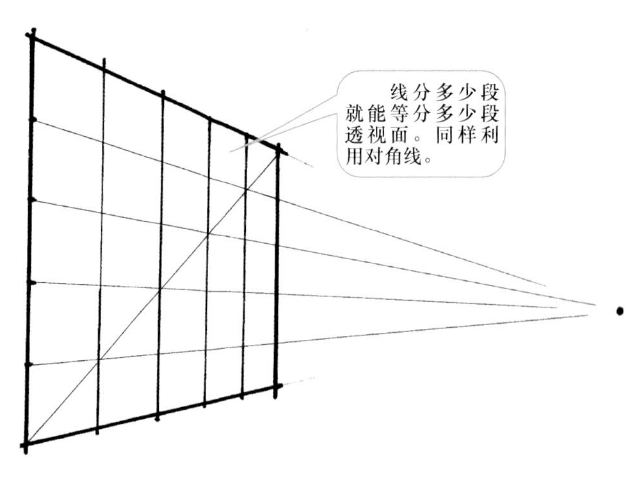

线分多少段就能等分多少段透视面。同样利用对角线。

高度上的每条等分线都会与对角线有一个交点，通过这些交点作垂线，即可将此矩形从纵、横两个方向进行等分。

4. 圆形透视（弧线透视）

手绘透视图中常用八点定圆法绘制圆形。八点定圆法就是先求出该圆的外接正方形，从而找

出圆的八个关键控制点。（见下图）

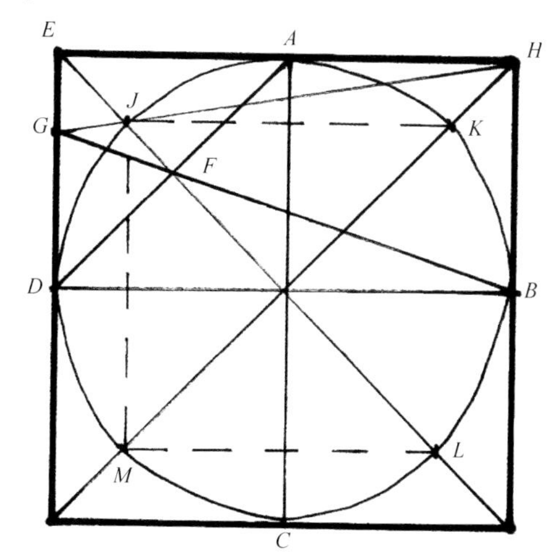

➢ 通过外接正方形对角线的交点分别作水平线与垂直线，交正方形的四边于 A、B、C、D 四点。

➢ 连接 AD，与对角线交于 F，连接 BF 并延长，与正方形的边交于 G。连接 GH，与对角线交于 J。用相同的方法求得 K、L、M。

➢ 连接 A、K、B、L、C、M、D、J 八个点得到所要的圆形。

（1）一点透视中圆透视的常见状态（见下图）

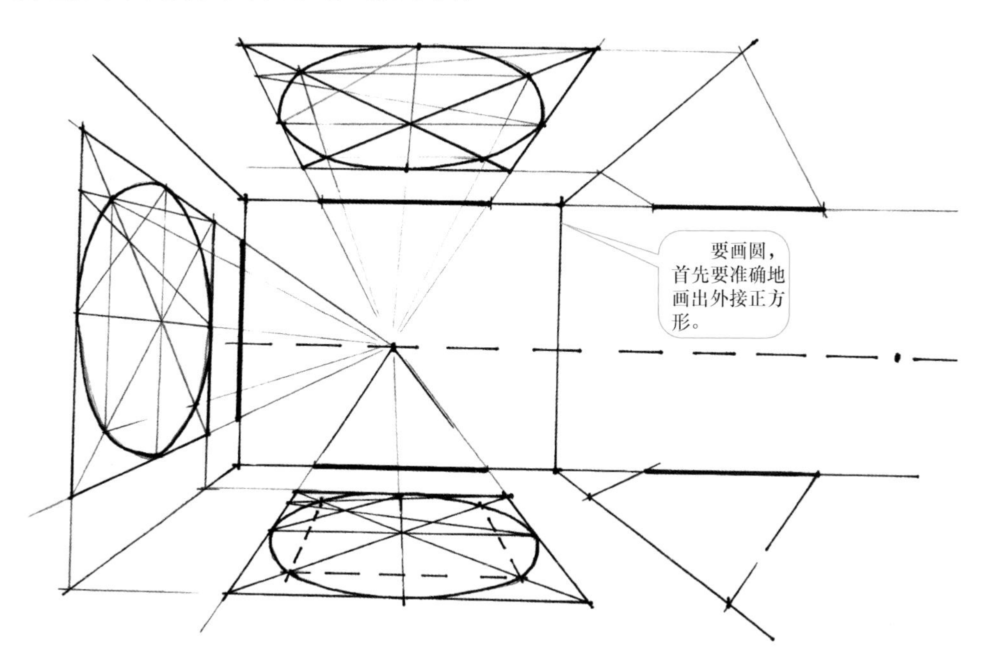

要画圆，
首先要准确地
画出外接正方
形。

（2）两点透视中圆透视的常见状态（见下图）

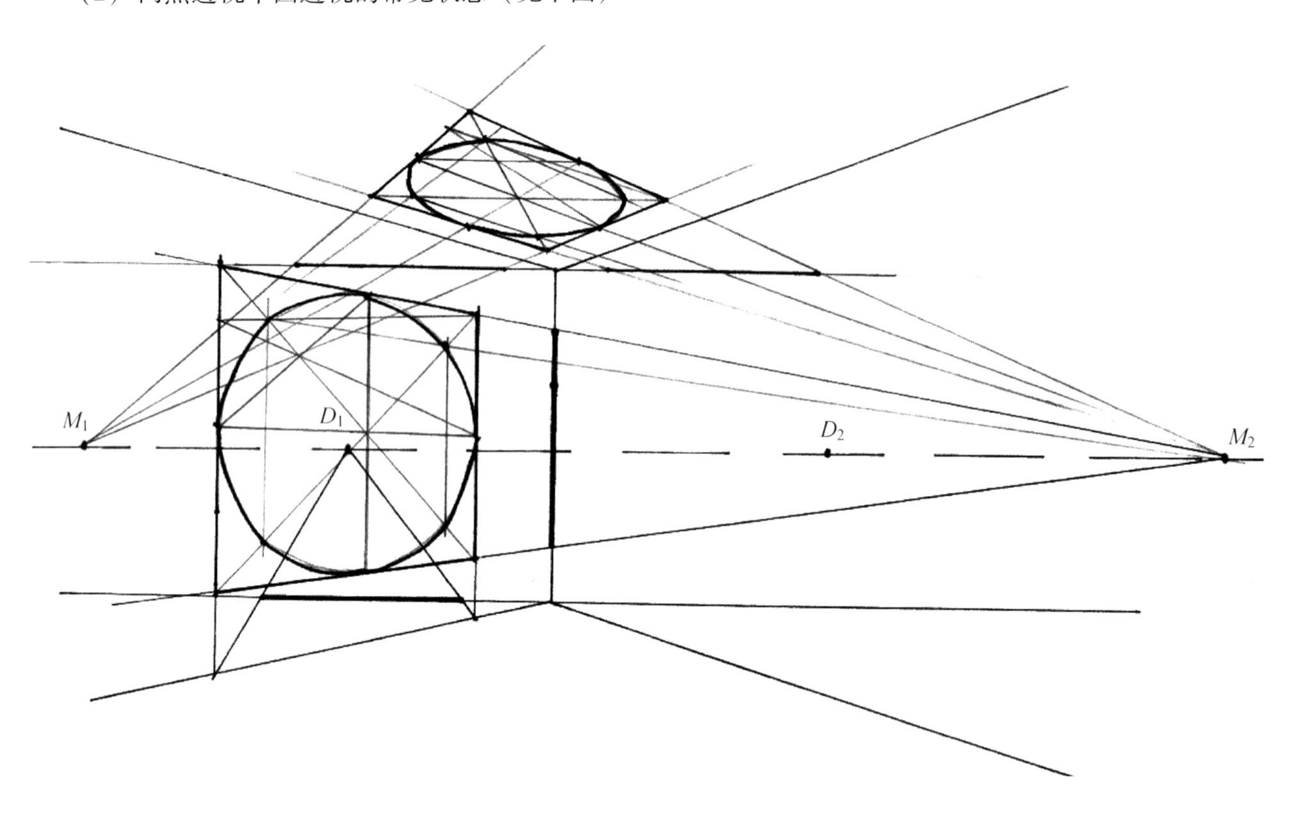

第四节　彩色手绘透视效果图的绘制

手绘效果图的上色学习要循序渐进。首先掌握运笔方法，注重笔触的排列效果。然后练习单体家具、灯饰的表现，着重掌握笔触与结构形体的结合。这部分学习需要一定量的临摹，对临摹图片中的色彩、质感、光线进行研习，最后才进行创作。

一、质感的画法

材质的表现可以参考平面图与立面图的材质表现，但效果图的材质更要注意用笔方向。一般用笔方向应该与纹理保持一致，也要与光线的方向相结合。注意表面粗糙度不同产生的不同反射、折射效果与光影变化。（见下页图）

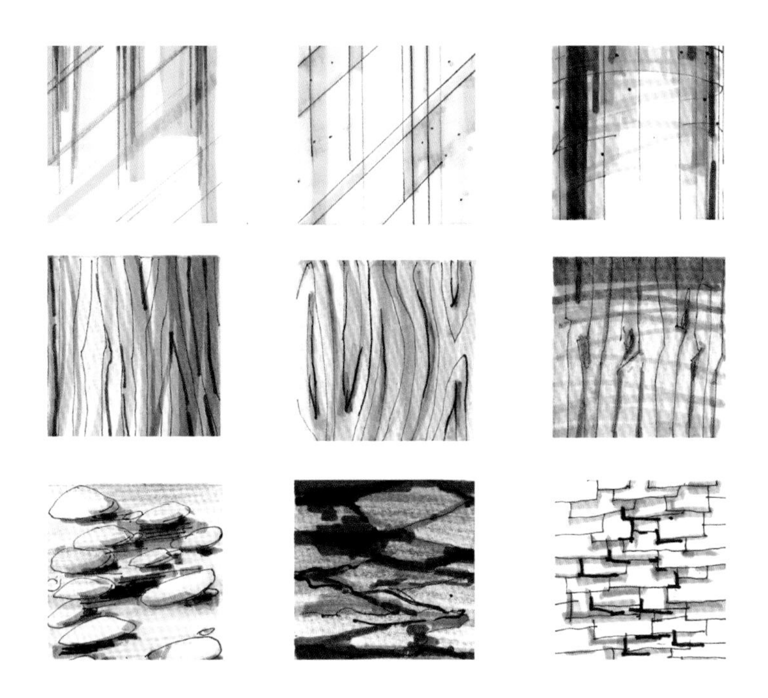

二、家具的透视画法

家具种类繁多、形式多样，下图所示为几组在效果图中经常用到的家具，绘图的笔法如上所述。当然要画得好需多下功夫，初学者可以从临摹开始。另外，家具更新很快，如果不希望效果图太土，最好不断收集新家具样式来练习表达。（见下图～182页图）

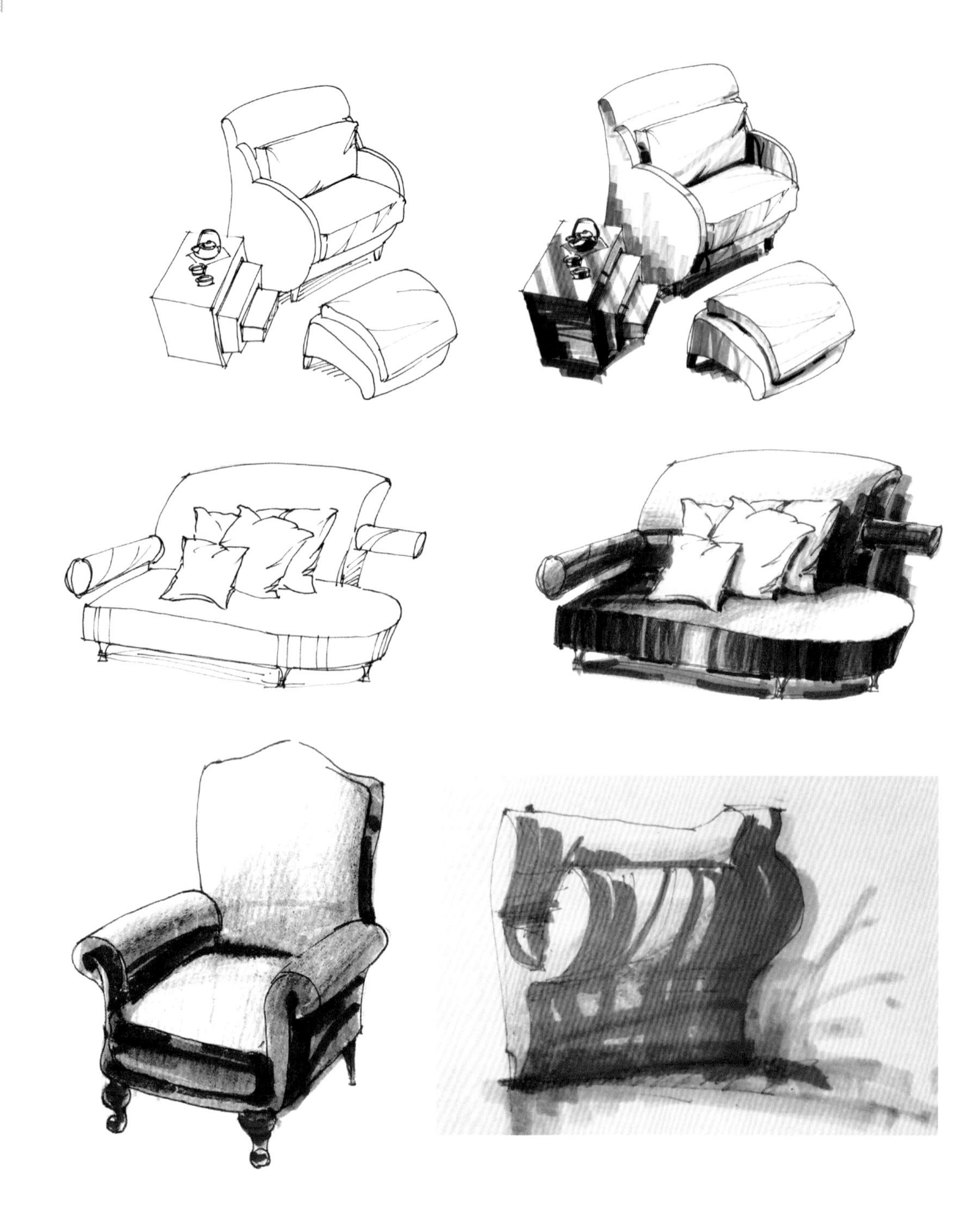

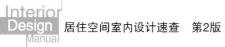

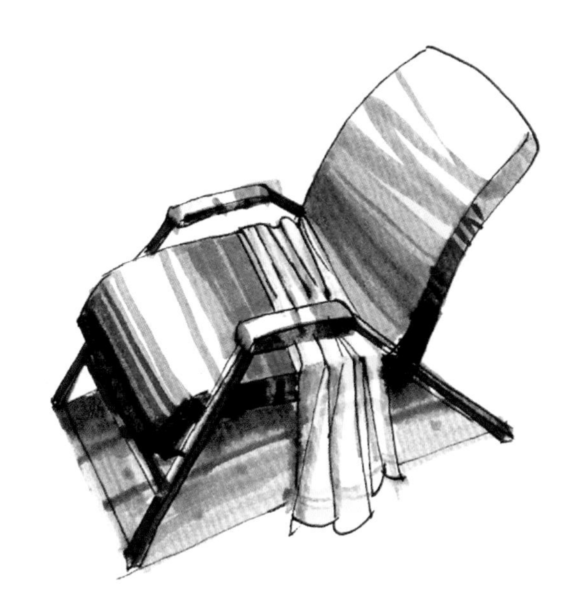

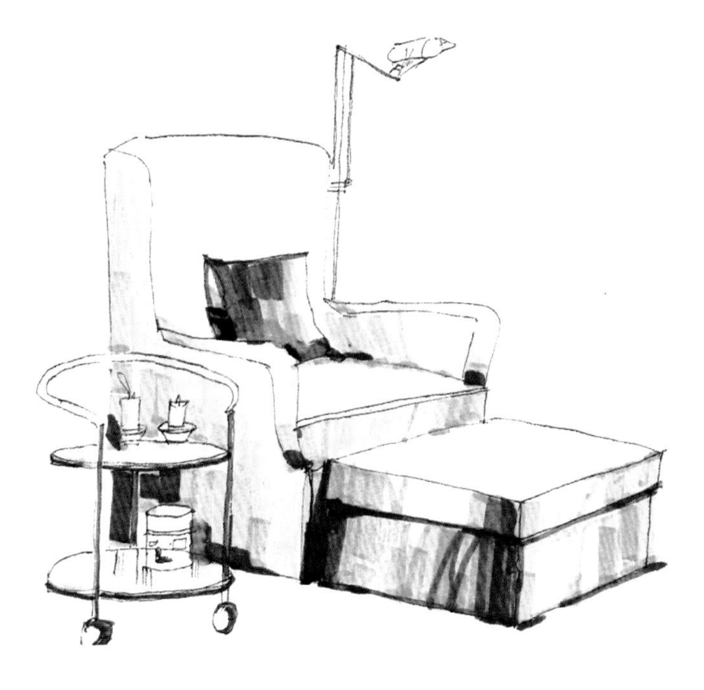

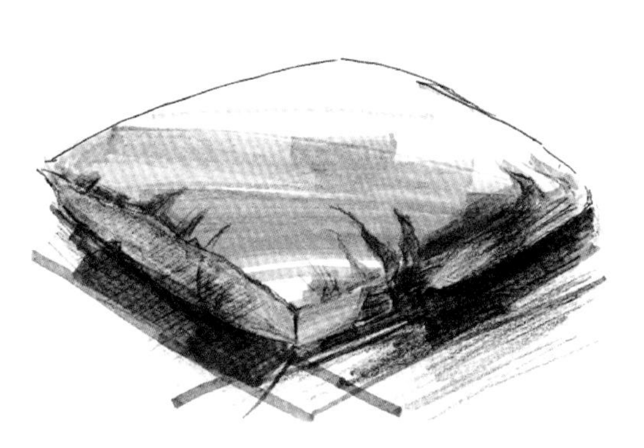

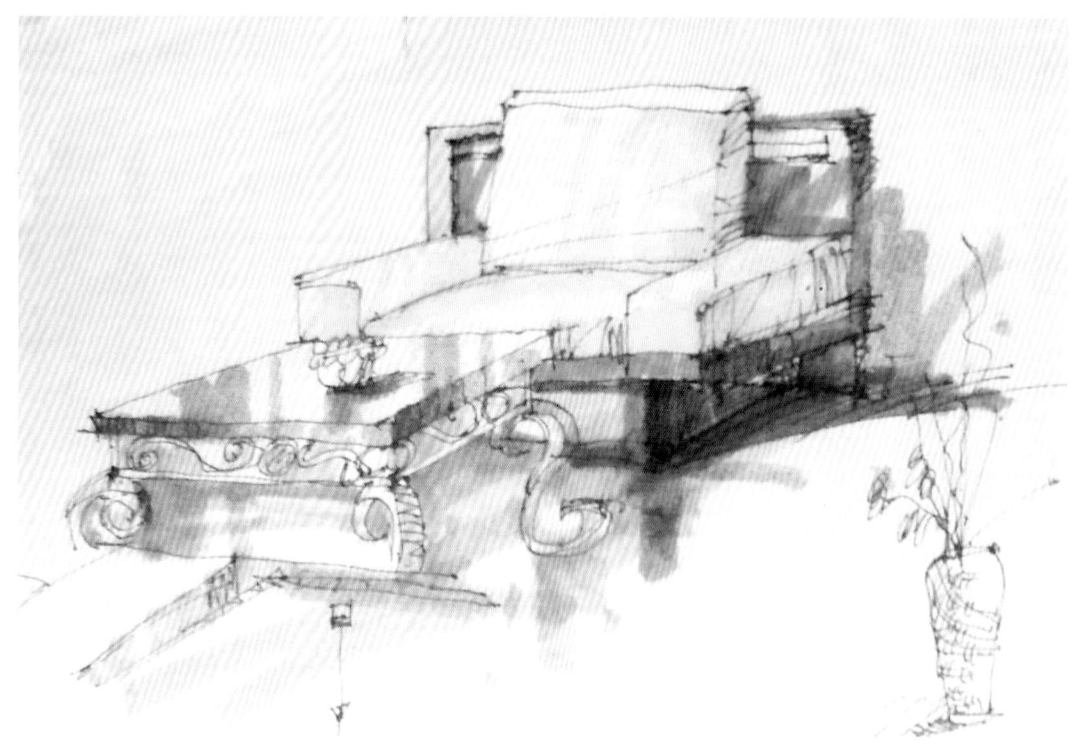

三、灯具的透视画法

四、绿化与装饰杂件的透视画法

绿化与装饰杂件内容很多，对空间有重要的柔化作用，是画面中不可缺少的元素。这些构件在透视中不必用透视法求得，绘制时可根据画面效果与意境酌情添加。(见下页图)

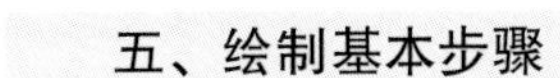

五、绘制基本步骤

1. 细致勾画透视墨线底稿

根据透视法画出透视墨线底稿。为了准确反映空间进深，理想的视角应当让家具的放置相互遮挡、高低错落，以产生空间的纵深感。灯、饰品、绿化都要统筹安排到位，构建平衡有节奏的画面场景。结构线要准确肯定，装饰线轻松流畅，关注材质的表现。(见右图)

2. 马克笔上色

依据马克笔的特点，空出受光面，明暗处理时常用同一色系叠加，落笔从中间色开始，笔触间有透气，不可满涂。大笔触铺设大面虚实关系。(见下图)

3. 细节刻画

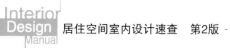

结合彩铅褪晕过渡，丰富细节肌理，加强光感。小笔触勾画细节，加强阴影暗部层次，使画面和谐统一又不乏对比。(见下图)

六、学生临摹作业中的常见弊病

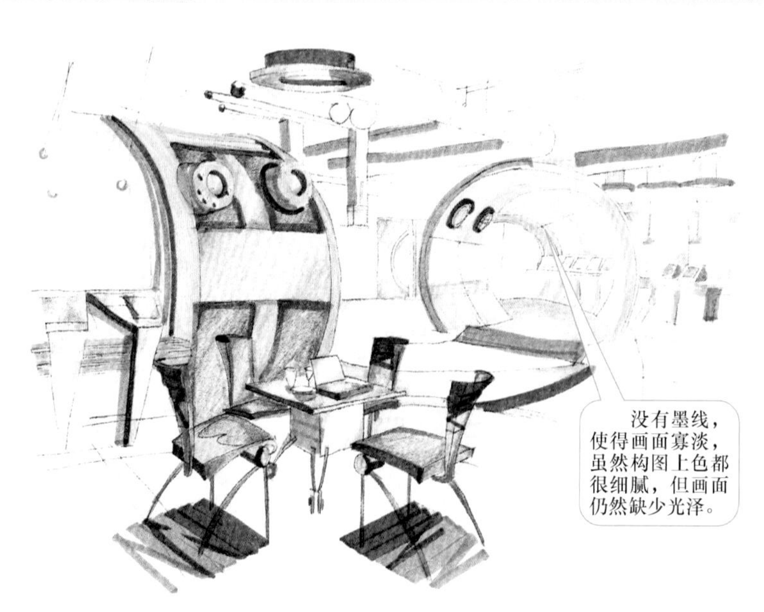

没有墨线，使得画面寡淡，虽然构图上色都很细腻，但画面仍然缺少光泽。

离视点较近的物体往往由于透视变形过于夸张而不符合习惯的视觉感受，这样的物体不宜表现出来，否则会影响整个画面的真实感。

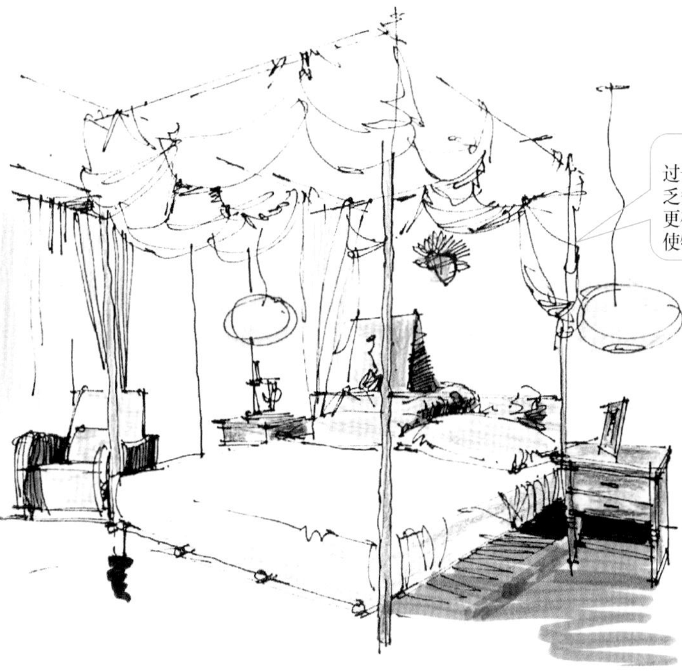

线条轻松自信，但过于草率，使得画面缺乏安定感。上色还可以更确定些，多两个层次，使物体体积感更强。

相对的对称能够产生美感，但绝对的对称会给人以单调的视觉效果，画面也会显得死板。

画面没有对比色，色彩缺乏趣味。每幅效果图都需要有一个统一的色调，还有少量对比色的介入能在统一色调中求得变化，才能满足视觉审美的需求。

总之，手绘效果图绘图能力的提高，必须在正确方法下，经过一定量的训练，才能达到应有的效果。学无止境勤为径。如果一定要找捷径，那就是用心，多看、多想、多问“为什么?”，每找到一次答案就会前进一步。

Interior
Design
Manual

第三篇
实战速查

第五章　居住空间室内设计步骤

第一节　项目流程表及详解

一、项目流程表

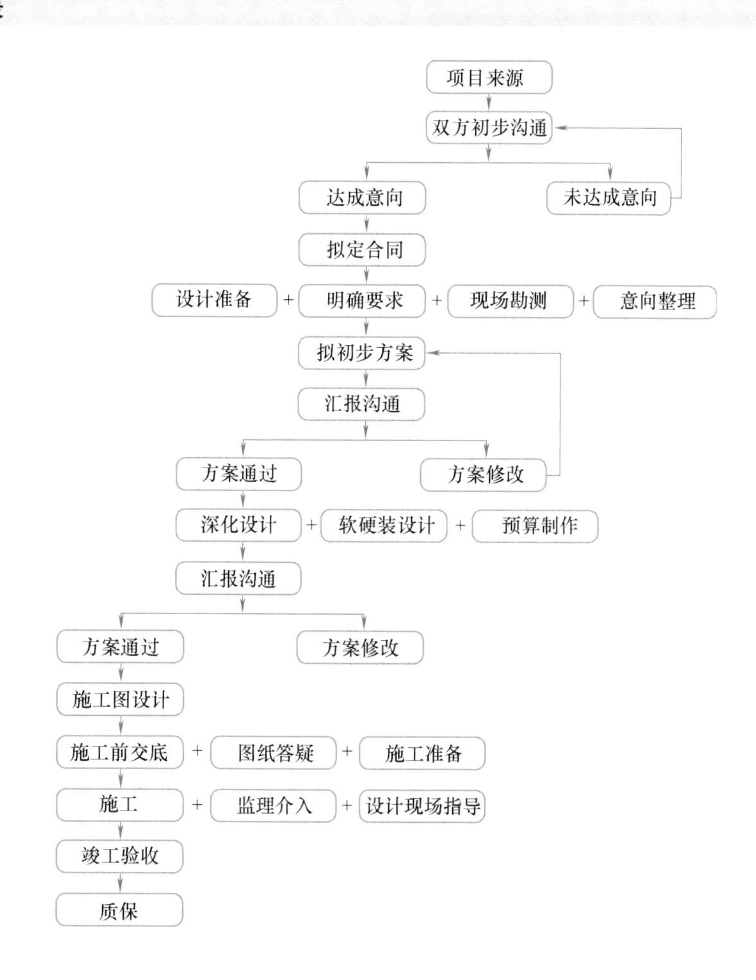

二、项目流程详解

一个完整的项目有几个独立而明确的阶段：前期准备阶段、方案设计阶段、深化设计阶段、施工图设计阶段、施工阶段（或合同实施阶段）、竣工验收阶段、质保阶段。任务的规模和类型将决定每一阶段客户和设计师的关系，但是每一阶段的基本目的总是不变的。

（一）前期准备阶段

这一阶段将明确项目内容，客户与设计师签订初期合同。

设计师拿到一个设计任务后，先要与客户进行沟通，与客户初步讨论后决定接下来工作的大致方向。设计师将知道所要做的工作类型、客户的喜好和倾向、预算、合同条款以及其他的可能性，也将发现在项目中会涉及哪些专业人员的配合。

当决定与客户合作时，应签订合同，合同中要体现客户的设计目标、现场要求和设计师所需提供的服务，还应该包括工作合同条款和付款时间表。一旦客户签署了，这就成为客户和设计师间的初期合同。这份合同将贯穿方案设计阶段（或初步设计阶段）和设计深化阶段。

（二）方案设计阶段

这一阶段将明确设计任务和要求，对项目现场进行实地勘测（即量房），包括建筑结构，功能布局，交通流线，已有的室内固定家具、照明设备、门窗、水电等情况。必要时可以跟相关专业技术人员交流所有的专业技术资料。在这一阶段还要进行产品调研，包括寻找适合于项目规格与要求的家具、设备、织物和材料等。

此外，还要在前期调研工作的基础上进行分析和总结，给出初步概念设计，作出项目评估、初步草图、分析图（包括空间分析、功能分析、交通分析等）、材料样板、色彩搭配方案，及时与客户沟通，不断调整设计思路和方向，得到审核和认可。

（三）深化设计阶段

初步工作被客户认可后，就可以进入深化设计阶段了。在这一阶段，软装设计也需要介入。除了绘制图样（包括平面布置图、顶面设计图、立面图和效果图等必要的能表达方案的图样）外，还要列出要购买产品的详细清单，并且编写说明书。

要制订项目大概费用的详细报价，包括家具和装饰材料，并且核查可行性。同时，应该确定项目所需软装饰品和其他物品的数量。此外，还要着手审查有关运输和其他安装的费用与期限。在这一阶段，要详细说明付款条件。在进入下一个阶段前，必须收到并用文件证实客户关于深化设计提议的正式批复。

（四）施工图设计阶段

在这个阶段，设计师需要依据之前的深化设计方案进行落实操作，将深化设计方案转化为标准的施工图，以便施工方进行施工。

一套完整的施工图纸应包含图纸封面、图纸目录、材料表、原始建筑平面图、隔墙尺寸平面图、家具布置平面图、顶面图、顶棚灯具平面图、地面铺装图、机电开关平面图、插座点位平面图、给排水及暖气点位平面图、空调位置参考平面图、立面指向平面图、艺术品陈设平面图、立面图、节点大样图等。

这套施工图为设计方案最终落实提供依据，也是最终呈现设计效果的保证，设计师务必以严谨细致的态度对待。

（五）施工阶段

施工方案确认后，即可进入施工阶段。在施工阶段开始前，设计师应与施工方进行方案交底对接，将设计意图与注意事项与施工方进行全面沟通，并对图样进行解释。施工方依据最终施工图进行施工。施工期间，设计师应到工地进行现场指导，避免由于施工方对施工图误解产生额外损失。施工期间除业主、施工方外，还应配备施工监理人员，全程把控施工进程与质量。

（六）竣工验收阶段

施工完成后，进入竣工验收阶段。业主、施工方和监理方同时到项目现场，对施工完成的成果进行验收。如出现施工不到位或质量问题，可提出整改要求，施工方应配合要求尽快完成整改工作，以确保项目竣工。

（七）质保阶段

项目竣工后，整个流程仍没有完结，而是进入质保阶段。在约定的质保期限内，施工方对项目负有维修责任。一旦出现质量问题，施工方应依约进行后续维修工作，直至质保期结束。

第二节　实战案例

实战案例一：光之住宅

设计理念：真正的设计，不只是设计装饰外观，更是根据实用需求，去除一切没有意义的元素。换言之，真正的设计，是在“设计”人的感受。

一、项目概况

项目地点：厦门

设计时间：2016 年

设计公司：白书（上海）文化创意有限公司

建筑面积：103m^2

光之住宅

二、案例情景分析

本案例业主也是本案的设计师。作为建筑设计之家，业主希望能够在日常的居住中去体验生活，而不只是为了填充房屋的功能而设计。因为不想空间显得闭塞、拥挤，所以增大了公共活动空间；因为特别喜欢庭院，所以在几个空间中特意营造出室外庭院感。保留两个阳台，同时将客厅的阳台打造成户外庭院。特别值得一提的是，将原本几个房间里无法利用的空间与走廊结合在一起，打造出一个室内的中庭——光之中庭。这也是本案例的精彩之处：利用光影与镜面、通体的吊顶等视觉延伸手法进一步增强空间感，将普通的平层住宅打造得如同别墅一般精致。

1. 改造前

这套标准的三室两厅户型充满了许多看似必要实则多余的走道空间：通往卧室的走廊、主卧与次卧里的走道空间。此外，主卧还包含化妆间与衣帽间，而对业主的日常使用来说，这些属于多余的空间。（见下图）

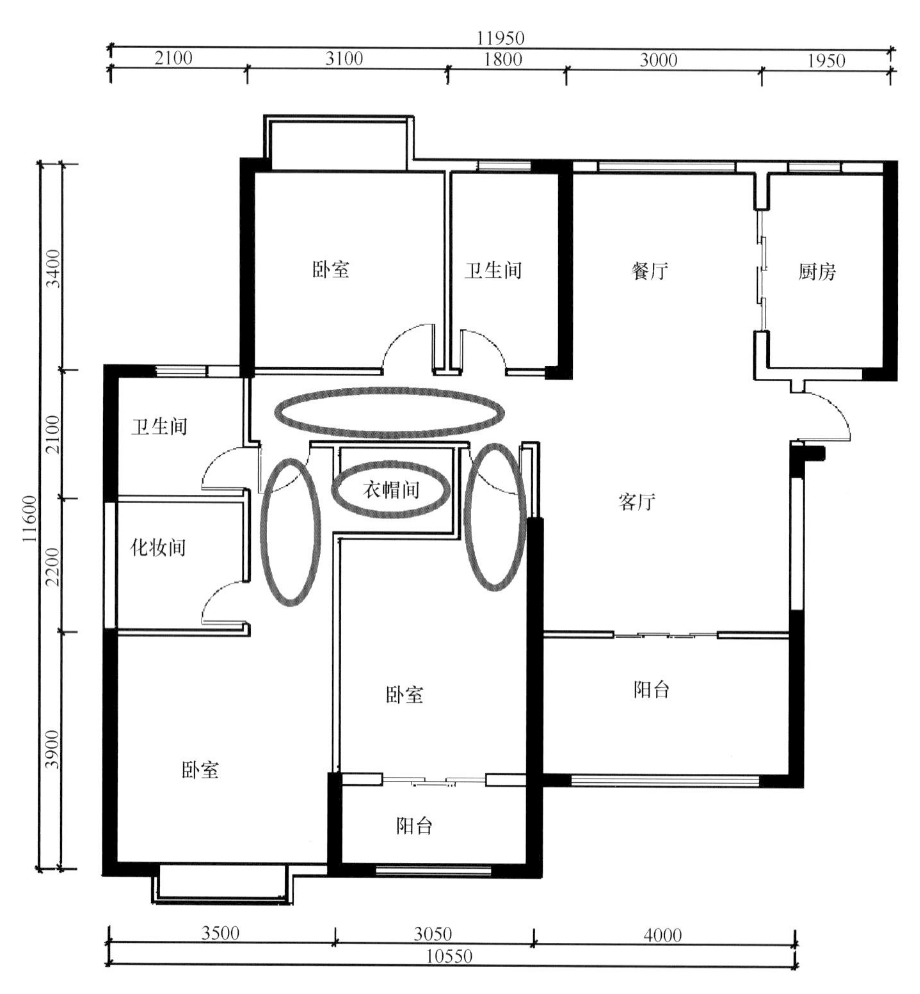

2. 改造后

设计师将空间最大化利用起来，使改造后的功能布局合理且集中。将原衣帽间的几道轻质隔墙敲除，使分散在各个房间的走道区域结合在一起，形成了一个中庭，作为整个住宅的视线与交通枢纽，并注入光的元素，使得本来看似鸡肋的走廊空间变成了全屋亮点：光之中庭。（见下页图）

三、空间的表达

（一）客厅

我们绝大部分感官讯息都是通过视觉传达的，而视觉的传播媒介就是光。

光是我们能看见一切的最必要的存在，而灯只是在室内用于发光的载体，是不必要的存在。因此，客厅的顶面注重打造一个看得见光，而不是看得见灯的空间。（见下页图）

（二）餐厅

餐厅在功能上与客厅保持整体性，吊顶的设计延续了客厅吊顶的三个层次，形成一个视线贯通的整体。（见下图）

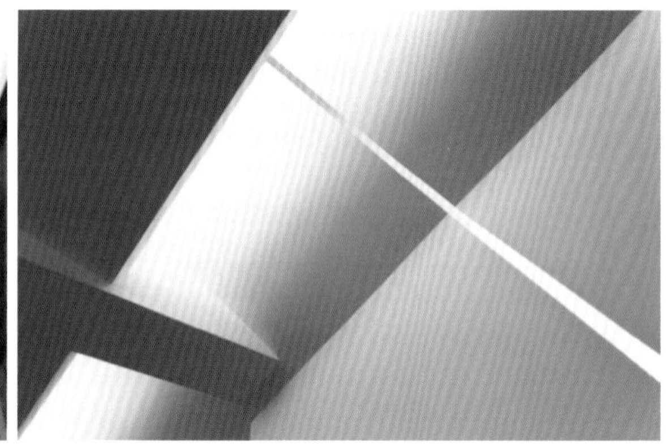

在餐厅的灯光设计上，业主想要让墙壁里透出光来，寓意是：“神”从狭缝中传递过来的一丝灵感顿悟。于是，墙壁上开凿出一道缝隙，内部隐藏着 LED 灯带。从色温的角度考虑，业主喜欢阳光的感觉，偏向暖白光，所以选用色温 4000K 的灯具。

（三）卫生间

卫生间在功能上采用“干湿分离”的布局方式。在材料的选择上，墙面采用费罗娜水泥墙砖，这种材料在灯光作用下会呈现出不一样的肌理，具有清水混凝土的质感而且手感佳；洗脸台采用水泥板涂刷清漆；淋浴区域采用仿石材的文化砖，与其他地面区分开来；镜子采用自带 LED 灯带的镜面，开关位于卫浴墙面的中间位置，便于使用。（见下页图）

（四）光之中庭

从平面上可以看出，设计师将原来的交通空间加以整合后呈现出本案的亮点：光之中庭。

在圆弧穹顶的正中央，一片白色透亮的光均匀地洒了下来。在穹顶下方的走道中央，用玻璃围合成一个展览空间，里面可以放置展品，成为整个房屋的精神空间。

在展览空间对面的立体墙上设计一个大型书柜，书柜中间设计成拱门的形状，呼应上方的拱券吊顶。拱门上镶嵌一面镜子，利用镜面反射使得空间显得更加深远。（见下图）

利用视觉延伸原理，中庭共采用四片玻璃，灯光的设计上包括顶面的灯膜、墙壁上的壁灯，再借一点来自客厅的灯光，通过不同角度的反射、交织，形成意想不到的景象，令空间层次丰富，移步换景。

四片玻璃围合的内部采用与主地面的木地板不一样的材质——仿水泥地砖，为的是营造出内部庭院的室外感。

将瓷砖切割成300mm×300mm，其中一片去除，放入白石子，上面摆上陶罐，营造出枯山水的禅意

境界。(见下图)

(五) 主卧室

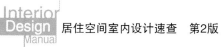

典型的新日式风格，地面采用木地板，并摆放低矮的家具。在材料的选择上，墙面用简洁的木饰面装饰；板与板之间留一道自然的分隔缝，下方设置灯槽，可以在里面摆放装饰物或者日用品。(见下图)

卧室的照明设计中，筒灯为主光源，加上隐藏在吊顶的LED灯带与之配合，可应对不同的使用需求。侧面的壁灯服务于主卧入口的玄关空间。

（六）厨房

厨房的墙面选用容易擦洗且有清水混凝土质感的瓷砖；水槽采用石英石材质，与白色的石英石台面融为一体；集成吊顶滚涂哑光白漆，不作抛光。（见下图）

（七）细部赏析

窗帘盒子采用斜角交接，过渡更自然，不会突兀；白色的吊顶在上方显得轻盈。（见下图左）

曲面与梁、墙面交接，形成立体艺术构成，致敬意大利建筑师卡洛·斯卡帕。（见下图中）

书房入口玄关处的造型壁龛，既解决了房间照明的开关面板的装设位置问题，又可以存放临时取用的物件。（见下图右）

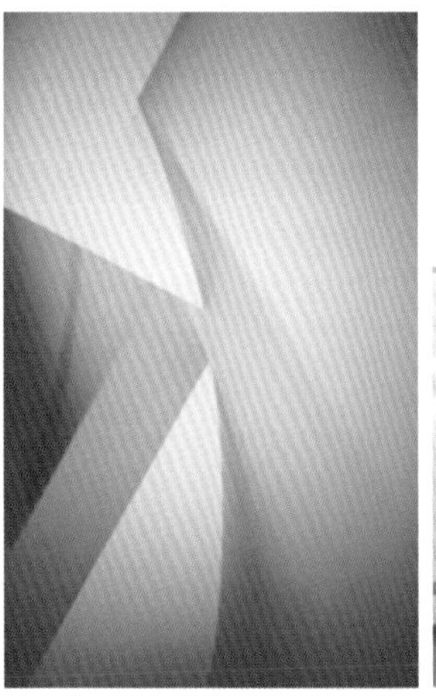

下图中层叠形状的细部并不是一开始就设计的，而是在施工过程中发现该处墙体正好处于剪力墙（200mm厚的承重墙）与轻质隔墙（100mm厚）相互交接的部位，形成一个缺口。为了补上这个缺口才

设计了该元素。因此，这一细节的设计首先带着功能使命，其次也是兼顾艺术性而自然形成的亮点。（见下图）

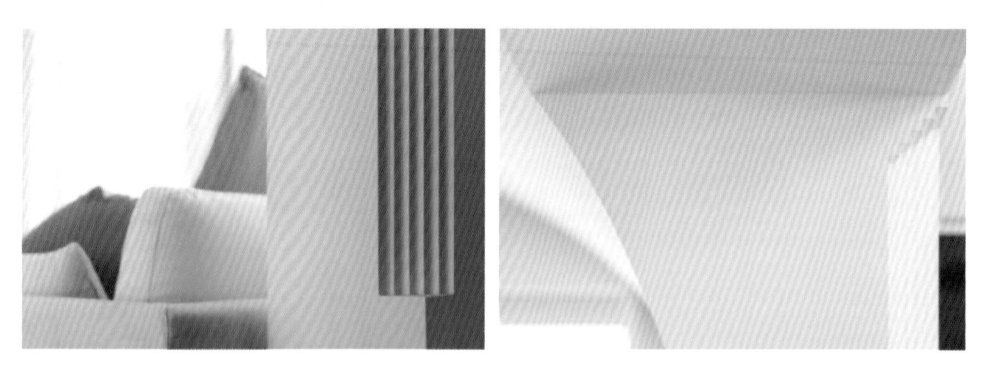

设计师在软装搭配上的原则是：一切装饰皆以用为主，不是必须存在的皆去除。一张木桌，几个蒲团，棉麻的桌布，花瓶里的折枝，背后柔和的光线……只需少许禅意的装饰，即可获得最大的意境。（见下图）

对话设计师

1. 是什么给您灵感，设计出这个作品？

我本身是建筑设计师又是小说家，设计的思维都是考虑使用者的最直接感受。光是设计师擅长运用的元素，而且是灵活的，只是生活中大家习惯了光，已经忘记了如何运用。只要能善用光这个元素，就能改变人的视觉感受。在建筑与室内装修上，可以运用这个原理，让格调品质提升，从而不需要花大价钱购买一些昂贵的装饰材料。

2. 您认为这个作品最成功的地方在哪里，为什么？

我最满意的地方是客厅餐厅的吊顶运用和光之中庭的打造。

这本是一个再普通不过的三居室户型，但是我通过运用通体连贯的曲线吊顶，让本来不大的空间变得宽敞。虽然只是纯白色的空间，但却不会单调，结合光影，变化丰富，更营造出了本次设计最大的亮点——光之中庭。

3. 这次设计中对您来说最大的挑战是什么？

最大的挑战是制作承载光的曲面吊顶、中庭的穹顶。因为光是最直接的，假如曲面做不好，在光照下，问题一下子就会暴露出来。

4. 回头再看整个设计过程，您感觉还有哪些可以改善的地方？

有些使用需求最初没有想到，不过之后还是可以添加上的，比如消毒碗柜之类的；还有一些智能设备。这些是未来生活中可以慢慢添置的。

实战案例二：马来西亚智能住宅

一、项目概况

项目地点：马来西亚

设计时间：2016 年

设计公司：上海逸民智能化工程有限公司

二、案例情景分析

为了给该住宅样板房提供一套智能家居解决方案，该项目主要从以下方面着手：

（一）语音智能交互

通过机器人实现实时语音互动，还可以根据业主需求进行个性化定制。

（二）安防新理念

全屋布局多种传感器，结合先进的视频处理能力，可以帮助业主排除多余的信息，以最稳妥、传达最高效的方式，提供全时段安防保护。（见下图）

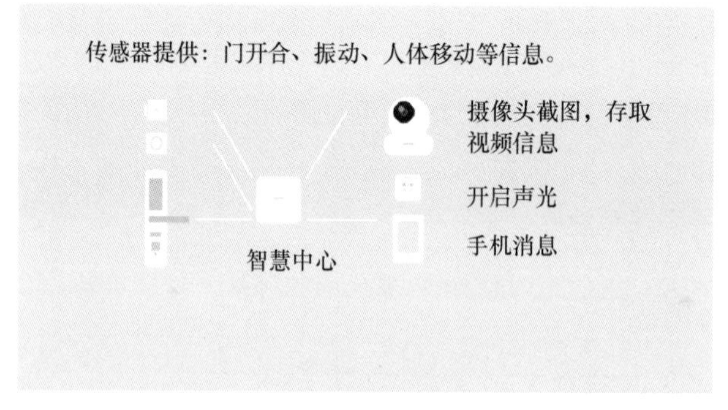

（三）稳定的室内环境

通过空调恒温、湿度控制、空气净化三个方面提供舒适的室内环境。

（四）灯光管理

通过定义全屋亮度、氛围色彩和智能灯光实现不同的场景。每天早晨离开家时，灯光会自动熄灭；回到家时，灯光会变成温暖的颜色欢迎主人；而在工作室里，灯光又保持明亮而冷静的色彩。（见右图）

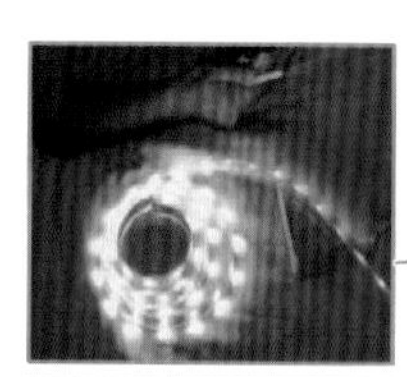

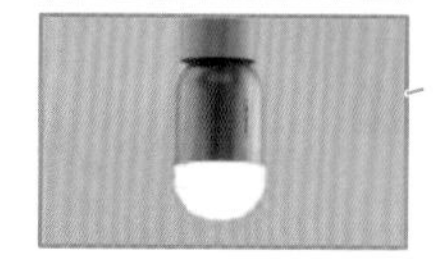

（五）魔镜健康助手

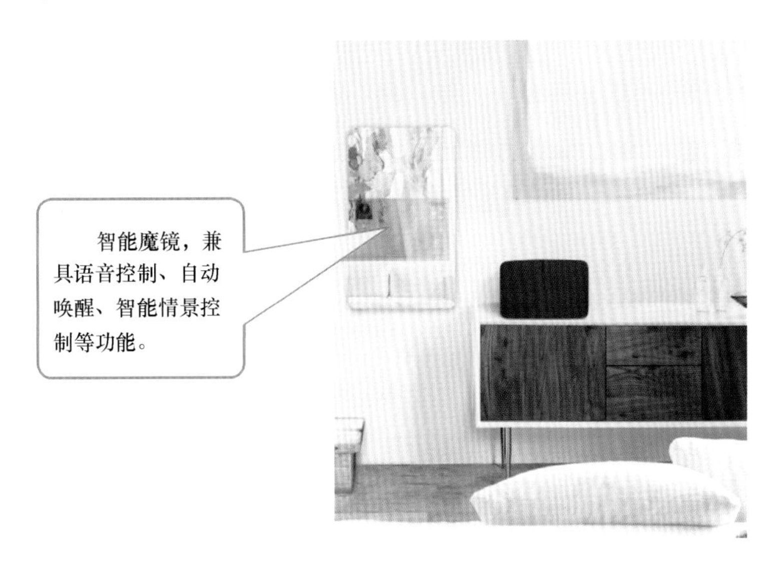

智能魔镜，兼具语音控制、自动唤醒、智能情景控制等功能。

（六）窗帘及窗户自动化

通过自动化窗帘机，管理室内光线环境。
推窗器适用于推拉窗户，可以控制窗户自动开合，实现特定场景功能，如燃气泄漏开窗、天气变差关窗等。

（七）舒适节能

对全屋进行能耗监控、智能逻辑分析、多方案节能控制。

（八）娱乐系统管理

对家中影音设备和系统进行操控，轻松进入观影模式，并可与其他智能设备进行智能情景联动，带来轻松愉快的影音享受。

三、智能家居方案在室内空间中的运用

（一）玄关

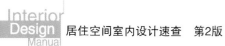

流光开关：按键式智能开关，可以控制灯光或者其他相关联设备的开关。1600万色流光带，可以根据喜好进行个性化设置。
配备摄像头的智能可视门锁：补全传统门锁在传递图像信息方面的缺失。
多功能门禁感应器：实时反映门窗的开关状态。通过联动，可以实现开门自动拍照、开灯等功能。
高清无线摄像头：无论身在何处，都可以通过手机了解家中的情况。通过联动，可实现家中异动拍照。

（二）厨房

采用智能灯泡，可根据喜好进行色彩设置，实现定时开关、天黑自动亮起等智能情景联动。

可检测燃气、甲醛等气体浓度。当气体浓度异常时，可通过APP向用户发送警报。

（三）卧室

可以通过开关或APP控制窗帘的开合，也可以根据时间、光照等条件实线窗帘智能控制。

可与其他设备进行联动，实现移动开灯、起床开夜灯等智能联动。

（四）卫生间

可以感应到监控区域内是否有人，可调节警报持续时间。可实现有人走过自动开灯、自动拍照等功能。

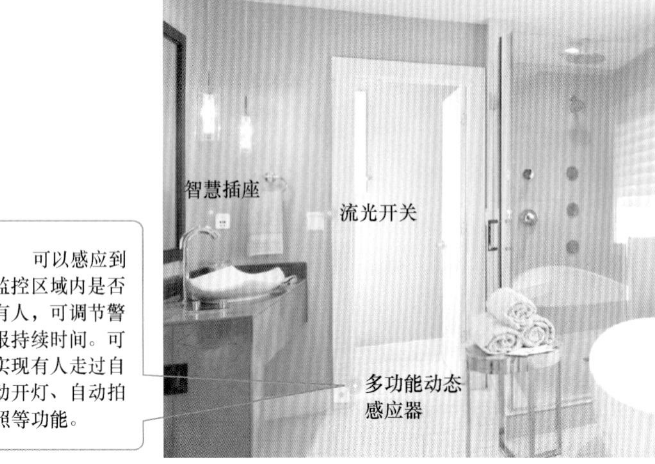

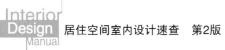

第六章　居住空间室内设计任务书及实施细则

第一节　居住空间室内设计任务书

一、作业的要求及目的

（1）学习如何分析居住对象的生活方式、性格特点、职业特点及特殊生活习惯。

（2）了解并妥善地解决本设计中有关家庭生活及工作的各项功能使用问题。

（3）学习室内设计的程序及其主要内容。

（4）提高设计能力，掌握居住空间室内设计的方法及内涵，培养独立工作能力及团队合作精神。

（5）开阔眼界，学习优秀的公寓、别墅等生活空间的设计手法，并初步学会灵活运用。

（6）了解基本建筑材料的性能、特点及价格。

（7）巩固设计制图及方案表达的手法。

二、设计任务书一：别墅室内设计

1. 居住对象

居住对象为一户五口之家：一对年轻夫妇，下有一个小孩，外公和外婆与其同住。

2. 生活方式

（1）女儿：10 岁，小学四年级，喜爱粉红色、卡通片、森林、幻想。

（2）男主人：40 岁，某公司高级主管。喜爱运动、自行车、新闻和时尚。性格开朗、疯狂、别出心裁。精细、讲求生活质量，带有浓厚的小资情调。喜欢读书和音乐，酷爱大都市。

（3）女主人：37 岁，某大学计算机辅助制图课教师。喜欢安静的生活，性格内向、不善交际、不拘小节。不喜欢看书，喜欢连续剧和乡村生活，酷爱园艺。

（4）外婆：60 岁，患风湿病，喜爱读书。

（5）外公：70 岁，退休，原国家公务员，喜爱植物、昆虫标本，写过一本关于蝴蝶的书。

3. 主要功能要求

（1）玄关：进入居室时停留更衣。

（2）卫生间：满足各层家庭成员及访客的需要。

（3）起居室：接待访客及家庭活动。

（4）餐厅：至少满足家庭成员共同用餐需求。

（5）厨房：满足家庭或好友聚会时的烹饪需求。

（6）卧室：满足所有家庭成员睡眠、休息的需要。

（7）车库：考虑工具的放置及洗车龙头（此项也可不选）。

（8）家庭视听室：满足简单的视听需求（此项也可不选）。

（9）客房：考虑朋友留宿（此项也可不选）。

（10）洗衣房：洗衣及晾晒衣服（此项也可不选）。

（11）其他：根据不同需要可以自行增加特殊功能区域或独立房间。

4. 基地图

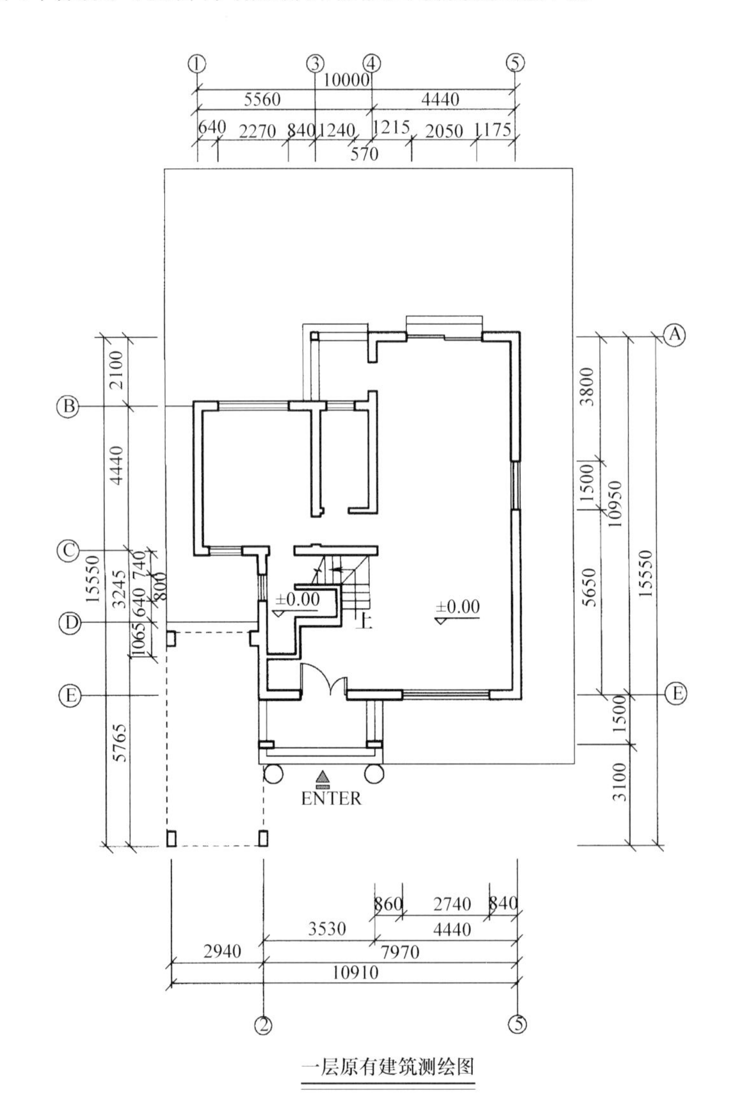

一层原有建筑测绘图

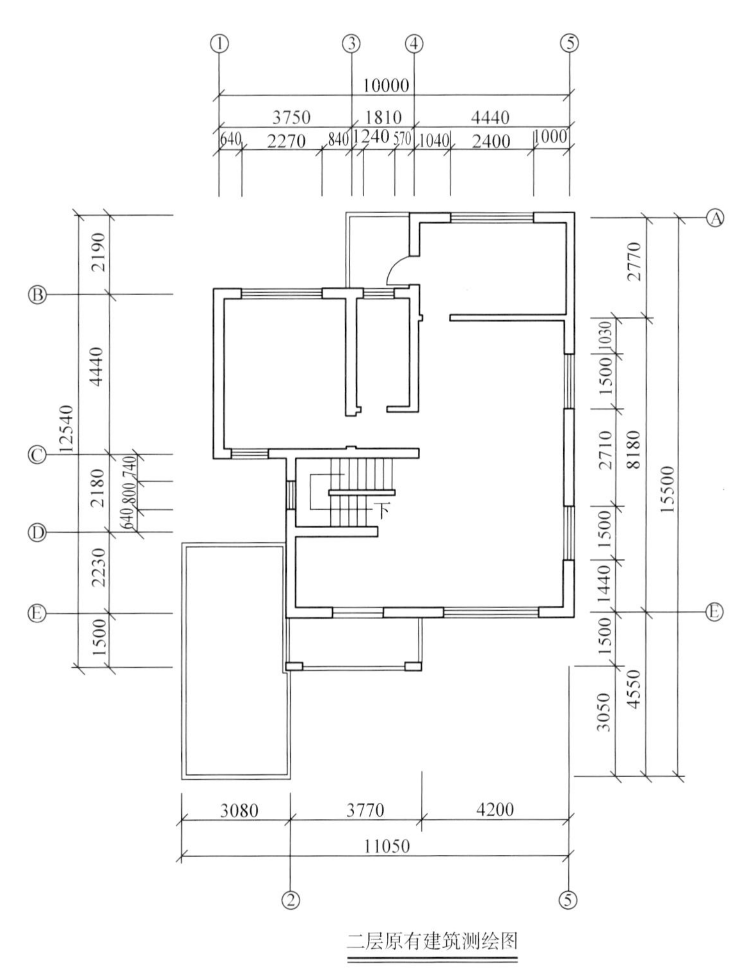

二层原有建筑测绘图

三、设计任务书二：LOFT 设计

1. 作业内容

进行自我创意塑造，将一座旧厂房的局部改造成“我和朋友们的家和工作室。”

2. 关于 LOFT

（1）概念：LOFT 在牛津词典上的解释是“在屋顶之下存放东西的阁楼”。但现在 LOFT 指的是由旧工厂或旧仓库改造而成的，少有内墙隔断的高挑开敞空间，这个含义诞生于纽约 SOHO 区。LOFT 具有流动性、开发性、透明性、艺术性等特征。在 20 世纪 90 年代以后，LOFT 成为一种席卷全球的艺术时尚。如果说 LOFT 的诞生是源于贫困潦倒的艺术家们变废为宝，那么今天作为一种生活方式或者时尚潮流的 LOFT 已经完全演变成一种炫耀性消费。

（2）起源：20 世纪 40 年代，LOFT 这种居住生活方式首次在美国纽约出现。当时，艺术家与设计师们利用废弃的工业厂房，从中分隔出居住、工作、社交、娱乐、收藏等空间，构造各种生活方式，创作行为艺术，或者举办作品展，淋漓酣畅，快意人生。这些厂房后来变成了最具个性、最前卫、最受年轻人青睐的地方。在20世纪末，LOFT这种工业化和后现代主义完美碰撞的艺术，逐渐演化成了一种时尚的居住与工作方式，并且在全球广为流传。

（3）要素：LOFT的定义要素主要包括高大而开敞的空间、上下双层的复式结构、类似戏剧舞台效果的楼梯和横梁；流动性，户型内无障碍；透明性，减少私密程度；开放性，户型间全方位组合；艺术性，通常由业主自行决定所有风格和格局。

（4）居住方式：LOFT的空间具有非常大的灵活性，人们可以随心所欲地创造自己梦想中的家、梦想中的生活，丝毫不会被已有的机构或构件所制约。人们可以让空间完全开放，也可以将它分隔，从而使它蕴含个性化的审美情趣。从此，粗糙的柱壁、灰暗的水泥地面、裸露的钢结构就脱离了旧仓库的代名词。一间间其貌不扬的旧式厂房里，一股新的气息正在涌动，这就是LOFT生活。LOFT象征着先锋艺术和艺术家的生活和创作，它对花园洋房这样的传统居住观念提出了挑战。对现代城市有关工作、居住分区的概念提出挑战。工作和居住不必分离，可以发生在同一个大空间中，厂房和住宅之间出现了部分重叠。LOFT生活方式使居住者即使身处繁华的都市，也能感受到身处郊野时的不羁和自由。

（5）经典LOFT：SOHO区全是上了年头的老建筑，而且建筑风格几乎一模一样：大方块状的几何体、红砖外墙、老式防火梯、又黑又旧的水塔……这里以前是囤积纺织品的仓库区，所以这些建筑根本不是为了审美而设计的，它唯一给人的感受就是高大、宽敞、结实。贫穷艺术家通常的做法是：把建筑里大开间或者挑空的部分设计成工作的区域，然后在空间中的某一局部搭建出阁楼用以居住，这就是LOFT的雏形。家具也许是捡来的，所以得用花布遮住破损的地方，花布是隔壁作坊自制的，所以看上去很独特；房间中的墙壁很厚很结实，而且面积很大，钉一些隔板就可以放东西；将所有的墙壁用水泥抹平实在是没必要，粉刷一下就可以了……因为这些建筑在设计之初，根本就没考虑过采光的问题，而且即使有巨大的窗户，窗外也没有风景可言，所以墙壁被涂上灿烂的颜色，巨大、夸张、明亮的工业照明设备经过改造被继续使用。为了生活，艺术家们把这些建筑的一层临街的房间改造成商店，出售自己的作品。他们没有多余的钱去装修如此巨大的房间，于是这种工业建筑本身的特征被充分地裸露在外面，与橱窗和商品之间产生了巨大的视觉反差，这种视觉矛盾产生了令人好奇的效果。

3. 生活方式的研究

（1）“我们”的个性研究。

（2）“我们”的职业特点。

（3）“我们”的生活习惯。

4. 主要功能要求

（1）入口：可以根据平面布局需要自行决定入口位置。

（2）玄关：进入居室时停留更衣。

（3）卫生间：满足各层“家庭”成员及访客的需要。

（4）客厅：接待访客及“家庭”活动。

（5）餐厅：至少满足“家庭”成员共同用餐。

（6）厨房：满足家庭或好友聚会时的烹饪需求。

（7）工作室：满足所有“家庭”成员工作的需要或学习的需要。

（8）卧室：满足所有“家庭”成员睡眠、休息的需要。

（9）庭院：可以设置在入口或建筑内部（此项也可不选）。

（10）车库：考虑工具的放置及洗车龙头（此项也可不选）。

（11）家庭视听室：满足简单的视听需求（此项也可不选）。

（12）客房：考虑朋友留宿（此项也可不选）。

（13）洗衣房：洗衣及晾晒衣服（此项也可不选）。

（14）其他：根据不同需要可以自行增加特殊功能区域或独立房间。

5. 基地图

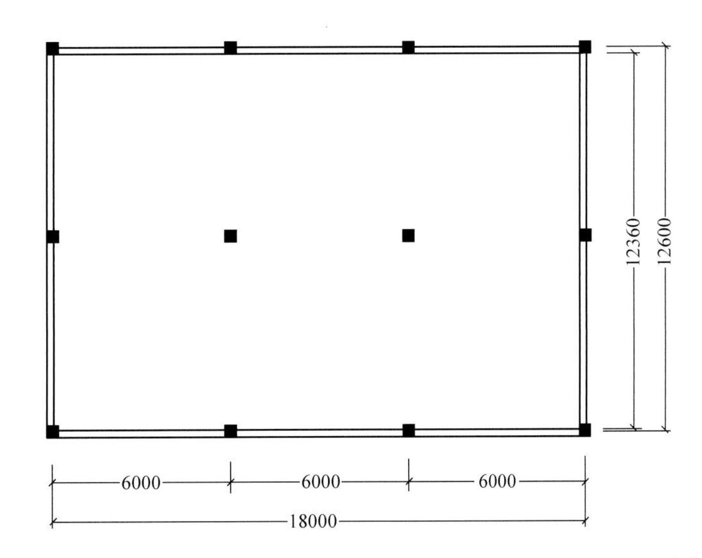

注：该厂房为平顶厂房，建筑净高为6600，梁高600。一层窗台高900，窗高1500；二层窗台高3900，窗高1500。

6. 所需材料

拷贝纸、坐标纸、白卡纸、厚卡纸、比例尺、铅笔、橡皮、针管笔、一字尺、图板、裁纸刀、彩色铅笔、马克笔等。

7. 图样的数量及要求

（1）平面图：内容包括家具、设备、房间名称、标高、剖立面位置。

（2）顶面图：内容包括灯具、顶面材料、标高。

（3）地面铺装图：内容包括地面标高、材料、铺设方法，特殊的地面需精确到每块砖木。

（4）立面图或立面展开图：标注材料、做法及精确尺寸。

（5）剖面图：除立面图的要求外，还要绘制出建筑墙体、楼地面、隔层结构和所剖切到的室内、装饰结构。

（6）透视图。

8. 作业程序及阶段安排

（1）第一阶段：模拟设计师和业主的对话，得出业主生活成员的数量、生活模式、特点、喜好。

（2）第二阶段：根据第一阶段研究得出设计方向、设计特色、主要问题所在及解决方案等结论，编制设计说明及创意展示板、创意草图。

（3）第三阶段：平面功能确定。在拷贝纸上绘制平面草图，确定风格、流派、色彩、造型并解释原因。

（4）第四阶段：方案整改，绘制方案图。

（5）第五阶段：考虑所使用的建材，制作材料样板图。

（6）第六阶段：绘制正式图样，排版。

（7）第七阶段（可省略）：模型制作，材料统一为厚卡纸。

第二节　居住空间室内设计大作业实施细则

一、设计任务书

（1）按照居住空间室内设计的基本原理，在满足功能的基础上，力求方案有个性、有思想。

（2）分析业主的身份特点，针对居住需求，充分考虑空间的功能分区，组织合理的交通流线。设计中应考虑“家庭”结构变化的影响。

（3）设计要以人体工程学的要求为基础，满足人的行为和心理尺度。

（4）基地图。（见下图）

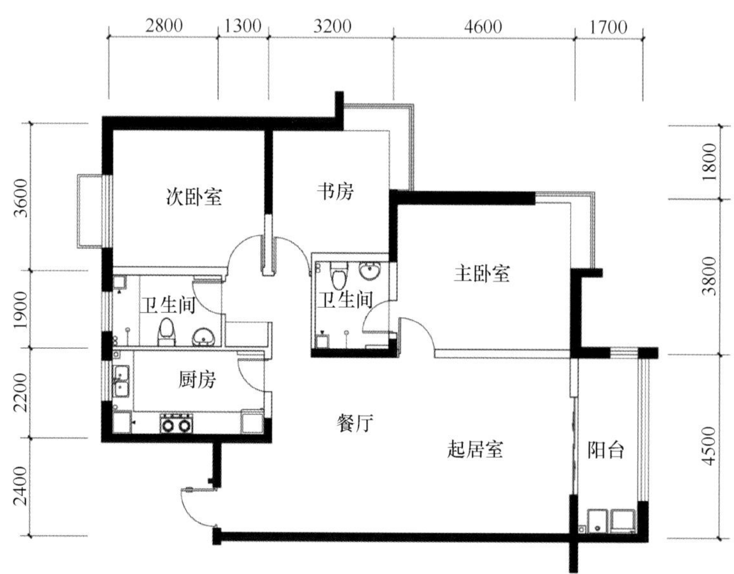

二、设计意向及概念板

室内设计师收集有关客户的需求和生活方式的信息，这一过程一般称为了解（客户的）设计意向；将设计意向进行分析，推导出设计的风格、色彩、肌理和样式，这一过程称为意向的具体化。这就是一个设计的过程：从抽象的灵感到具象的构件。这个过程往往可以用概念板表现出来。概念板按内容可分为三种：

- 第一种：设计意向及灵感的形象化
- 第二种：色彩的搭配与肌理的选择
- 第三种：样板

第一种概念板有助于室内设计师从设计过程的概念转移到设计意向的创作，并提供实用的工作参数。它们像抽象的拼贴画一样被组合在一起，包括杂志剪报、照片和素描，可以描绘出设计师头脑中的设计风格或主题。图像和不同的色彩组合可以取自各种素材，与花园、时尚或食物相关的图像都可以启发灵感，并和客户的喜好心理达成共识。这些内容也可以将纸张、织物样本或植物等肌理融合在一起。（见下图）

第二种概念板比第一种更进一步，需要对色彩及材质进行限定。（见下页图）

色彩与材质是决定室内风格的重要因素，也是决定方案是否可行的关键。

左图中所有的色彩都已经成功地由概念转化为右图的样板图。

根据以上创意的方向，这些色卡展示了一组由单色与相近色组合的暖色系配置，并以此色系来限定墙面、地面、家具及软装饰。

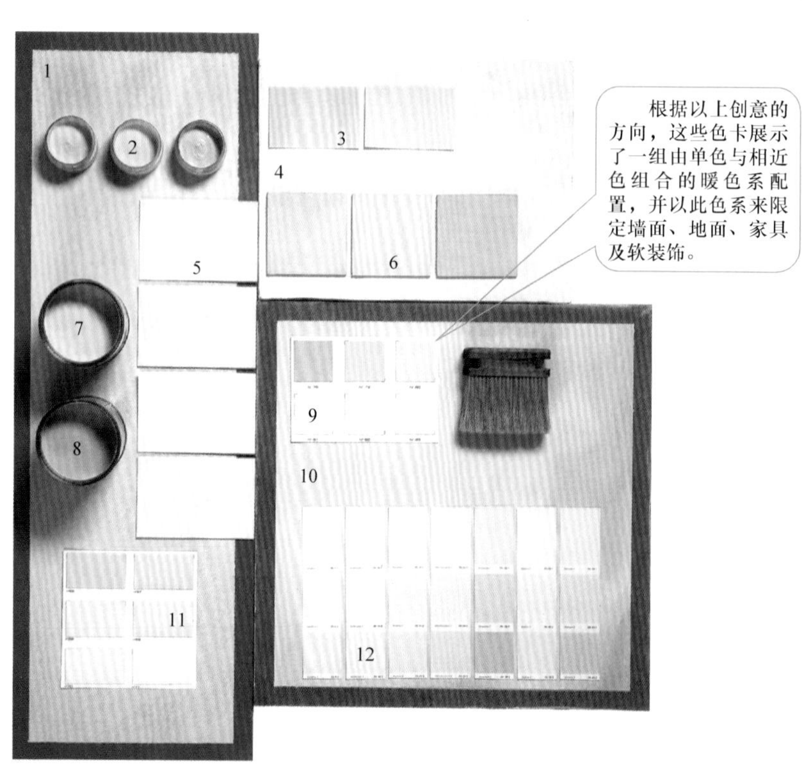

第三种概念板也称为样板，是以上两种的具体化。样板中各物品的摆放与居室的真实情景是一致的。有时候还可以寻找和此项设计相近的室内照片作为辅助说明。（见下图）

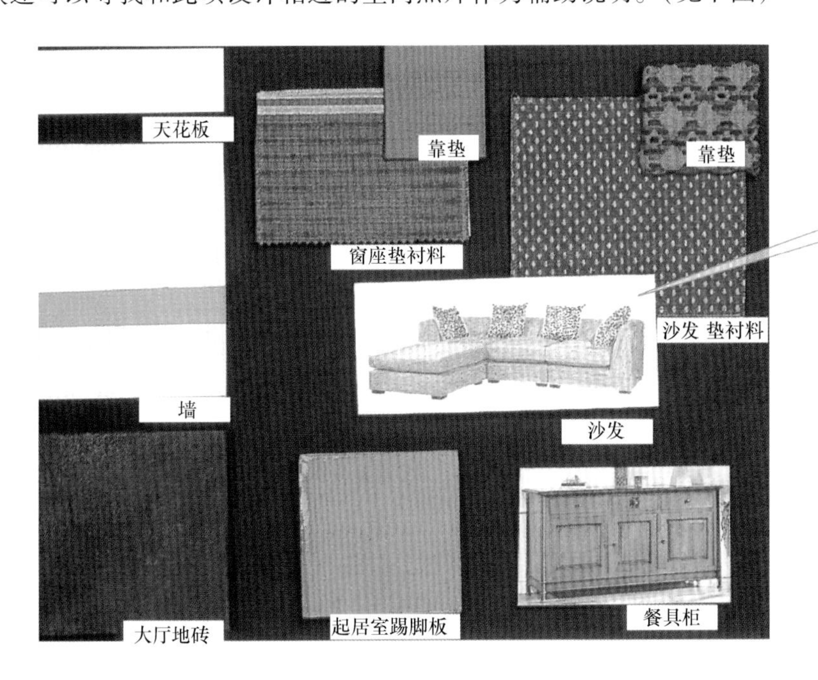

三、设计草图

设计草图表达的是设计师瞬间的灵感。随手的勾画可以汇聚很多灵感，有些灵感具有进一步发展的可能性，而有些灵感在略作分析后，因为不具有实现的可能而只能放弃，视为设计的铺路石。因此，设计过程中的草图是记录设计的过程，并不是设计的最终目的。

初期的构思草图主要用于平面功能布局和空间形态意向的初步设想，供设计师对其可行性作出评估与判断，或者以此类草图为依据，和业主进行沟通来进一步确定方案，所以草图要解决的是比较粗略的设计创意，以确定后续工作的方向。这一阶段的草图往往会在基础平面图上进行勾画，并尽可能提供多种方案进行比较和选择。（见下页图及217页图）

进一步的设计草图主要用于体现造型，也称造型草图。造型草图通常可分为两大类：一类能反映空间形态或立体造型的整体感，一般会以视野范围大的透视为手段，细节往往不作太多体现；另一类则主要刻画某些小造型或细节的做法，绘制出的是特定的局部做法、材料的搭配或交接关系等。

造型草图的绘制手法或深度各有不同，一般以手绘线条为主，可适当辅以颜色强调效果，也可以在图纸上加注一些说明性的文字，便于进一步的理解。

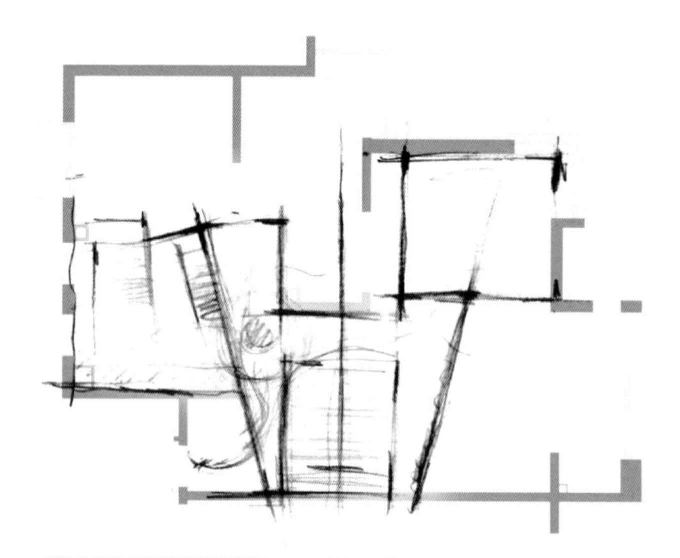

等腰梯形的楔入让空间具有对称性和向心感，斜线增强了视线与动线上的引导，使空间更加活跃。

a) 方案草图A

运用叠合的椭圆组织空间,让主体空间更有凝聚力与中心感，同时不同空间相对独立而又融合在一起。

b) 方案草图B

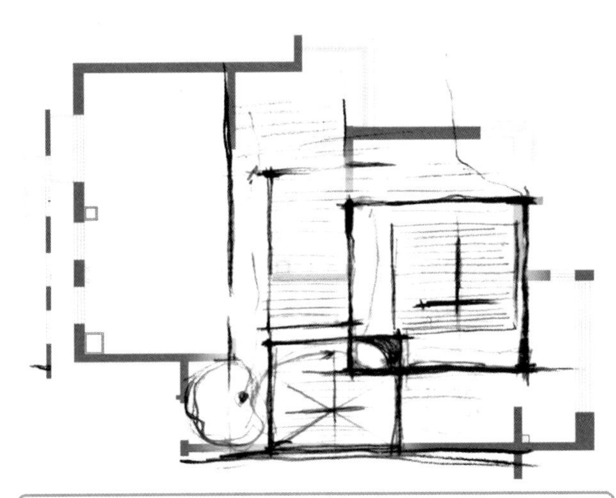

空间方整，以直线作为形式，线条之间纵横交错，和原有墙体融为一体,丰富空间形态。

c) 方案草图C

四、设计分析图

设计分析图反映了设计者对设计中的要素或问题所进行的一系列理性思考和逻辑分析，是解释“设计为什么这么做”所给出的简要回答。设计分析图既是设计师梳理自己设计思路的必要手段，也是直观诠释设计理念的表现方式。

设计分析图虽然是在设计过程中进行绘制和运用的，但经常会在方案表现阶段重新进行整理并表现得较为正式，从而成为方案图中的一部分内容。

从分析的内容上分，室内设计中的设计分析图主要包括功能分区图、空间形态分析图、视线分析图（或景观分析图）等；从绘制的方式上分，设计分析图可以分为徒手绘制的草图和用计算机绘制的正式图。

（一）功能分区图

功能分区图根据项目的性质和要求，从功能布局出发，将各个组成部分进行分类并加以组合，以区域划分的方式进行整体排布，形成空间序列关系，建立一定的逻辑，在设计范围内落实它们的大致位置及相互关系（前后、相邻等）。通常分类的依据是空间的动与静、开放与私密，或者功能性质的不同。功能分区的目的是在设计的初期形成对平面布局的总体控制，使各个区域位置合理，注重它们之间的关联，并避免不必要的干扰。

在设计初期所绘制的功能分区图中，各个区域的轮廓通常会用简练的自由曲线进行围合，看起来有些像充满空间的气泡，所以功能分区图也称为“泡泡图”。“泡泡图”绘制出的类似于自然气泡的图形并不代表空间的具体形态，而只表示某个功能区，空间形态可以在区域定位后再进行塑造。每一个代表区域的“气泡”应该能够和该功能区域的面积大小相接近，这样所有的功能区域便能以“气泡”的形式充满整个设计空间。在绘制各个“气泡”时，彼此间的间隙可以留得比较少一些，虽然在这个阶段不用过多关注这些间隙，但应该清楚它们通常会转化为通道或隔墙（断）等界线。（见下图）

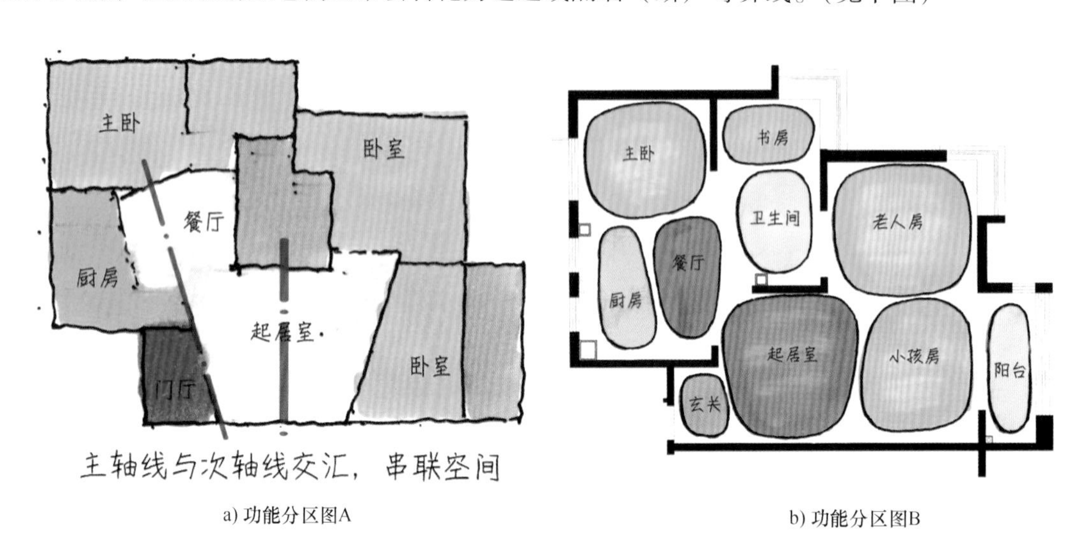

a) 功能分区图A　　b) 功能分区图B

（二）空间形态分析图

空间形态分析图主要是从空间构成的角度出发，以抽象、粗略的线条勾勒出设计形成的初步形态，是从宏观层面对空间构架作出的描述和分析，手法上宜用简练、清晰的图形搭建出室内空间的内在骨架，而该骨架将决定设计的总体空间形式和组成关系。

空间形态分析图的绘制可以是手绘草图，也可以是表现层次更清晰的计算机图样。手绘时宜用少而精的大线条，表达其明确、粗略的空间形式关系；而计算机图样则可用图形或体块来体现其逻辑关系和组成方式。（见右图）

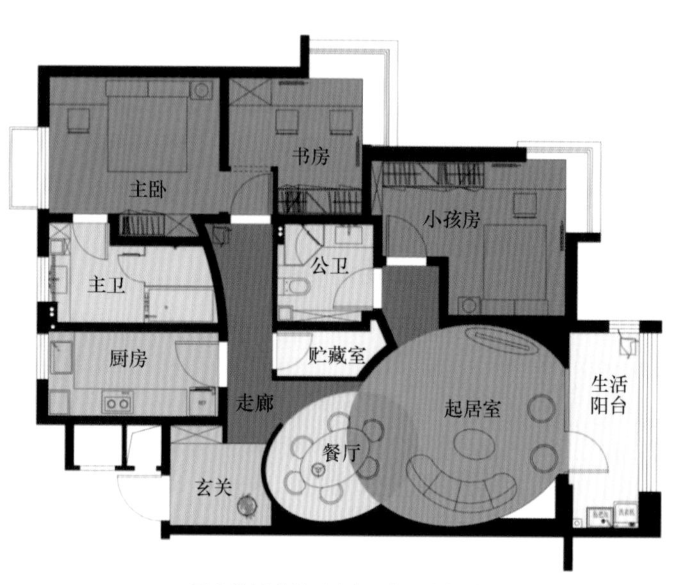

两个椭圆形相互咬合，体现空间关联。

（三）视线分析图

视线分析图主要是对空间中的人所能看到的景物（特别是处于重要节点或位置的景物）进行简要描述的图样，有时也称为景观分析图。通过视线分析图，可以进一步体现设计者对于景物设置的意义，从观景的角度来评价人和景物的空间位置关系，有时也可用来体现视线所及的空间范围。

视线分析图通常需要标明人的位置、视线方向和所见景物这三部分要素，其中视线方向一般用箭头表示。（见下图）

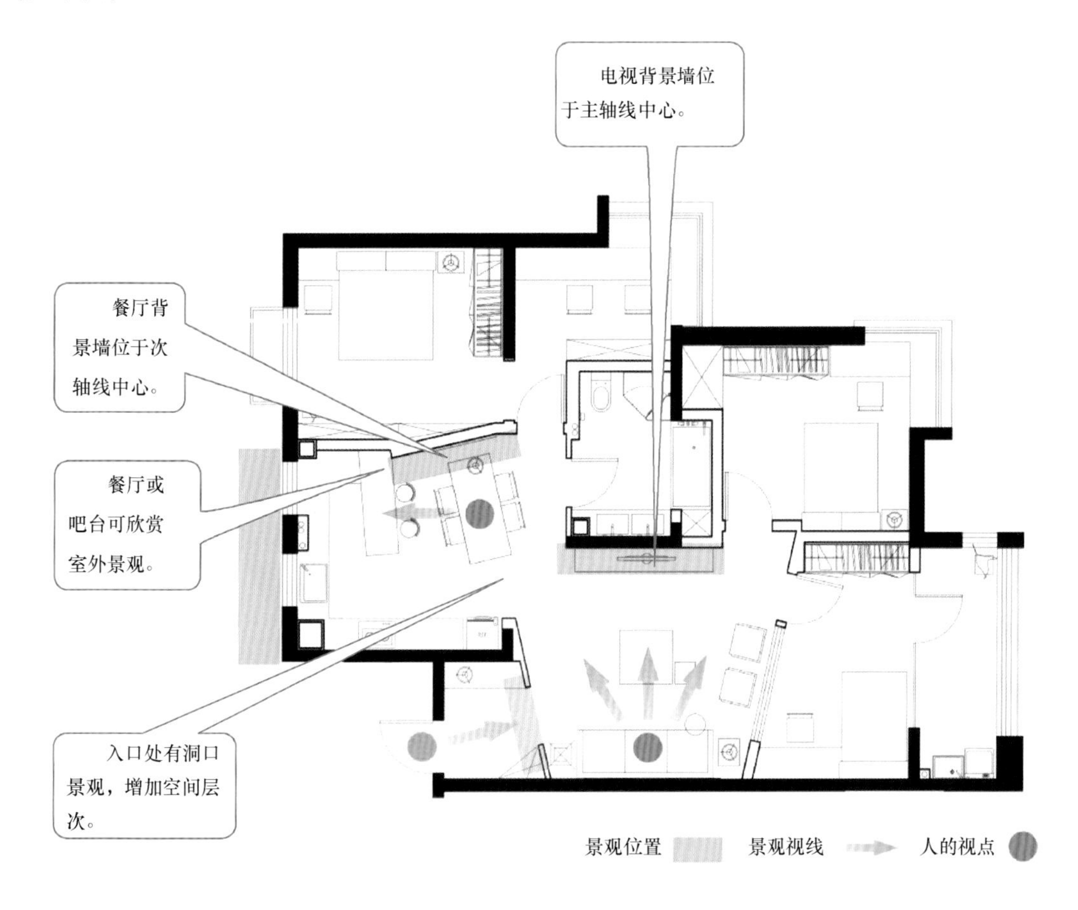

电视背景墙位于主轴线中心。
餐厅背景墙位于次轴线中心。
餐厅或吧台可欣赏室外景观。
入口处有洞口景观，增加空间层次。
景观位置
景观视线
人的视点

五、方案图

（一）设计说明

设计说明中可以展现设计理念、采用的手法或风格等设计核心要素，阐明设计中的色调或材质等特色，也可把对案例的设计分析和合理化控制都进行逐一说明，让看到方案图样的人能够对设计有个整体的认识，对进一步阅读和理解其他相关图样起到一定的帮助作用。（见下页图）

设计元素

设计中采用圆弧形式对空间进行分割和组合，增加表现力与张力。通过两个椭圆形的相互咬合体现空间的关联；通过暖色调的运用，营造出轻松愉快的氛围。

设计手法

起居室和餐厅均为椭圆空间形态，相对独立而又融为一体，弧形走廊墙面与之相呼应。

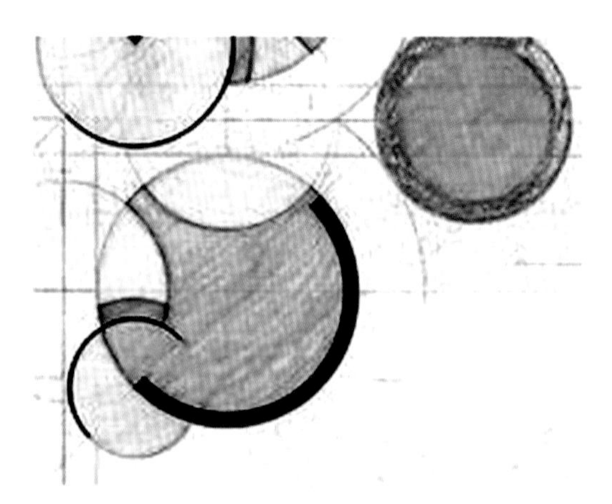

设计说明

（二）平面图

为了加强表达效果，方案平面图一般需要进行彩色渲染。色彩的选择与运用有两种方式：一种是遵照物体实际的色彩和质感；另一种与实际无关，而仅仅是用不同色块进行区分。无论采用哪种方式，在色彩处理的过程中，都需要根据画面的整体效果作出必要的控制。另外，为了增强立体感，还可以对家具等物体添加适当的阴影。（见下页图）

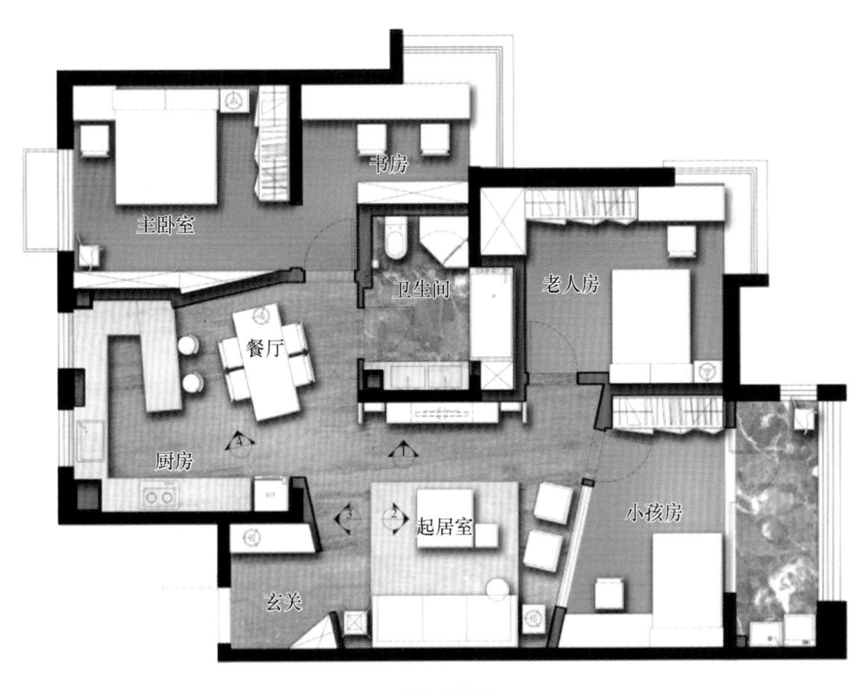

a) 方案平面图A

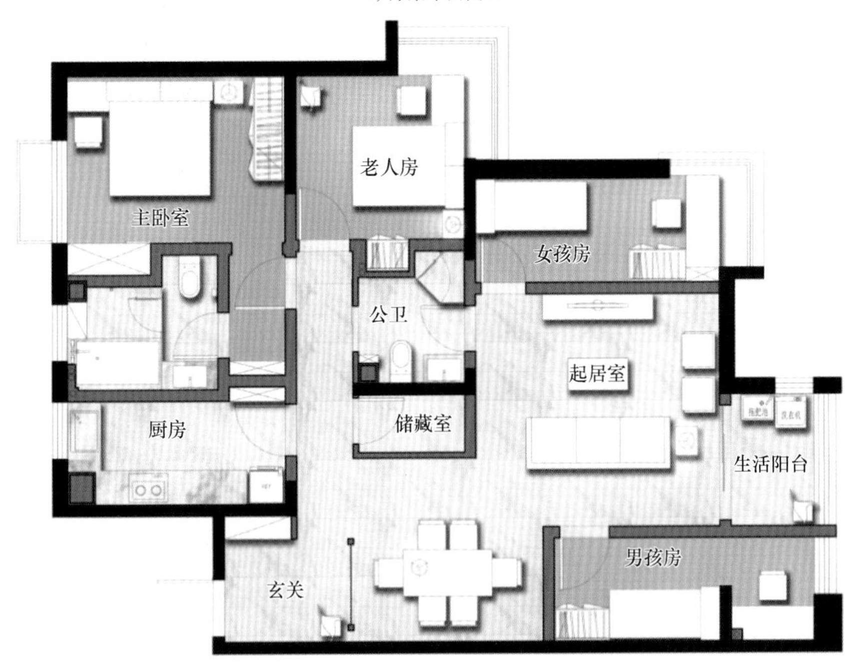

b) 方案平面图B

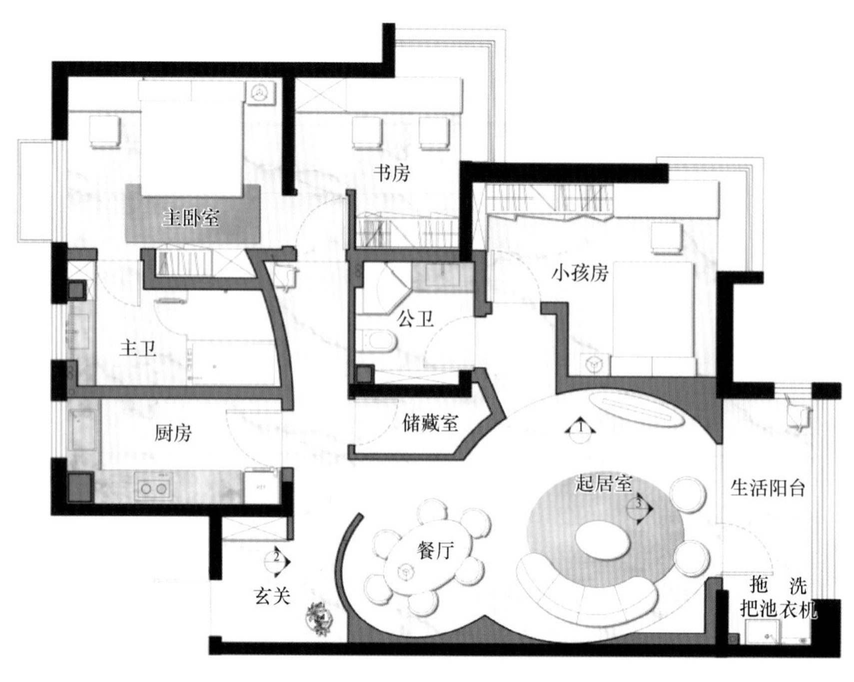

c) 方案平面图C

（三）顶面图

通常情况下，顶面材料相对于地面材料和墙面材料要简单一些，因此在图样的绘制过程中，除了标高数字等的注解外，如何表现其层次感尤为重要，可以通过不同的明暗关系来体现。（见下图）

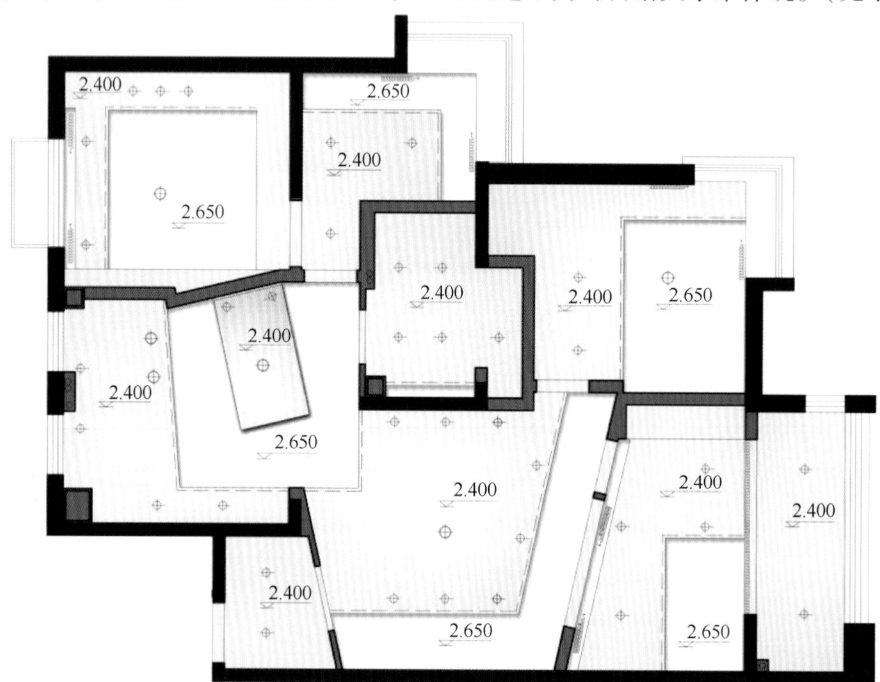

（四）剖（立）面图

剖（立）面图是室内空间竖向界面的综合表现。施工阶段的剖（立）面图应清晰地表达出立面上的材质运用和尺寸定位；方案阶段的剖（立）面图强调的则是立面的形式和尺度关系，所以通常会把靠墙家具与陈设（如挂画、艺术品等）也表达出来，以增加立面的层次，并且体现出空间竖向的基本尺度关系。（见下图）

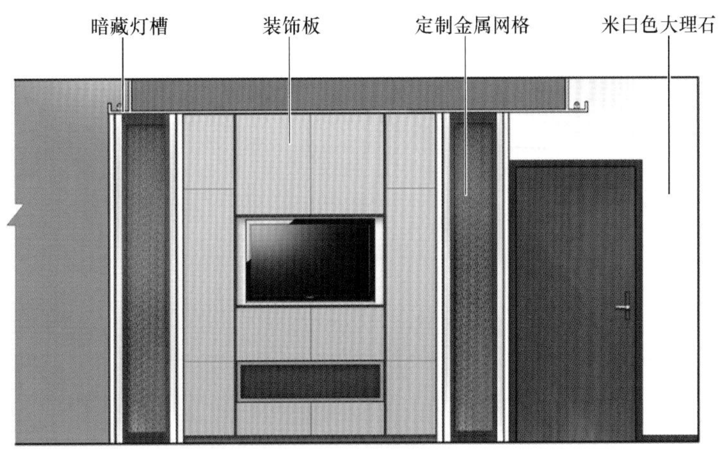

（五）透视图

对于设计师而言，透视图应体现出设计空间的特色，并尽可能多地呈现出所看到的内容，具有完整性，富有层次感，有时还需要采用一些必要的手段来达到此目的（如用广角透视、省略掉遮挡空间的墙或柱子等）。

透视图的表现手法众多，主要可分为计算机表现和手绘表现（用马克笔、水粉笔、水彩笔等）。通常情况下，计算机表现比较写实，可呈现出模拟现实的场景；手绘表现则更加写意，注重的是设计意境。选择何种手法，应该取决于透视图的表现风格和设计者的个人技能。（见下图）

a) 计算机效果图

b) 手绘效果图

（六）材料样板

材料样板是室内设计方案的辅助组成部分，将设计中的主要用材以实物或照片形式呈现出来，体现出材料的基本特征，同时也反映了它们之间的搭配关系。作为设计方案的物质基础，材料样板阐明了达到预期设计效果的可行性。制作样板时，选取的样块应具有代表性，最大程度上体现出该类材料的色彩、图案、纹理、质地等感官特征。设计师通常会把各种材料样板视为构成要素，并将它们有机结合在一起，使得材料样板本身就如同一个精美的构成作品。（见右图）

要了解材料与施工工艺，考察建材市场是最好的手段。在这个过程中，应选择本主题设计所需的材料和设备，记录下它们的性能、价格、型号及优缺点。最好利用课余时间参观家具市场和装饰品市场，选择本主题设计所需的家具和装饰品，记录下品牌、型号及其价格。

六、图样成果

图样成果的呈现有多种方式，如展板方式（图样比较大，A1 规格比较常用）或文本方式（通常为 A3 规格，装订成册）。展板方式由于图面内容一目了然，便于展示与评讲，经常是学生课题作业最主要的表达方式。

展板从图面构图出发，可以分为横排版和竖排版。由于图幅大小和展板张数所限，未必所有方案阶段的图样都能展现出来，应根据效果进行筛选，或者按照设计要求来组织。

按照图样的重要性排序，一般来说，效果图最重要，其次是平面图、顶面图和立面图则相对次要一些，其他图样基本属于辅助性说明。图样的重要性在展板上的直观体现就是图样所占的幅面大小和所处位置。（见下页图 ~227 页图）

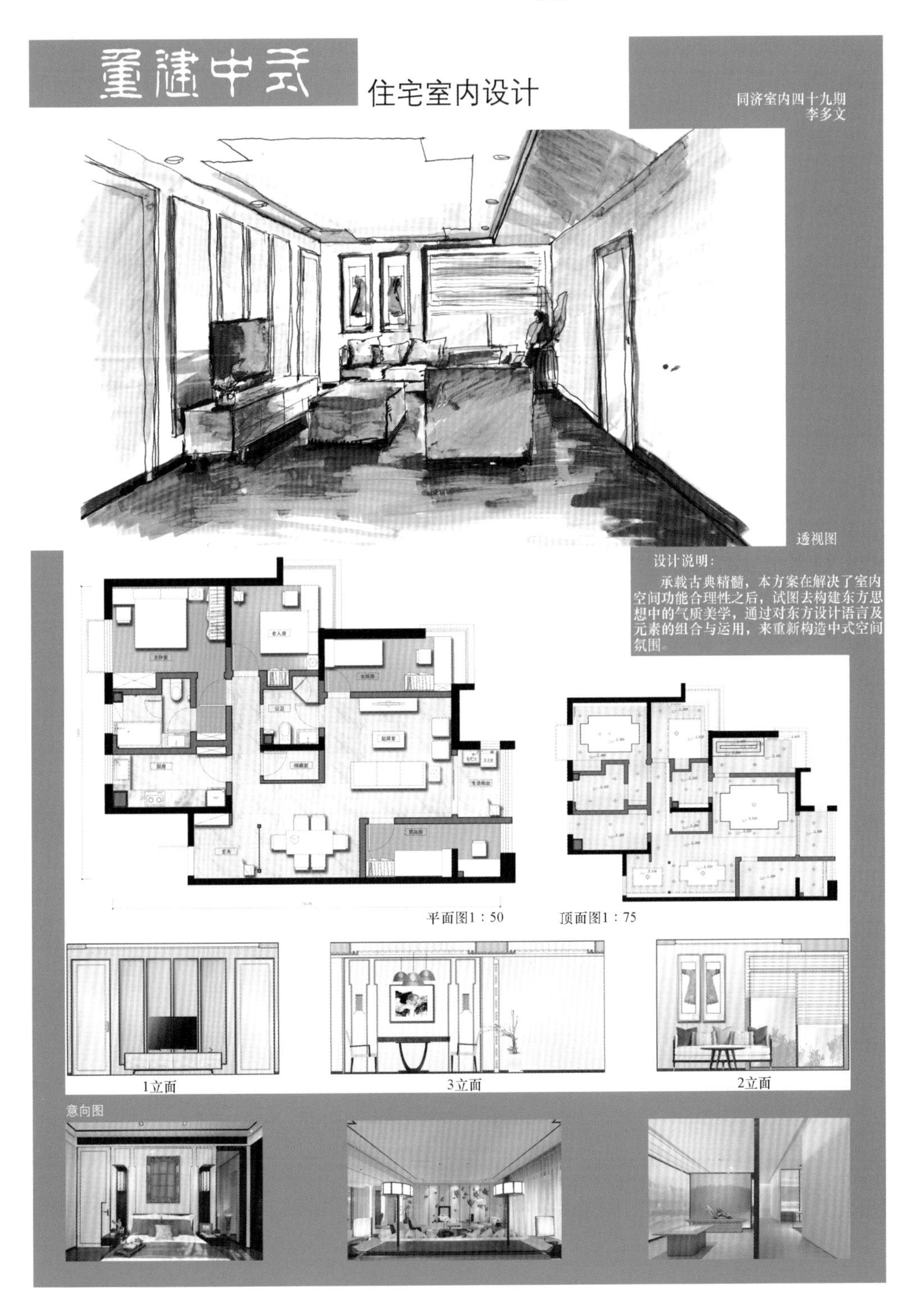

重建中式
住宅室内设计
同济室内四十九期
李多文
透视图
设计说明：
承载古典精髓，本方案在解决了室内空间功能合理性之后，试图去构建东方思想中的气质美学，通过对东方设计语言及元素的组合与运用，来重新构造中式空间氛围。
平面图1：50
顶面图1：75
1立面
3立面
2立面
意向图

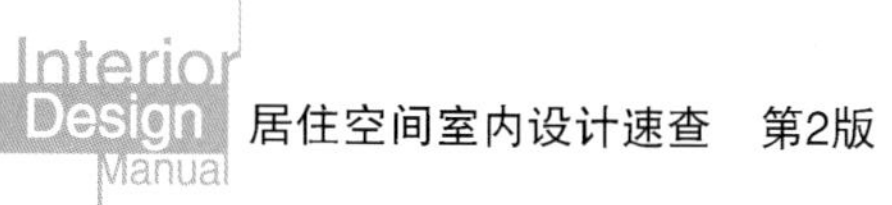

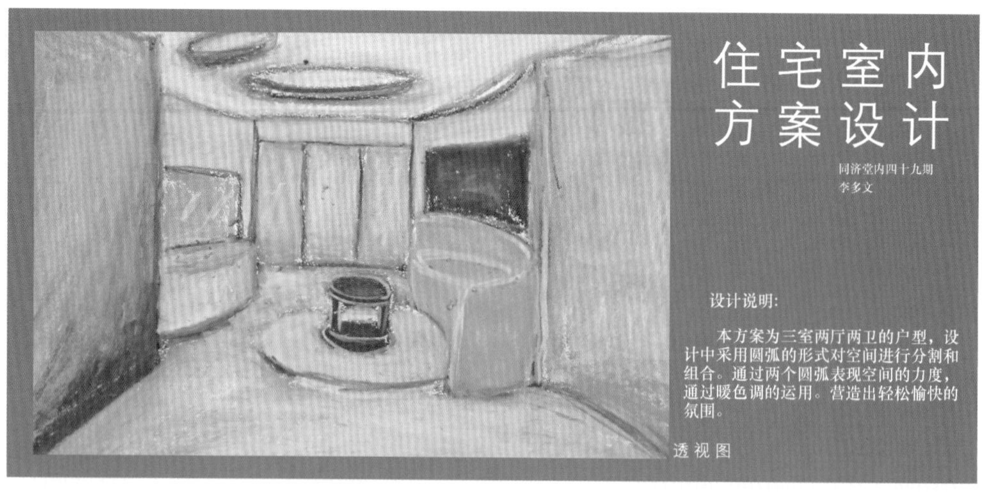

住宅室内方案设计

同济堂内四十九期
李多文

设计说明：

本方案为三室两厅两卫的户型，设计中采用圆弧的形式对空间进行分割和组合。通过两个圆弧表现空间的力度，通过暖色调的运用。营造出轻松愉快的氛围。

透视图

平面图 意向图 顶面图

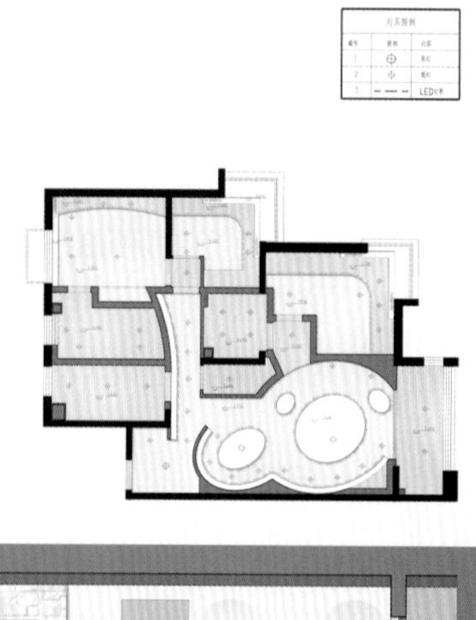

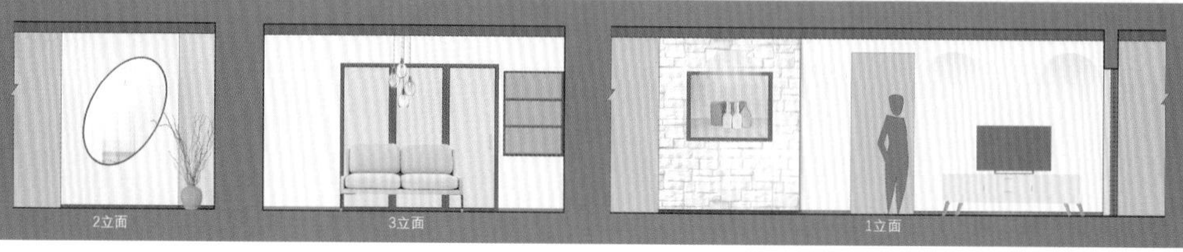

住宅方案设计
同济室内四十九期李多文
意向图
透视图
平面图
A立面
C立面
B立面
D立面
立面图
顶面图
设计说明：
本方案为三室两厅一卫的户型，设计中采用斜线的形式对空间进行分割和组合，风格上采用简约的设计手法，营造出一种沉稳、低调的奢华感。

七、实体模型

实体模型是体验空间感和了解构造的最直接手段，在课时允许的条件下最好将全部或局部居住空间制作成实体模型。不要期望在简单的概念模型中表达过多的东西，如色彩、质感很难在较短的时间内模拟，因此最好采用单一材料进行空间与构造的研究。常用的模型材料有厚卡纸和木片等。(见下图)

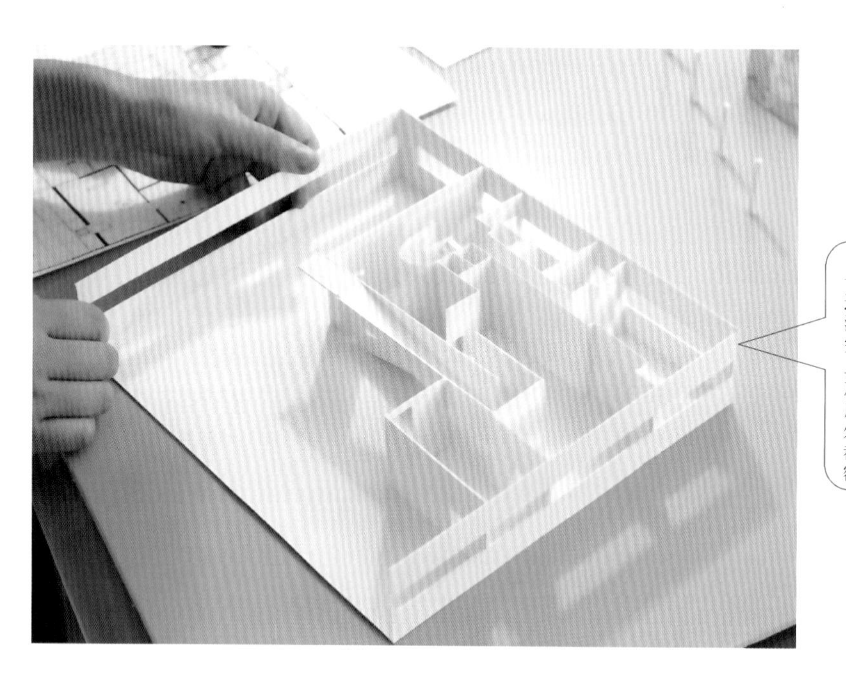

白色的厚卡纸是最佳之选，因为它最清晰地表达了空间效果，而且易于切割和加工。除了常用的制图工具外，所有操作都不需要添置额外的工具。

八、评图

学生完成任务之后，教师要展示其作品，进行讨论、总结、评比，使学习的内容得到进一步的强化。各小组学生代表要依次对完成的任务发表见解，其他小组提问或发表自己的看法，由老师或小组负责人进行总结，最后由老师评价。评分标准详见附录A。下面对几个优秀学生作品进行赏析。

1. 平面布置图（见下页图）

学生：上海城市管理职业技术学院　环境艺术系06级　何燚。

指导教师：周晶。

评语：平面功能满足设计任务书要求，客厅和餐厅以地面的高差及部分墙面创造出似隔非隔的流动空间。比较注重细节设计：楼梯围合的半开放空间、厨房与餐厅的关系等都处理得比较到位。制图规范，色彩和谐，绘制精细，图面效果好。

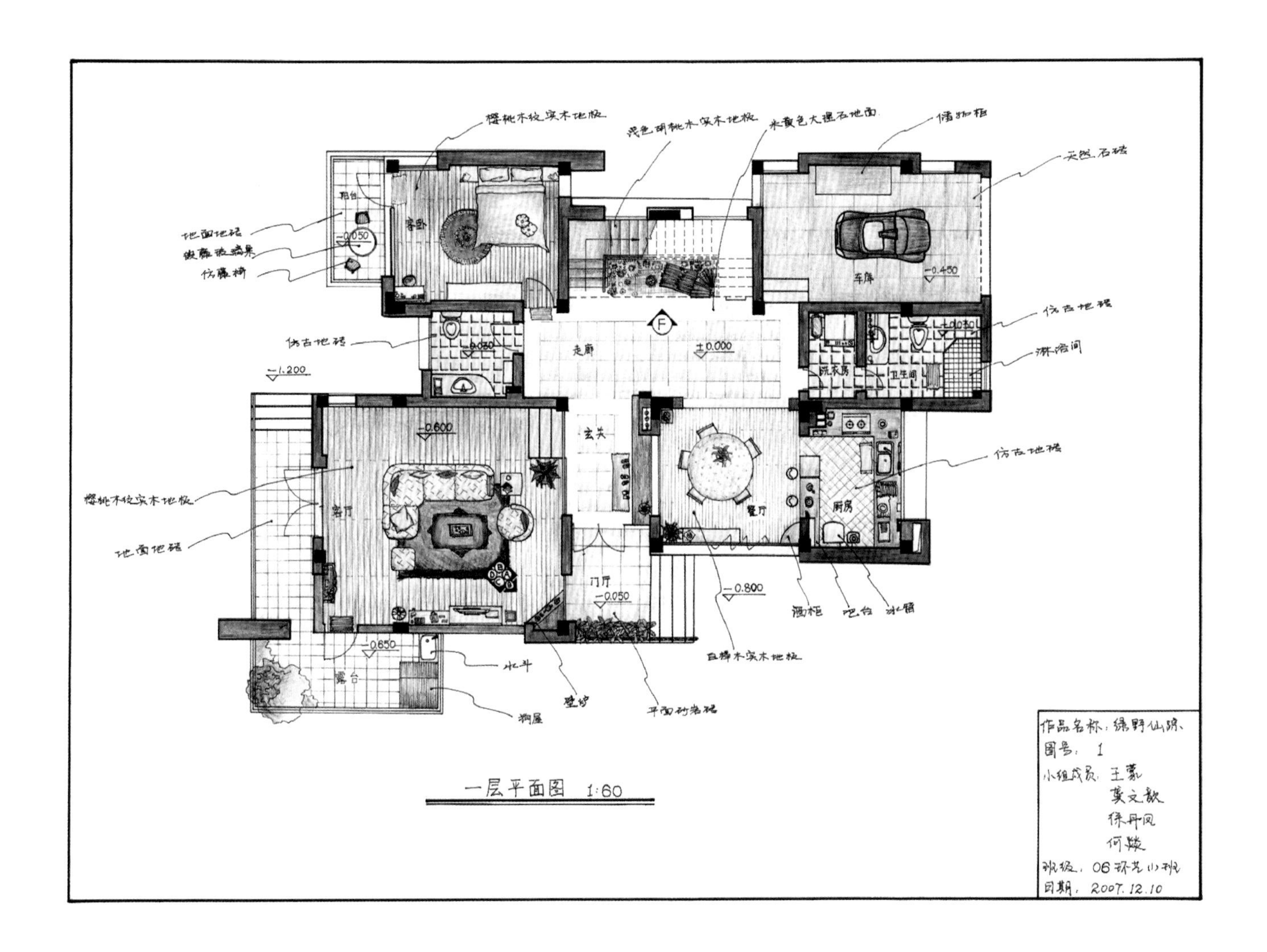

2. 顶面图（见下页图）

学生：上海城市管理职业技术学院　环境艺术系07级　刘嘉玮。

指导教师：高钰。

评语：比较熟悉顶面材料的性能，使用得当。吊顶形式根据不同的功能作了难易不同的调节。灯具选择适当，数量适中。制图较规范。

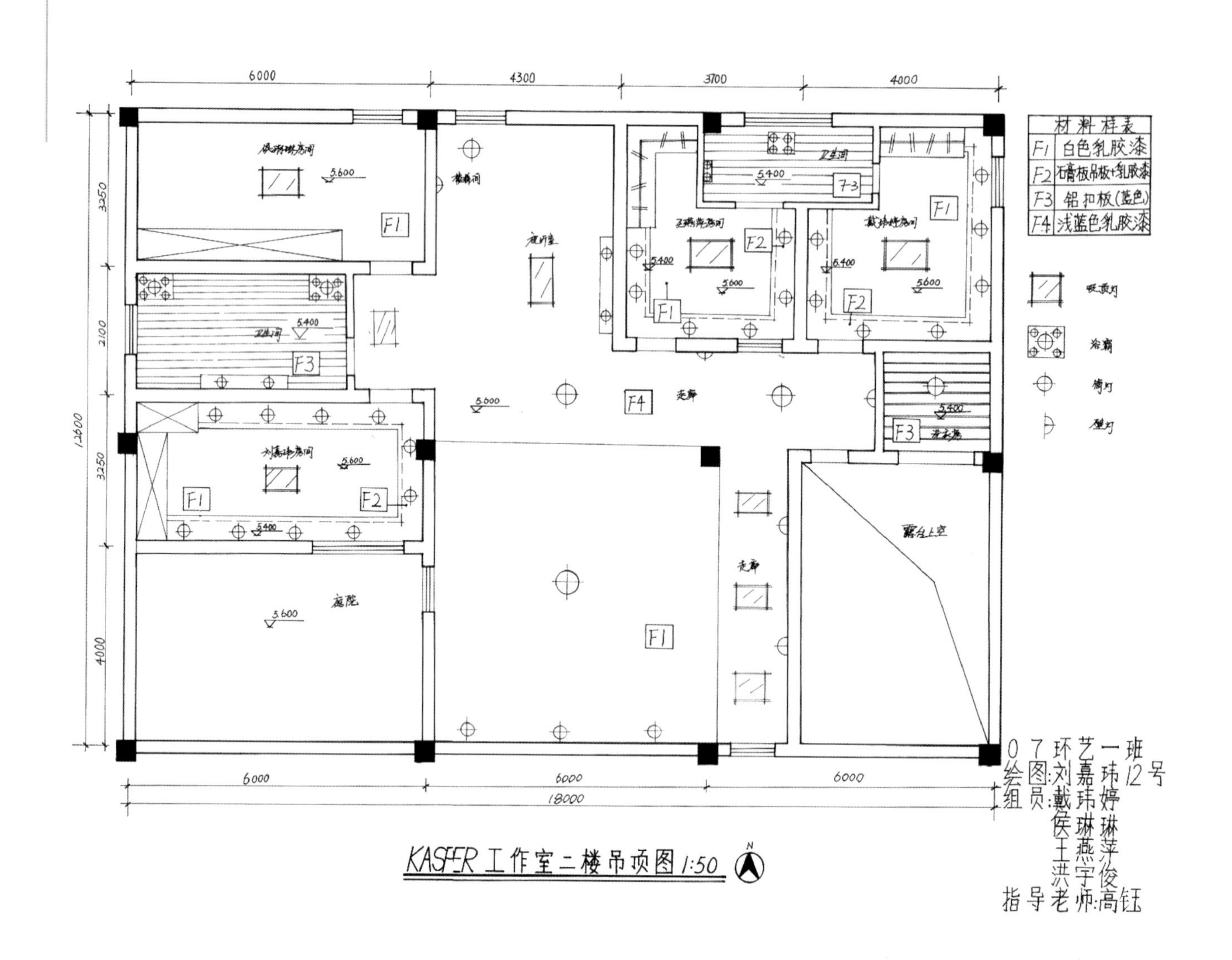

KASPER 工作室二楼吊顶图 1:50

3. 地面铺装平面图（见下页图）

学生：上海城市管理职业技术学院　环境艺术系 07 级　孟庆诚。

指导教师：高钰。

评语：比较熟悉铺地材料，材料选择丰富，每个材料之间衔接合理。地面的拼花设计较细致。制图规范，材料质感表达准确。图面色彩和谐、清晰、干净。

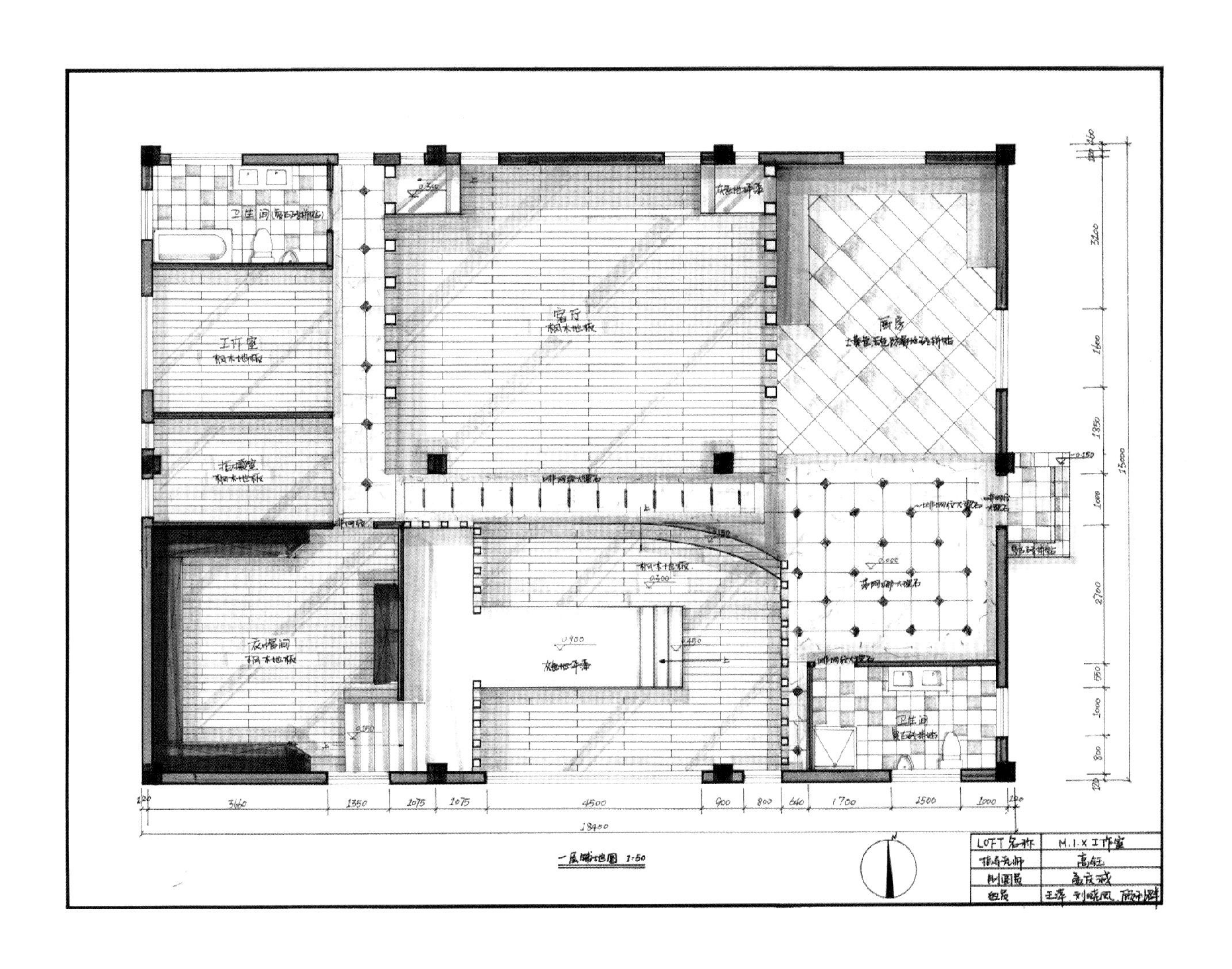

4. 立面图（见下页图）

学生：上海城市管理职业技术学院　环境艺术系 07 级　张雁斐。

指导教师：高钰。

评语：整体设计风格统一，以壁炉为中心，将公共活动空间围绕它进行布局。色彩较和谐。立面材料过多，建议进行适当简化。制图规范，彩色铅笔与马克笔的运用熟练，质感表达较好。

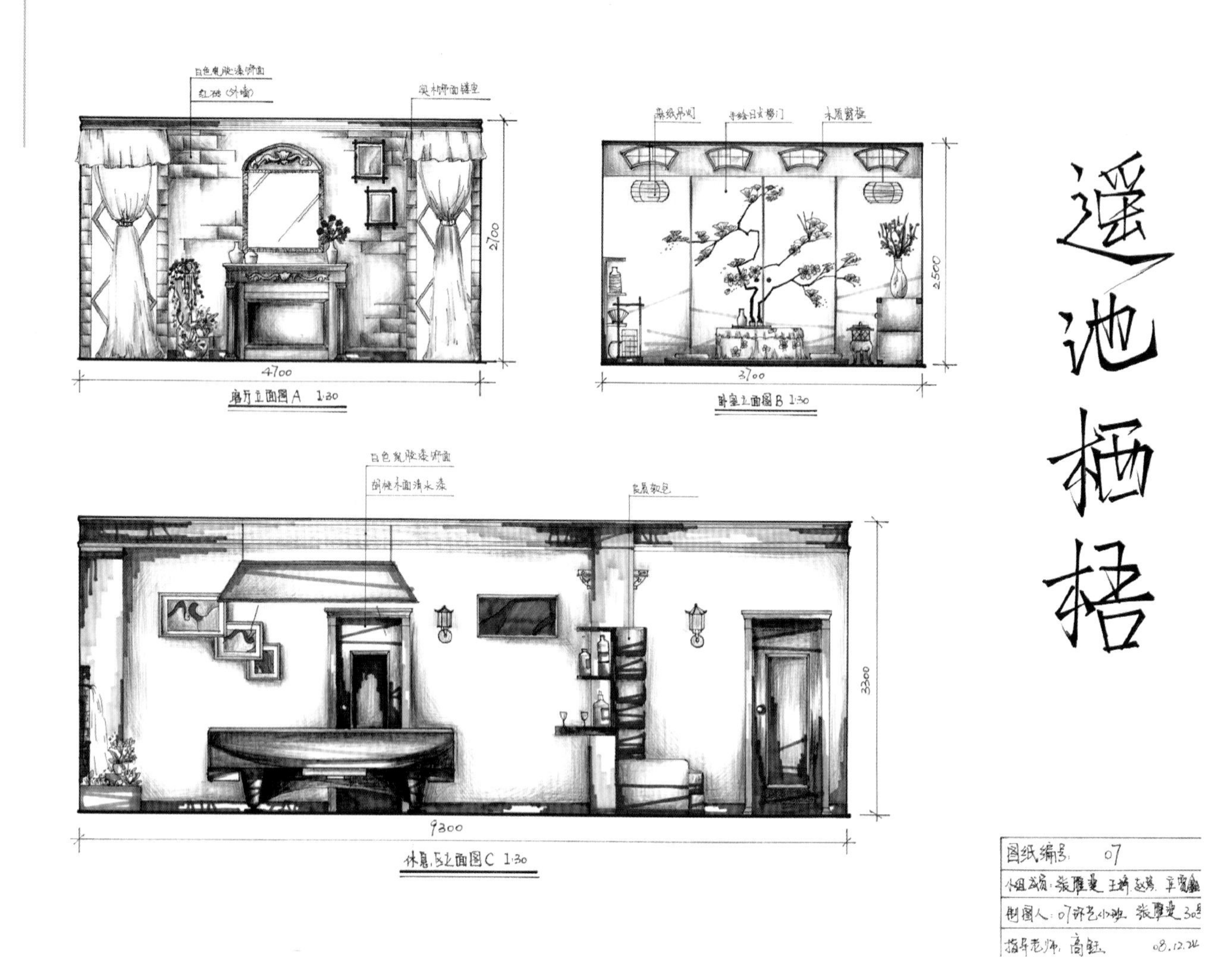

5. 剖面图（见下页图）

学生：上海城市管理职业技术学院　环境艺术系 07 级　陶晨。

指导教师：高钰。

评语：设计创意大胆，围绕中心圆形共享起居空间进行平面整体布局。旋转楼梯与环形书架相结合。起居室与家庭工作室采用隔断设计成半开放的流动空间。一层为公共空间，二层作为每个家庭成员的卧室，分区合理，立面采用大量手绘墙面制造出平面美术派的空间效果。图面表现张力强。

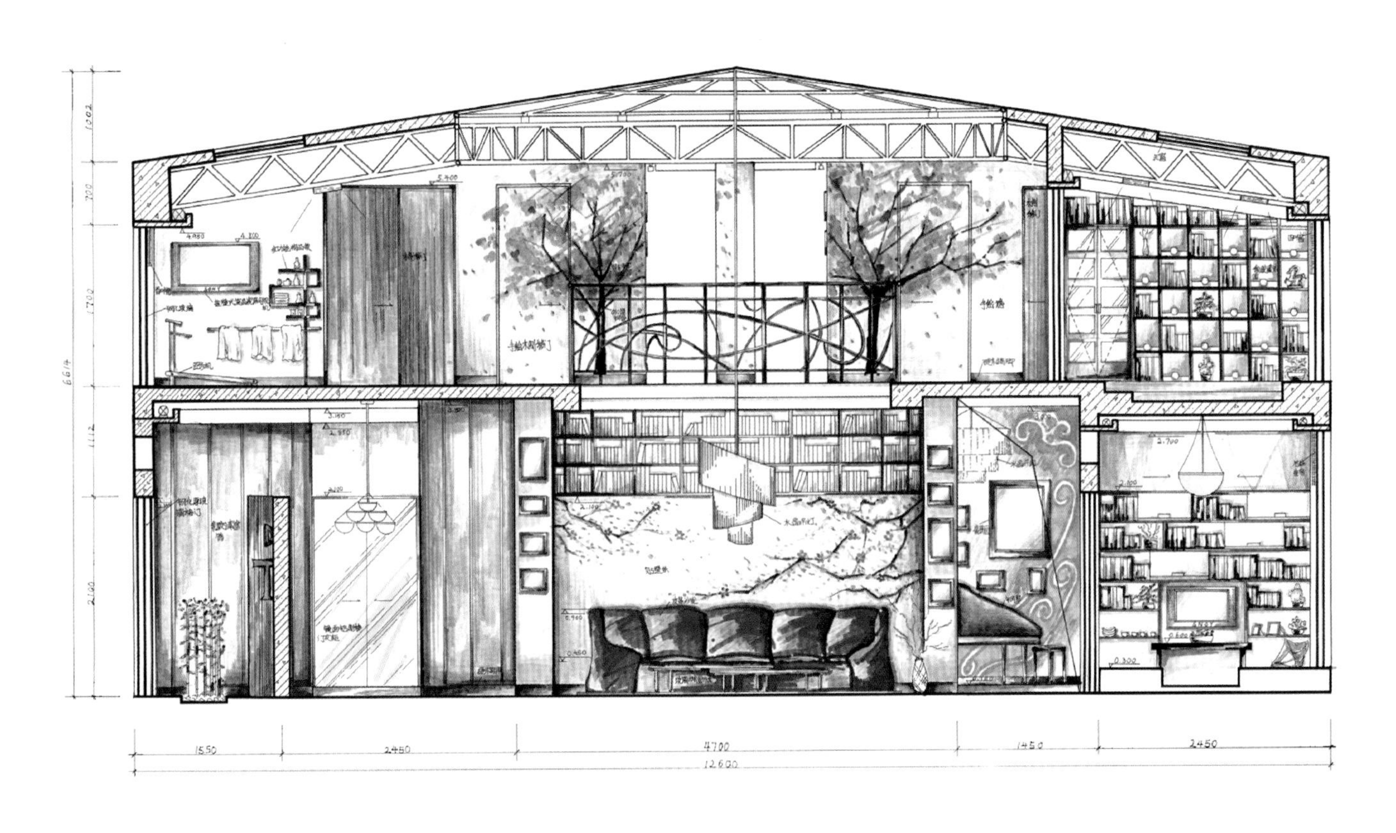

1-1剖面图 1:30

6. 透视图（见下页图）

学生：上海城市管理职业技术学院　环境艺术系 07 级　周琼。

指导教师：高钰。

评语：透视准确，色彩和谐，质感表达清晰。透视图绘制出了最初创意要达到的效果。

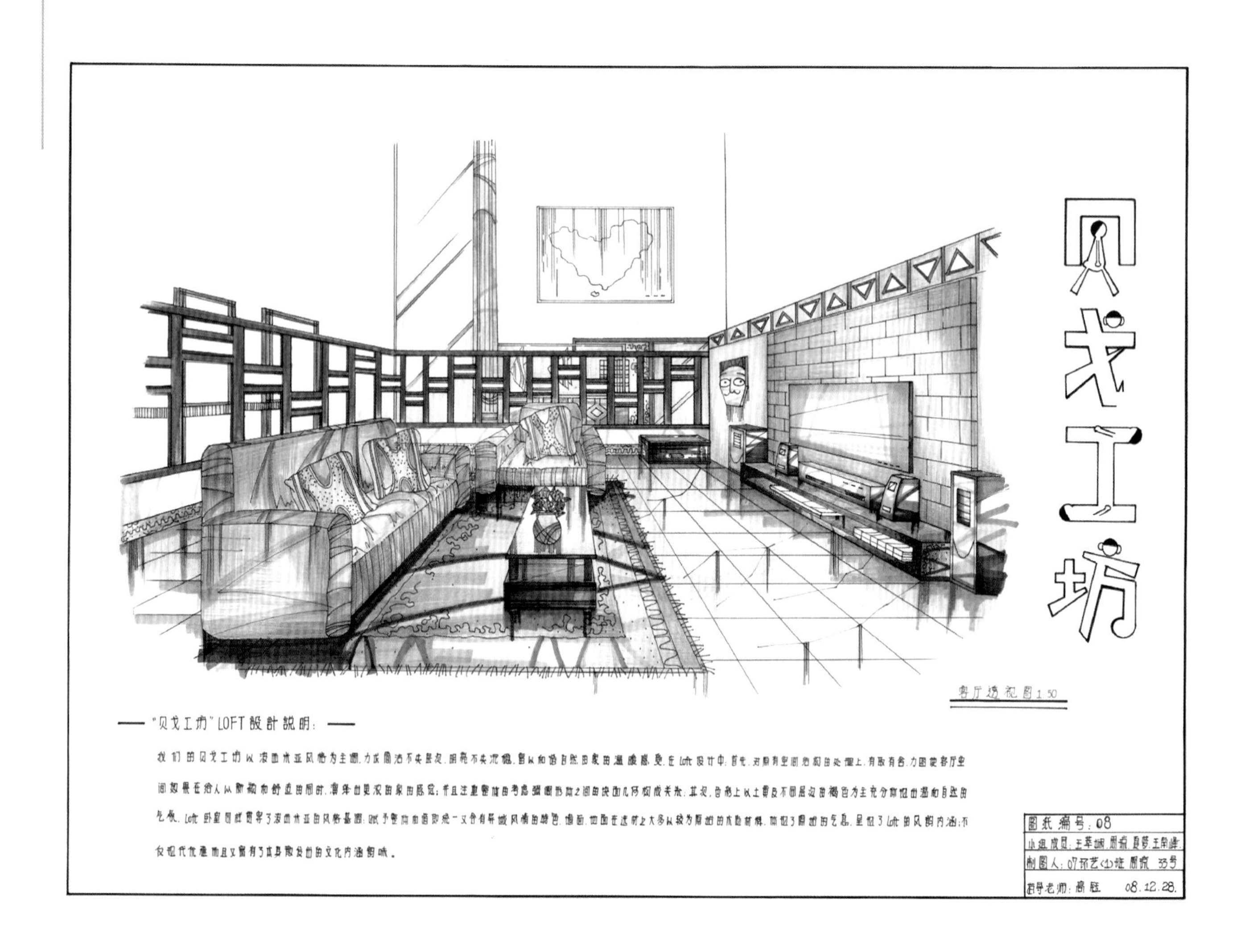

7. 成果图（见下页图）

学生：上海济光职业技术学院　建筑设计专业B级　陈真伟　杨雪　程柏岑。

指导教师：王云霞　胡骁杰。

评语：不论是横排版还是竖排版，都能做到版面整体协调而不失活泼，色调统一，内容突出重点。

Interior design
居住空间室内设计
现代简约　舒适　大方　绿色　节能
平面图 1:50
顶面图 1:50
A客厅立面图 1:30
B书房立面图 1:30
C卫生间立面图 1:30
D餐厅立面图 1:30
居住空间室内设计
ELEGANT RETRO LEISURELY SLOW LIFE
顶面图1:100
卧室效果图
chinese style
interior design
客厅立面图1:30
卧室立面图1:30
平面布置图1:50
卫生间立面图1:30
厨房立面图1:30
设计说明：
The style of Japan
三口之家简约日式设计
透视图
立面图
整体平面透视图

Interior
Design
Manual

第四篇 快题速查

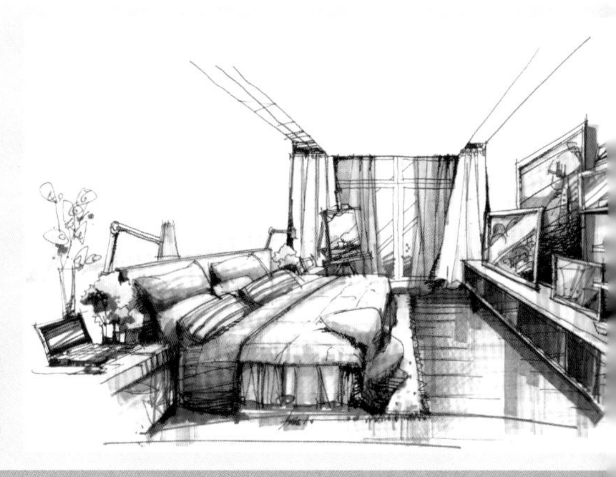

第七章　配景的画法

第一节　常用平面配景

一、人物的平面画法

大部分室内平面图中是无需绘制人物的，但是在空间设计示意图或者功能分析图、流线组织图中常加入人物，以显示空间的尺度感。根据人体在功能空间中的动态，最常用的是行走的姿态。（见下图）

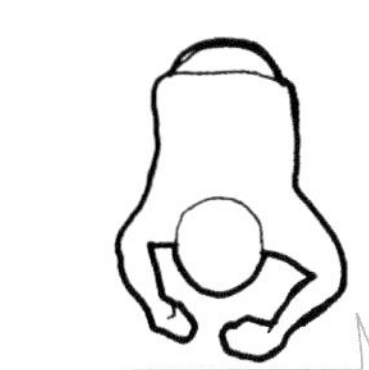

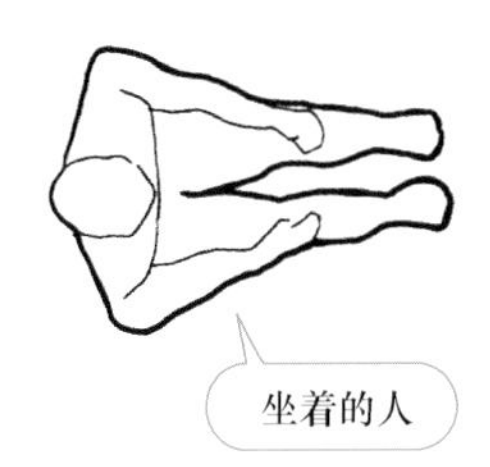

在较大的空间中，人物会显得较小，一般只要绘制点状的头与椭圆形的身躯即可。也可以加上双脚显得更加形象。
更详细的画法是较细腻地描绘人体的曲线感，注意肩部与头的关系。行走的人要注意手臂与腿的动态。
如果有操作台面,还可以绘制弯腰工作的人。
坐着的人

二、植物的平面画法

平面的植物一般采用程式的绘制方法，从形体上来看主要分为圆形平面与多边形平面。

（1）圆形树：最好准备一块圆模板，利用模板上大小不同的圆绘制不同的植物。（见下图）

先用圆模板或者圆规绘制单圈的底线，然后顺着光照方向描绘阴影。
为了使植物更加生动，可以采用部分重叠的双圈画法。
如果有两株植物，那么一定要有所重叠，这样才能产生空间感与距离感。
可以按照植物生长的规律适当添加枝条，使画面更丰富。

为了增加立体感，可以将上图的平面继续深化，用简单而重复的形状环绕在圆的边缘，制造出的阴影效果会使这株植物看起来更加饱满厚重。（见下图）

（2）多边形树：为了增加平面图上植物的多样性，还可以用多边形及其变形绘制。（见下图）

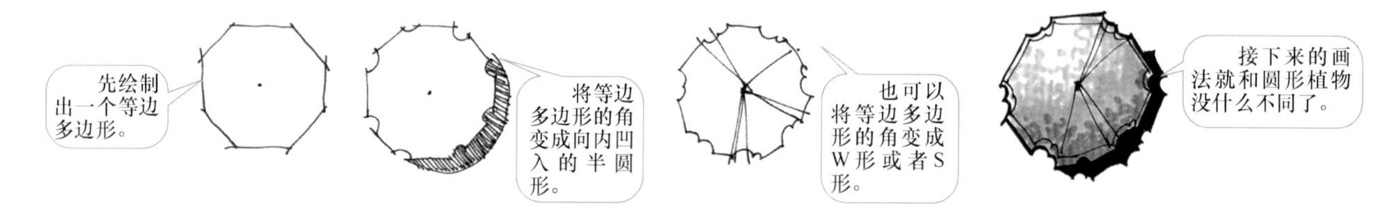

在设计中往往不会只设置一棵植物。如果是一簇植物，最好将它们连成一片，而不是一棵一棵绘制。（见下图）

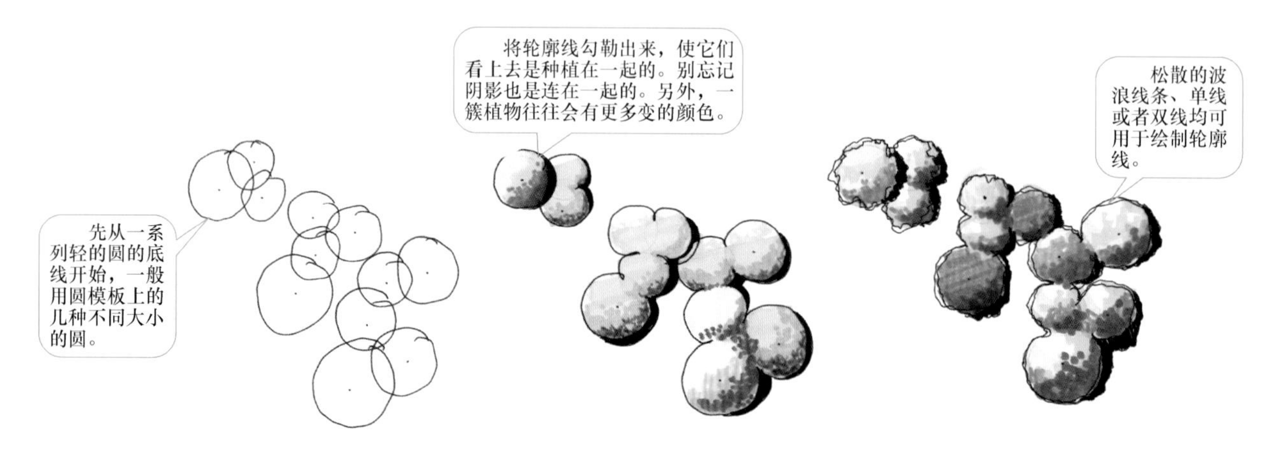

如果是绘制多刺的植物或针叶植物，可以采用下图的方法。

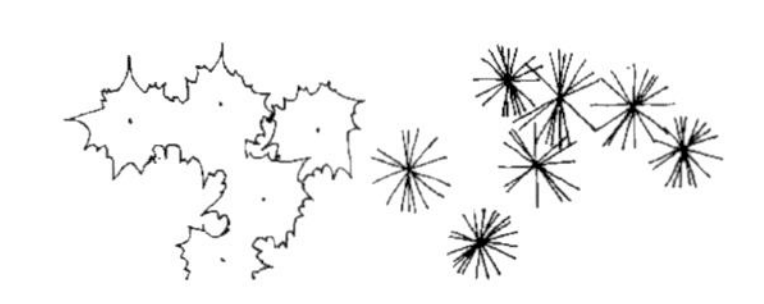

三、水体的平面画法

水体的设计有两大理念：自然型与规则几何形。自然型水体绘制步骤见下图。

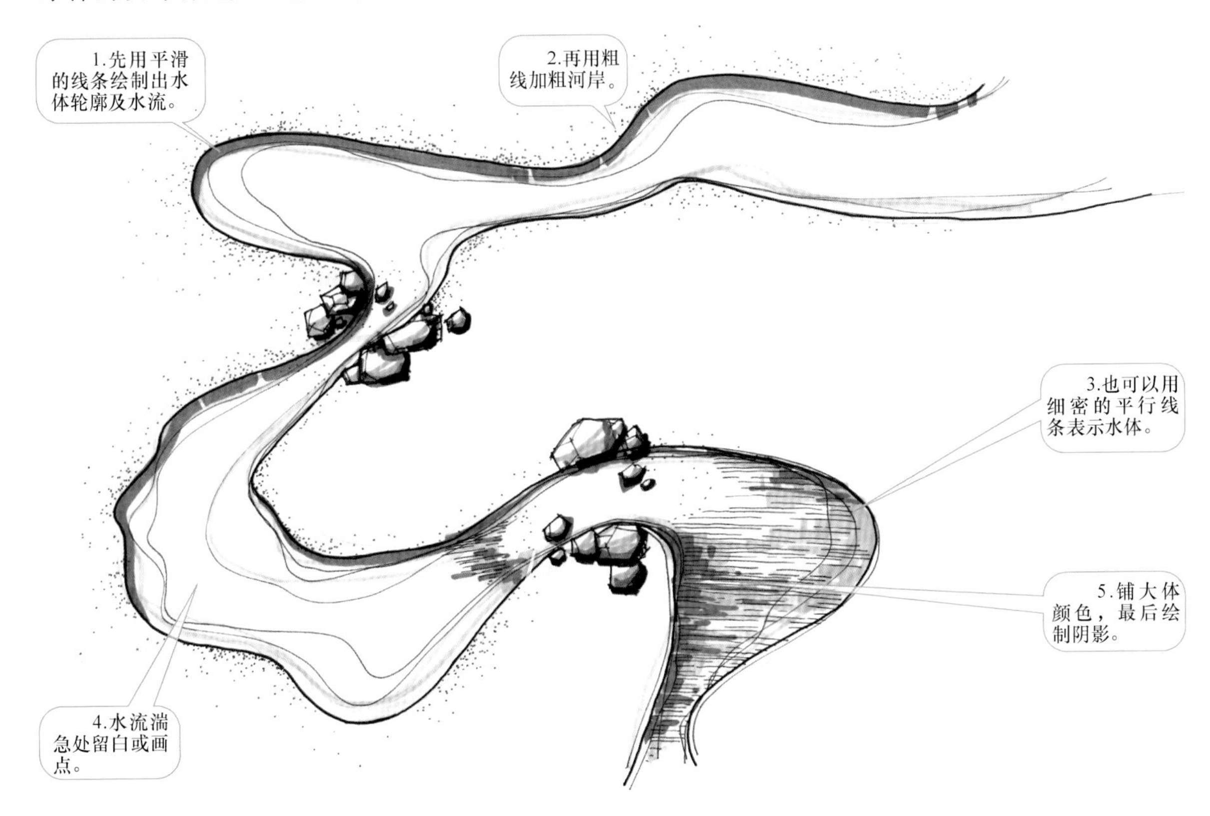

1.先用平滑的线条绘制出水体轮廓及水流。
2.再用粗线加粗河岸。
3.也可以用细密的平行线条表示水体。
5.铺大体颜色，最后绘制阴影。
4.水流湍急处留白或画点。

规则的水池边缘应十分清晰，可以用等距的平行线表示水体，也可以用排列断开的线条表示。阴影可以用相同的方法，但是要排列得更加紧密。如果水池中有喷泉，一般可用同心圆来代表水波的涟漪，而同心圆的圆心就是喷泉的位置。（见右图）

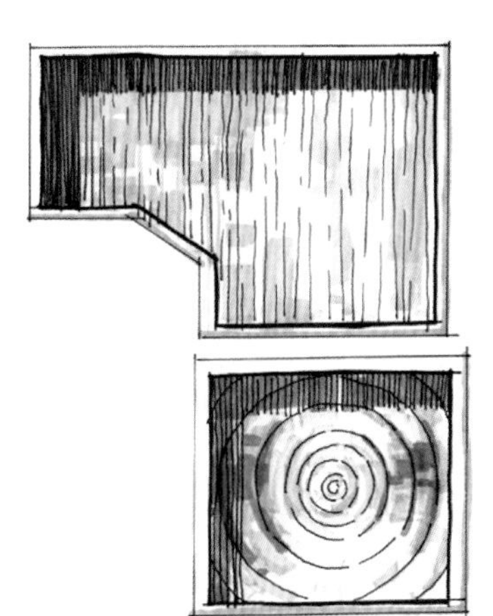

四、叠石的平面画法

叠石用在室内或者小庭院的景观设计中，叠石的大小取决于空间的大小。有的时候只需放置几块大大小小的石头即可，但是石头的形状、体型及质感要经过细致的挑选。（见下图）

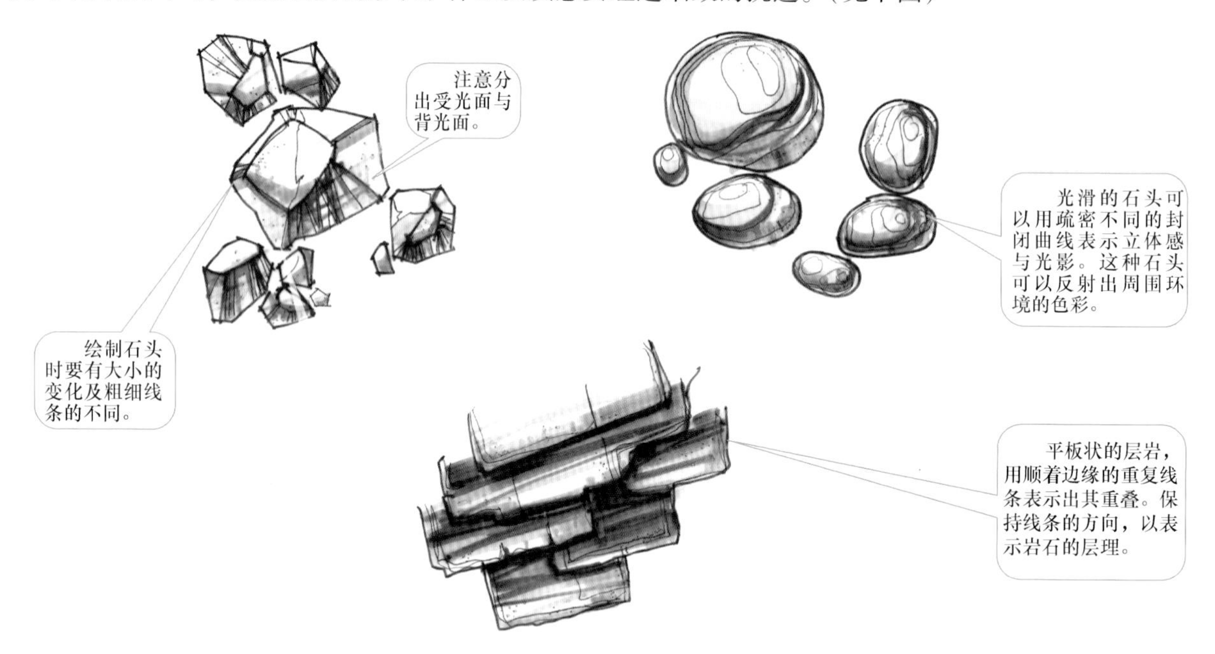

注意分出受光面与背光面。
光滑的石头可以用疏密不同的封闭曲线表示立体感与光影。这种石头可以反射出周围环境的色彩。
绘制石头时要有大小的变化及粗细线条的不同。
平板状的层岩，用顺着边缘的重复线条表示出其重叠。保持线条的方向，以表示岩石的层理。

第二节　常用立面配景

一、人物的立面画法

快速绘制人物的窍门在于将复杂的人体简化成几何形体：三个梯形与四根线条。三个梯形即梯形的头、梯形的上身与梯形的臀部；四根线条代表人的四肢。想让人体动起来，只要以不同的方向摆弄这些线条和梯形即可（见右图）。此外，绘制人物时还要注意以下几点：

（1）成人人体的头身比例大致控制在1∶8左右，儿童人体的头身比例根据年龄的不同控制在1∶3～1∶6之间。

（2）人物最好绘制出一些动态，以配合室内的功能需要，增加情节感。

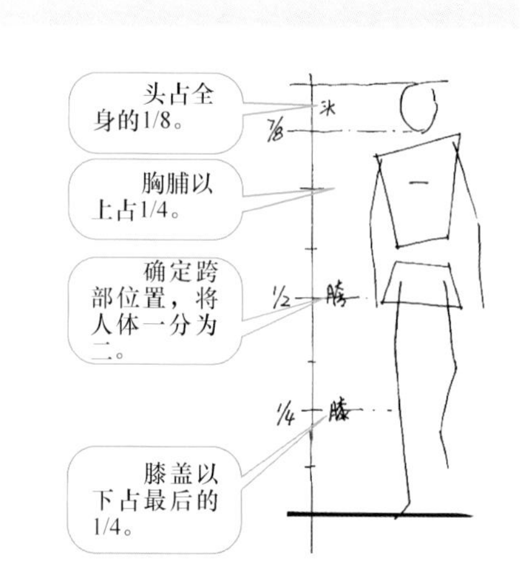

头占全身的1/8。
胸脯以上占1/4。
确定跨部位置，将人体一分为二。
膝盖以下占最后的1/4。

（3）人物不能绘制得过于细致，线条与色彩应尽可能简练，以表达出形体与动感为标准，多余的细节尽量省略。（见下图）

用简化梯形法可以绘制出形态各异的人物动态。
人物的设置和植物的设置有一个共同点：要疏密有致。单人、双人、多人进行组合时，还要考虑正面、侧面、背面的不同。
CK

二、植物的立面画法

立面的植物分为室内植物与景观植物两种。室内植物不太受气候的影响，体型较小，一般栽种在花盆、花箱中。选择室内植物以容易养护、叶形舒展、具有可观性为原则。人们往往喜欢名称中带有吉祥涵义的植物，如发财树、富贵竹等。下页图说明了绘制室内植物立面的常用方法。

1.确定要绘制植物各组成部分、叶片的空间感及前后位置。
2.控制住植物的基本形：从中、前景开始绘制，先画一片叶子。
3.接着绘制其他叶片，保持一定比例的前后遮挡，大部分叶子无法表现全貌。此外，还要注意形体的大小要有所不同。
6.根据植物的特点配置花盆。
5.表现出简单的阴影关系。
4.用简化的方式绘制辅助植物，使整个画面高低错落、主次有别。

景观植物根据气候环境的不同，种类与树形差异都较大。绘制时主要应掌握植物的生长规律、叶片的形状及特点。此外，还要考虑多株植物之间的空间关系与前后关系。下页图说明了绘制景观植物立面的常用方法。

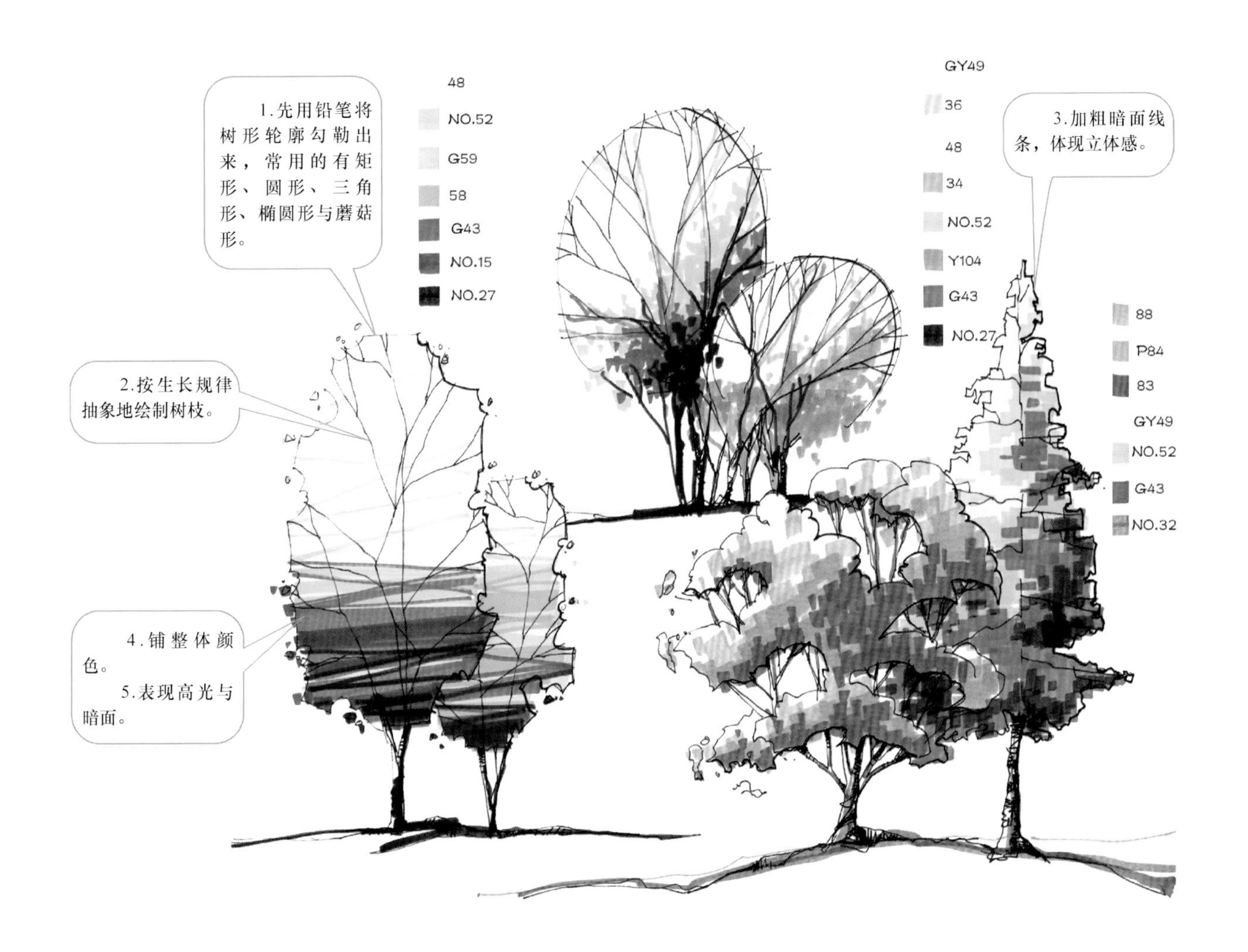
1.先用铅笔将树形轮廓勾勒出来，常用的有矩形、圆形、三角形、椭圆形与蘑菇形。
48
NO.52
G59
58
G43
NO.15
NO.27
GY49
36
48
34
NO.52
Y104
G43
NO.27
3.加粗暗面线条，体现立体感。
88
P84
83
GY49
NO.52
G43
NO.32
2.按生长规律抽象地绘制树枝。
4.铺整体颜色。
5.表现高光与暗面。

三、装饰物的立面画法

立面图的装饰物与效果图的装饰物相比，除了美化图面效果外，更具有一层功能说明的意义。它可以体现所设计的橱柜是书架，还是装饰架，或是餐具柜、酒柜。装饰物的大小也可以给立面一个尺度参考。常用的立面装饰物有以下几种：

（1）花艺：包括精美的花瓶、小型植物或者人造植物。（见下页图）

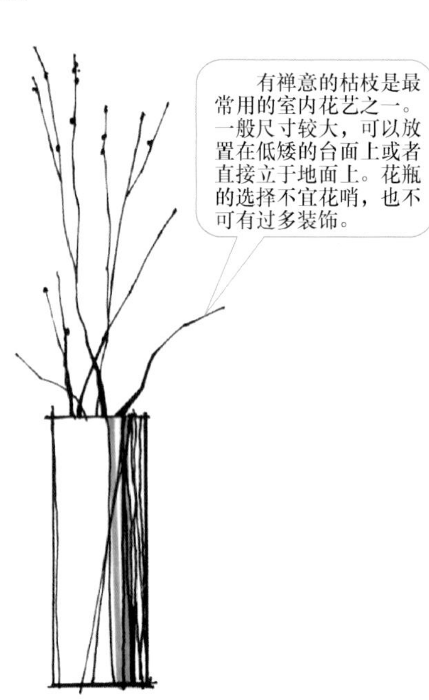

有禅意的枯枝是最常用的室内花艺之一。一般尺寸较大，可以放置在低矮的台面上或者直接立于地面上。花瓶的选择不宜花哨，也不可有过多装饰。

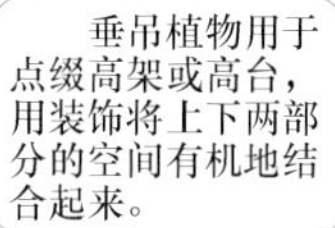

垂吊植物用于点缀高架或高台，用装饰将上下两部分的空间有机地结合起来。

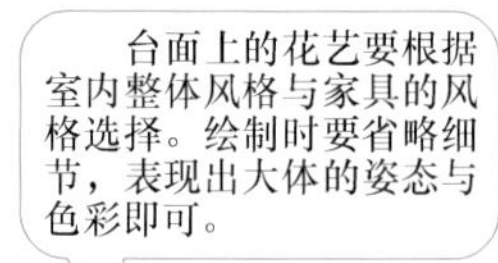

台面上的花艺要根据室内整体风格与家具的风格选择。绘制时要省略细节，表现出大体的姿态与色彩即可。

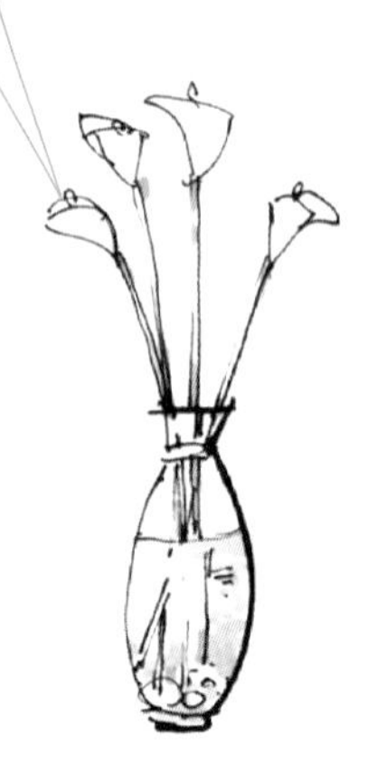

（2）容器：用容器占据装饰柜空间既简单又清晰，而且绘图速度比绘制其他装饰物更快。（见右图）

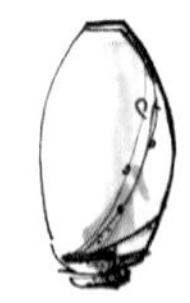

（3）饮料与食物：饮料与食物本身就受到人们的喜爱，根据功能的需要在餐柜、茶几、餐桌上适当绘制能增加图面的生活情趣，但千万不要画得太多而显得杂乱。（见下图）

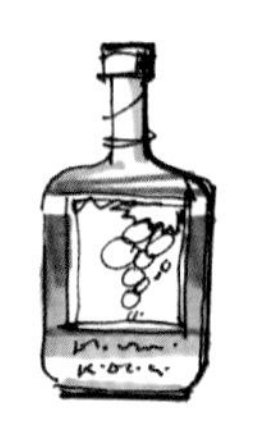

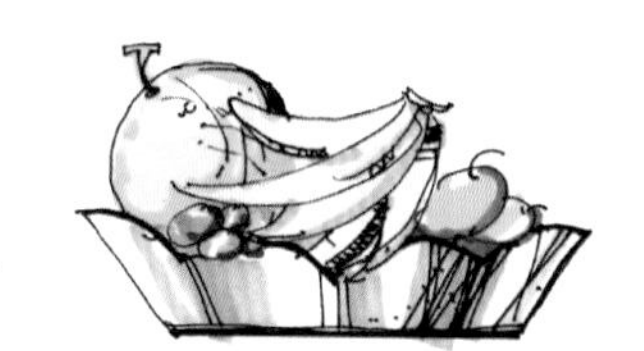

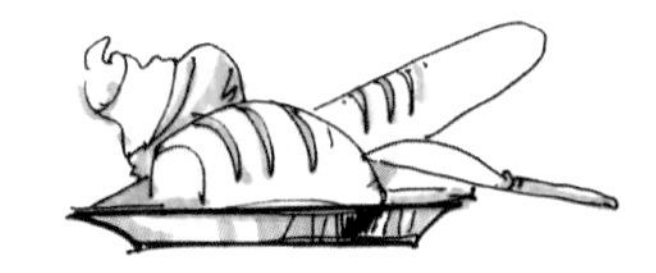

（4）书籍与绘画：体现文化气息的空间内一定要摆放书籍或绘画。书架中的书不能画得太多，这里的书是用来说明家具功能的，一般来说不超过1/4的书架空间。书的大小和摆放角度不可能完全相同，最好有些是直的，有些是斜靠着的，有些又是平放着的。（见右图）

一幅较大的画如果感觉过重，可以将它分成三幅较小的画水平悬挂，注意每幅画不要贴在一起，要有一定间隔。

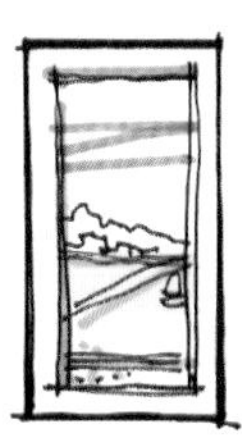

四、灯具的立面画法

在所有的配景中，灯具是唯一不能省略不画的，而且还要与顶面图相对应。立面图上的灯具不表示设计中灯具的选型，而更接近于图例，说明是何种灯具。（见下图）

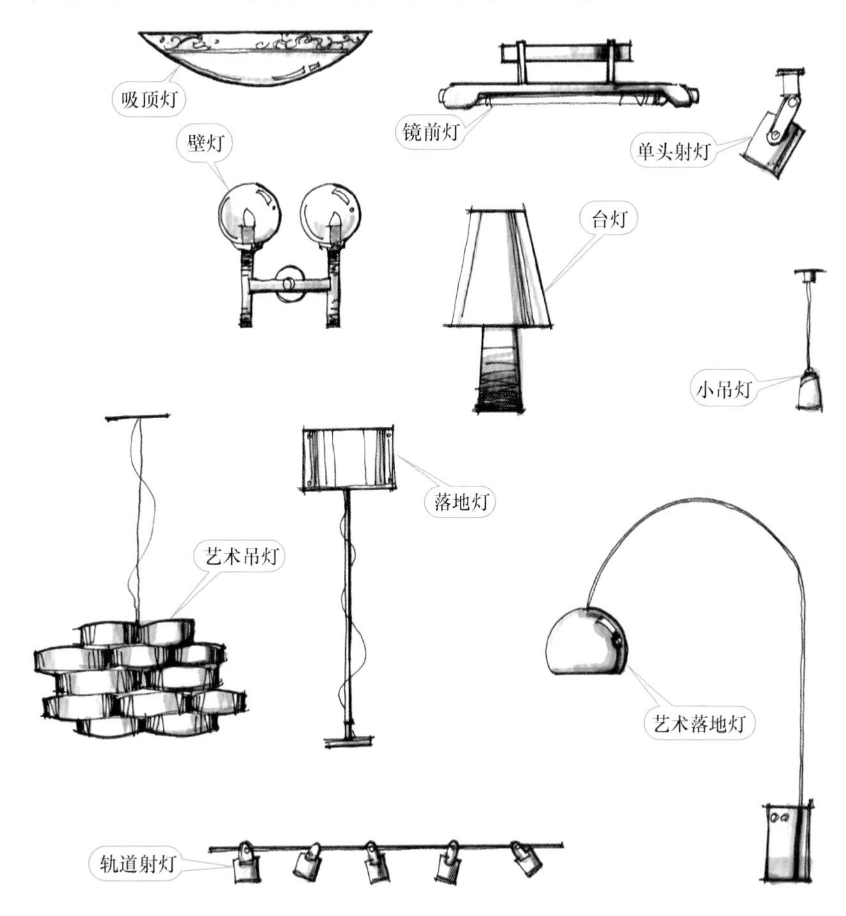

第八章　居住空间室内快题设计

第一节　快题设计的方法

一、快题设计的内容

快题设计对培养创造力和表现力起着重要作用。快题设计要求脑手并用，在规定的时间里完成从构思、设计到绘制图样的全过程。在室内设计中，居住空间的快题设计属于比较简单的部分，因为空间相对较小，功能单一，绘制图量不多，所以限定的设计时间也比较短，要求学生能够思维敏捷、制图高效。

除了作为学习设计的必修部分外，学习快题设计主要还有两方面的原因：一是与甲方沟通方案有时需要有敏捷的设计思路及现场绘制图样的能力；二是设计类专业考试都采用快题设计的方式。

下面以全国室内装饰设计员的试题单为例，说明快题设计的内容。

（1）规定时间：240 分钟。

（2）操作条件：绘图台、绘图板、草图纸、坐标纸、图纸（鉴定纸）、绘图工具、丁字尺、三角板、比例尺、室内设计模板、橡皮、铅笔、针管笔、彩铅或马克笔。

（3）操作内容：

1）根据给出的房型图，按 1∶50 比例绘制平面布置图。

2）按 1∶50 比例绘制顶面图。

3）按 1∶30 比例绘制主要立面图。

4）绘制效果图。

5）撰写 150 字左右的设计说明。

（4）操作要求：

1）布置合理。

2）设计图清晰、图面整洁。

3）材质与尺寸标注正确。

4）按线型要求绘制。

5）设计说明表达正确。

二、快题设计的特点

（1）时间短：快题设计是指在十分有限的时间里做出一个比较完整的居室设计。这就需要平时多练习，练出自己的一套熟练的表达方式。由于时间短，因此要求在平时的学习中注意收集和积累素材，以便应试时能压缩方案构思的时间。除了要在宏观上注意各功能模块的组织外，还需从形式上下功夫。学习方法——“先局部，后专项”“先临摹，后创作”“先熟练，后速度”。表现方法应具有相对的稳定性。

（2）弄清考点、功能合理：在考题中往往有许多明要求和暗要求，动手设计前要多花些时间在分析命题上。如命题中提出居住者喜欢在家会友，则暗示客厅设计的重要性；喜欢园艺，则要考虑园艺空间的设置。考试的时候一定要先把考点弄清楚，功能流线正确，动静分区明确，符合基本的规范，概念构思不用非常强调，把该解决的问题解决就可以了。

（3）创意要求不高：快题考的是训练，对设计的熟练，解决基本问题的能力。把题目给的条件理解清楚了再表达在图面上即可，不用很花哨，目的是展现自己的设计功底。

（4）制图正确：快题设计考试采用的是减分制，制图的任何错误都是减分的理由。

（5）图面效果好：快题考试的时间短，阅卷教师阅卷的时间也短，因为他们往往要同时批阅大量的试卷，因此图面效果在印象分中占有相当大的比重。

三、快题设计的时间安排

在考试的时候，最困扰考生的莫过于时间不够，许多考生无法完成考试内容。而阅卷时，一般来说对于缺图的试卷一律按不及格处理，因此，不论试卷的质量如何，完成要求的图量是考试的第一任务，快题设计的时间就显得格外重要。不同的快题考试对图量的要求也不同，考生应该根据自己的特长、性格特点及考试的要求，在考试前预先分配好时间。以 4 小时（240 分钟）为例，可以按照以下时间分配进行设计：

（1）研究命题（10 分钟）。这可能是整个快题设计最重要的 10 分钟，就像航行的舵手，这 10 分钟决定了整个设计的方向。一旦分析错误，可能“全军覆没”，因此不能大意。有些人属于慢热型，很难在考试最初的 10 分钟内静下心来，进入状态。对于这样的人，建议将这 10 分钟推迟一下，把状态最好的时候留给研究命题。之前可以先做一点不用太动脑子的事情，如按比例缩放基地图。

（2）设计、构图（40 分钟）。这部分是与缩放基地图同时进行的，因为大部分考卷提供的基地图都只标明尺寸，而不是按比例提供。做设计和画草图则一定要按照比例，否则尺寸感就会乱。缩放基地图有个小窍门——可以先将基地图绘制在考试的鉴定纸上，做草图设计时再将拷贝纸蒙在基地图上，可以有效地节省时间。另一个窍门是使用坐标纸，将草图纸蒙在坐标纸上可以绘制出比例准确的草图。

（3）绘制平面图（60 分钟）。这是所有图样中最重要的一张，因此花的时间也最长。一般来说比较快速的方法是使用工具和铅笔绘制底图，底图要比例正确，无需过于详细，关键是能为墨线图提供控制线。墨线可以徒手绘制，这样在绘制细节上速度快，整个平面图可以一气呵成。平面图最好用彩铅或马克笔上色，上色的深度要视时间而定，在分配的时间里尽量表现得完整一些。比上色更重要的是文字的标注，要标明尺寸、功能和材料。

（4）顶面图（40 分钟）。顶面图无需花哨，属于纯功能图样，但是要准确地注明标高和材料。

（5）立面图（40 分钟）。立面图的选择很重要，要选择功能主要且图面效果好的部分。一般来说要画 2 ~4 个立面，而客厅的立面是首选。立面的材料要标注清楚，色彩不用多，简单几笔画出大感觉就可以。

（6）透视图（30 分钟）。这是最难的部分，不能按照标准的阴影透视法去求，那样时间不够。这部分需要平时多练习，从临摹开始，把握透视感。另外，对于功能和空间相对类似的居住空间，也可以采用默背各个功能空间透视角度的方法。

（7）设计说明（10 分钟）。150 字的设计说明只求简明扼要、语句通顺，重要的是表达清楚、准确，不要有太多的抒情和赘述。

（8）检查（10 分钟）。

四、快题设计的工具

快题设计采用手绘制图，基本上只要使用传统制图工具即可。下图显示了常用的快题设计制图工具。

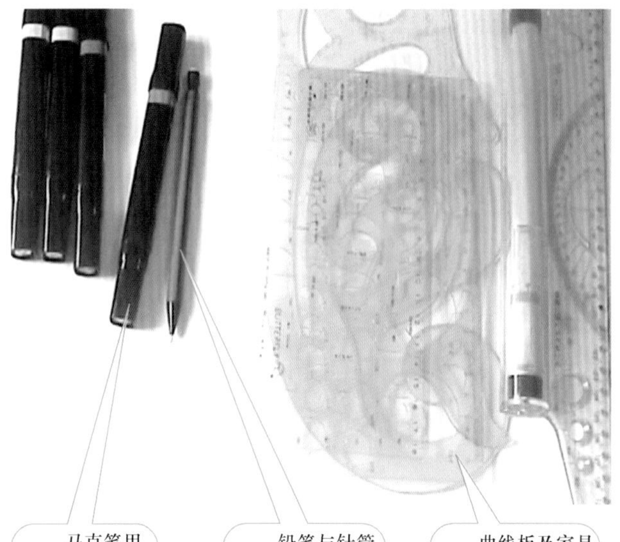

马克笔用于快速上色。
铅笔与针管笔用于绘制草图与正式图。
曲线板及家具制图模板可以大大提高制图速度。

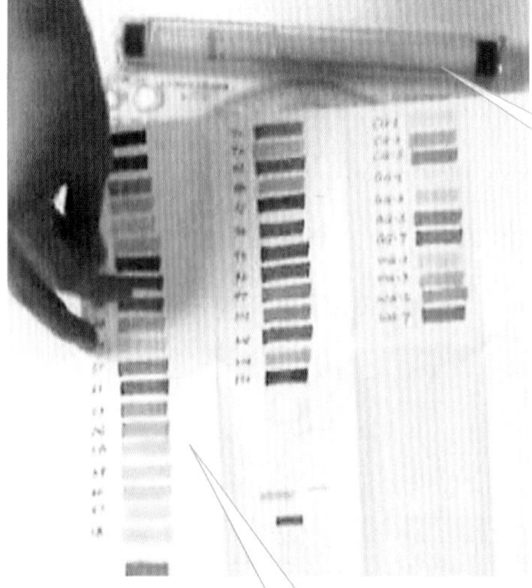

平行尺简化了丁字尺与三角板的功能，比较适合小尺度的快速表现。
使用马克笔的时候要事先绘制好色卡，以使用最快的速度选择合适的色彩。

快题设计的方法

第二节　快题设计的步骤

下面以一个考题为例，具体说明快题设计的步骤。

➢ 考题：两室一厅快题室内设计。

➢ 时间、图样内容及制图要求：同本章第一节所列举的试题。

➢ 使用者：年轻的新婚夫妇二人。喜爱时尚生活及现代绘画，喜爱在家会友但不善烹调；妻子为自由职业者，藏书较多；小区楼距较小；白天不常使用卧室；衣服较多；有时父母留宿。

➢ 基地图：层高3300，梁高400，楼板厚120。(见下图)

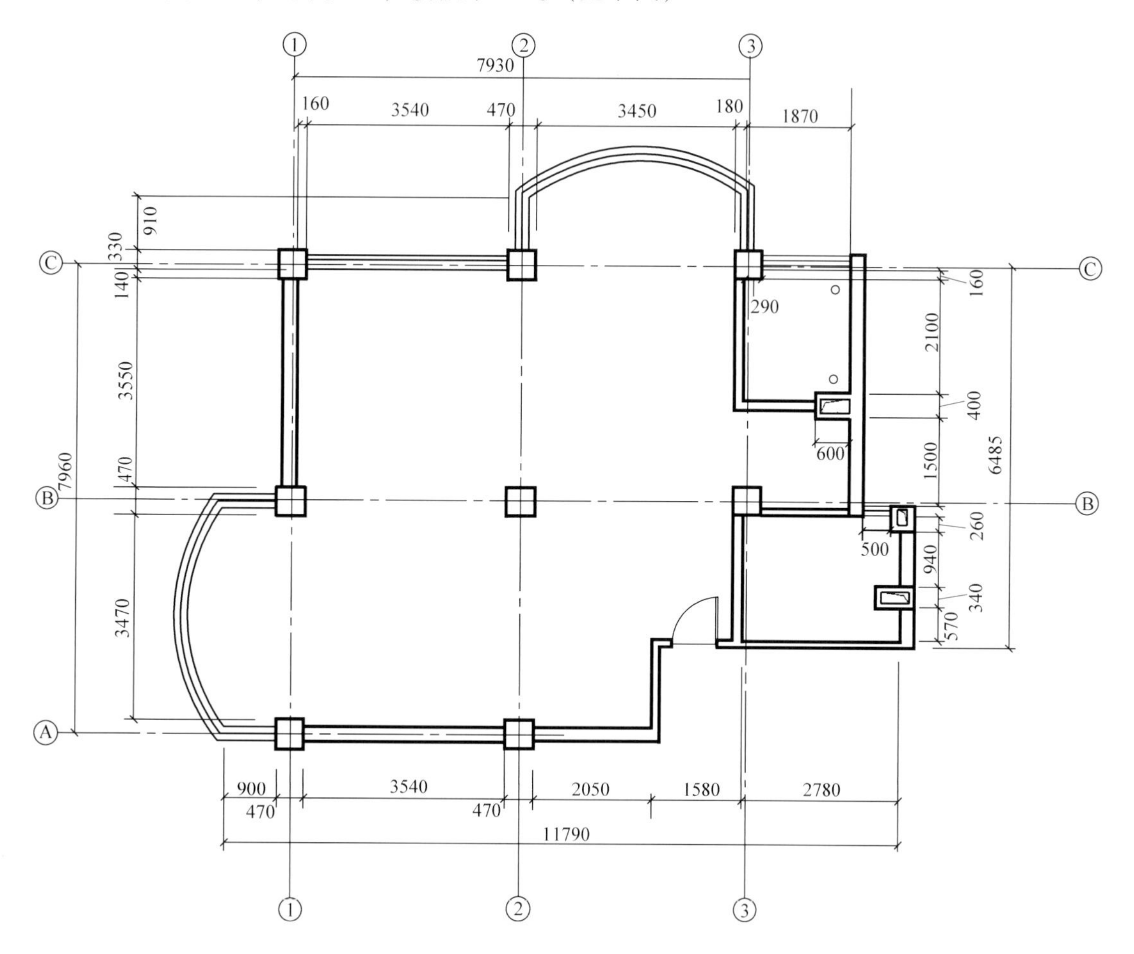

一、快题的设计

1. 命题分析

考题的每一个要求都会成为阅卷老师的评分标准，因为每项要求都有潜台词。在动手做设计之前一定要仔细分析命题，不要着急动手。分析命题会让之后的工作达到事半功倍的效果。针对同一个命题，不同的学生可能会有不同的解决方案，答案不是唯一的，但是一定要在设计中体现出来。下面尝试分析本考题的命题潜台词。

（1）喜爱时尚生活及现代绘画：

➢ 平面布置大胆创新，但要符合基本功能要求。

➢ 设计时考虑摆放现代绘画作品的空间。

（2）喜爱在家会友但不善烹调：

➢ 注重客厅的设计，可以将其表示为个性张扬的场所。

➢ 考虑多人使用客厅，空间尽可能开敞，有条件的话可为主人及客人设计酒水吧台。

➢ 厨房空间不必太大，在满足基本功能的前提下以美观为首选。

➢ 餐厅不必考虑客人用餐。

（3）妻子为自由职业者，藏书较多：

➢ 设计妻子工作的独立书房，基于使用者为新婚夫妇，可以考虑双人使用。

➢ 考虑一定量的藏书空间。

（4）小区楼距较小：

➢ 卧室考虑私密性。

（5）白天不常使用卧室：

➢ 卧室不一定向阳。

➢ 卧室考虑隔声、隔光。

（6）衣服较多：

➢ 需要增加一定量的贮藏空间。

（7）有时父母留宿表示：

➢ 要有一间客房或多用途的客房。

2. 绘制草图前的准备工作

考试中的时间是十分宝贵的，组织工作时效率就变得十分重要，有些工作可以结合起来一起做。如考题中的基地图往往是没有准确比例的，但是完成的图样却要求按比例绘制。因此，可以先在答题纸上绘制出准确比例的基地图，这张基地图之后将会用来绘制平面图。草图阶段则利用这张基地图构思方案。（见下页图）

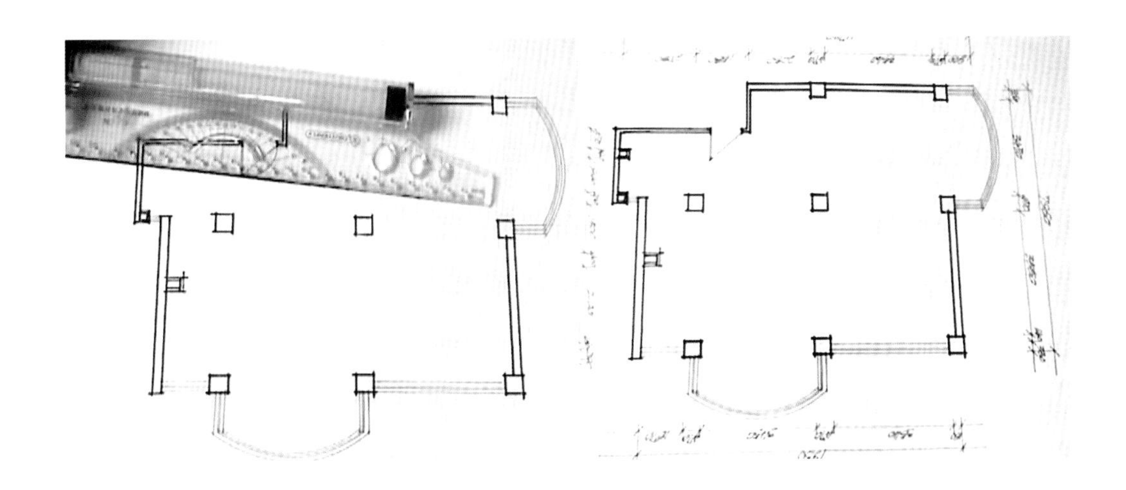

将事先准备好的草图纸蒙在按比例绘制好的基地图上，快速描出墙体、柱体及门窗的位置。方案草图就在这张草图纸上进行绘制。（见下图）

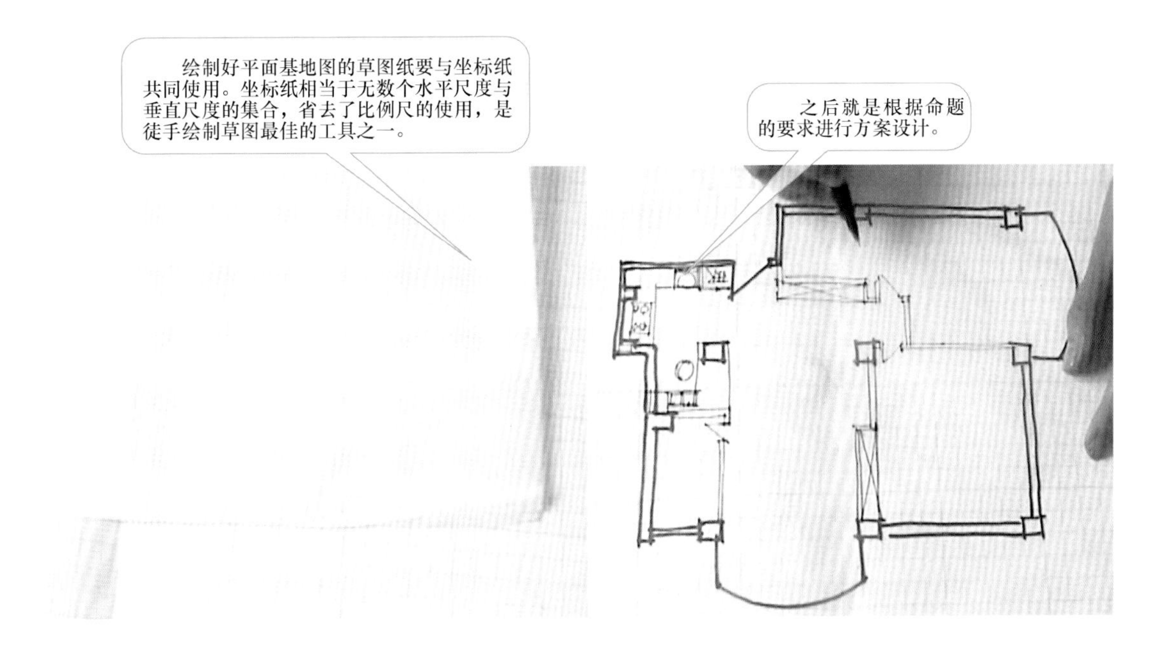

绘制好平面基地图的草图纸要与坐标纸共同使用。坐标纸相当于无数个水平尺度与垂直尺度的集合，省去了比例尺的使用，是徒手绘制草图最佳的工具之一。
之后就是根据命题的要求进行方案设计。

3. 设计的思路

如前所述，不要期望在短暂的考试时间内做出完美的设计。因此，不要花太多时间在创意上面，而应该集中力量解决命题的要求。（见下页图）

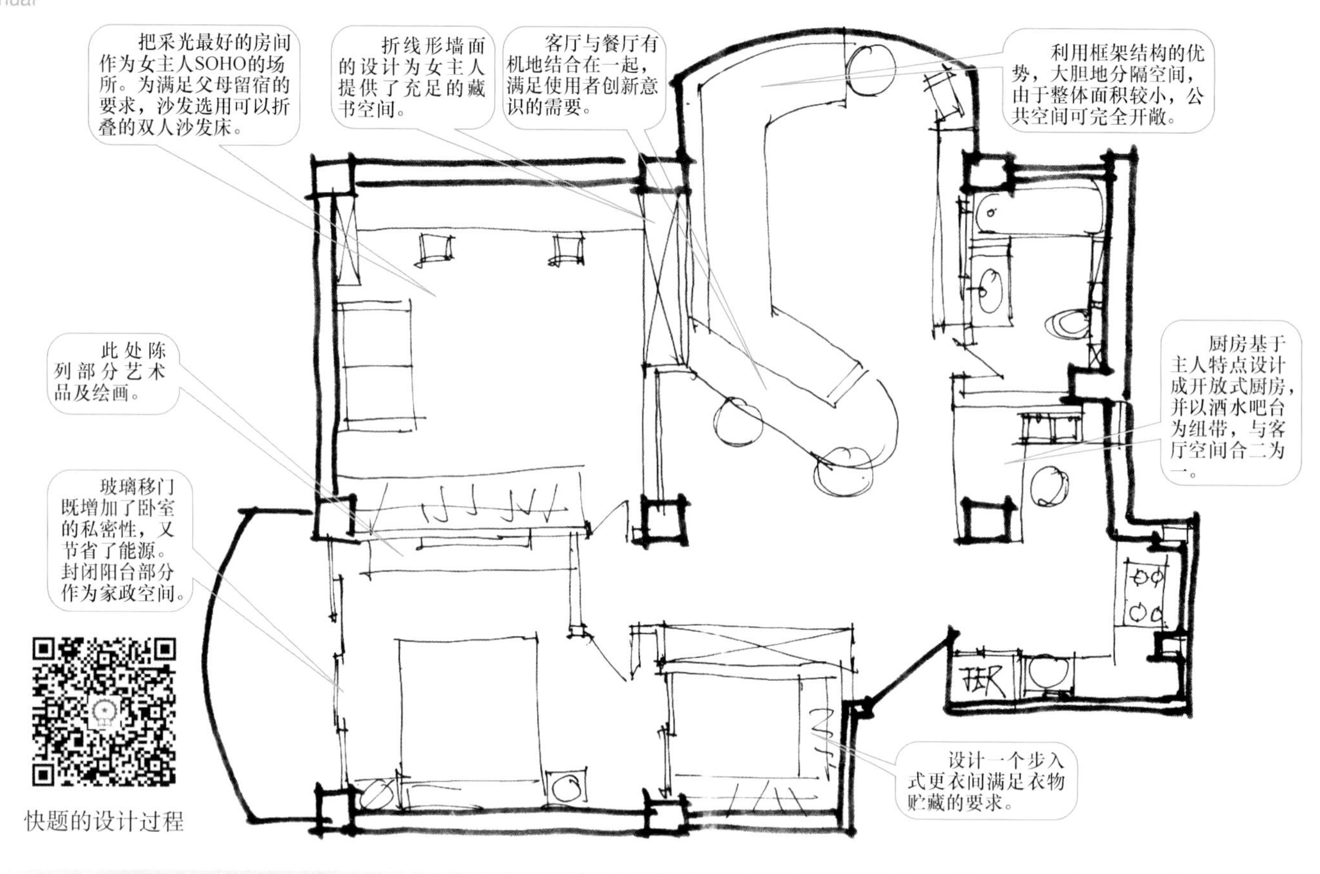

把采光最好的房间作为女主人SOHO的场所。为满足父母留宿的要求，沙发选用可以折叠的双人沙发床。
折线形墙面的设计为女主人提供了充足的藏书空间。
客厅与餐厅有机地结合在一起，满足使用者创新意识的需要。
利用框架结构的优势，大胆地分隔空间，由于整体面积较小，公共空间可完全开敞。
此处陈列部分艺术品及绘画。
厨房基于主人特点设计成开放式厨房，并以酒水吧台为纽带，与客厅空间合二为一。
玻璃移门既增加了卧室的私密性，又节省了能源。封闭阳台部分作为家政空间。
设计一个步入式更衣间满足衣物贮藏的要求。

快题的设计过程

二、快题平面图的绘制

1. 墨线图

方案设计完成之后，就可以将其绘制在正式答题纸上了。因为之前已经按比例绘制好基地图，这就使绘制平面图的速度大大增加。一般采用铅笔工具打底稿，徒手加墨线。（见下图及下页图）

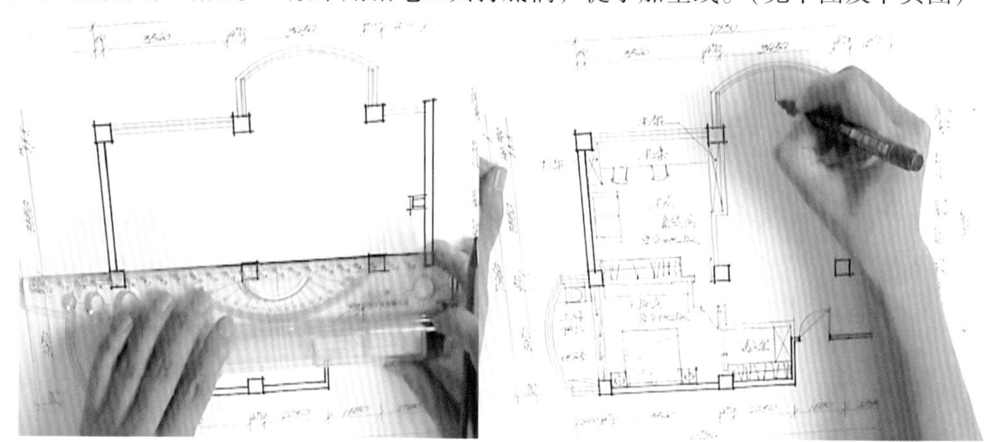

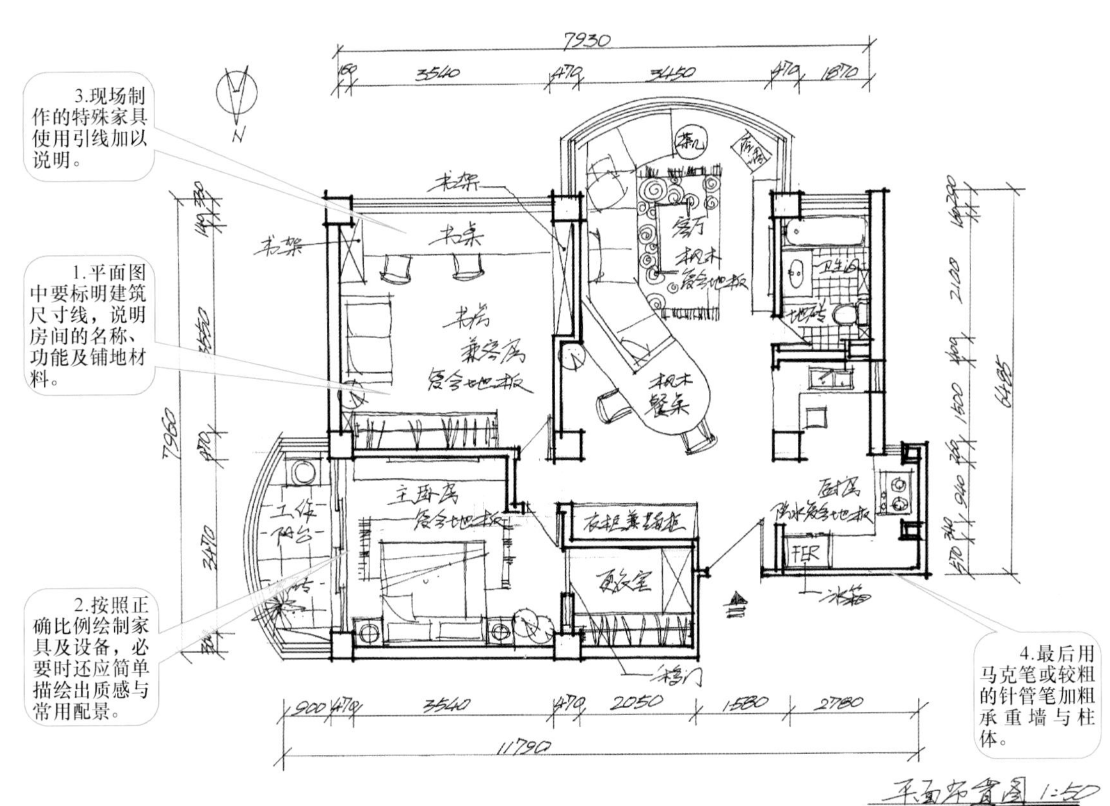

3.现场制作的特殊家具使用引线加以说明。
1.平面图中要标明建筑尺寸线，说明房间的名称、功能及铺地材料。
2.按照正确比例绘制家具及设备，必要时还应简单描绘出质感与常用配景。
4.最后用马克笔或较粗的针管笔加粗承重墙与柱体。
平面布置图 1:50

2. 彩色平面图

彩色平面图一般采用彩色铅笔和马克笔绘制，因为这两种工具携带方便，对制图纸要求不高，而且比较简单，常作为快速表现的工具。快题考试中，有以下两种方法绘制彩色平面图。（见右图）

（1）图例上色法：将不同类型的家具、配景用不同的颜色表示，便于识图。

（2）写实上色法：这种上色法比图例上色法更加细腻，因此也需要更多的时间，考试时要根据考生自身的特点酌情选择。写实上色法更注重图面的真实效果，往往需要彩色铅笔

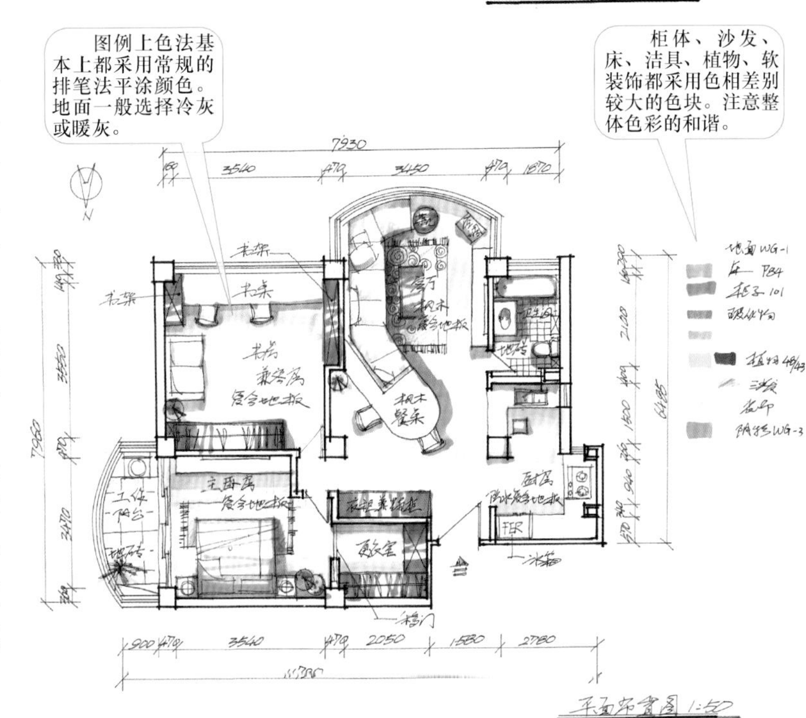

图例上色法基本上都采用常规的排笔法平涂颜色。地面一般选择冷灰或暖灰。
柜体、沙发、床、洁具、植物、软装饰都采用色相差别较大的色块。注意整体色彩的和谐。
平面布置图 1:50

与马克笔叠加使用。（见下图）

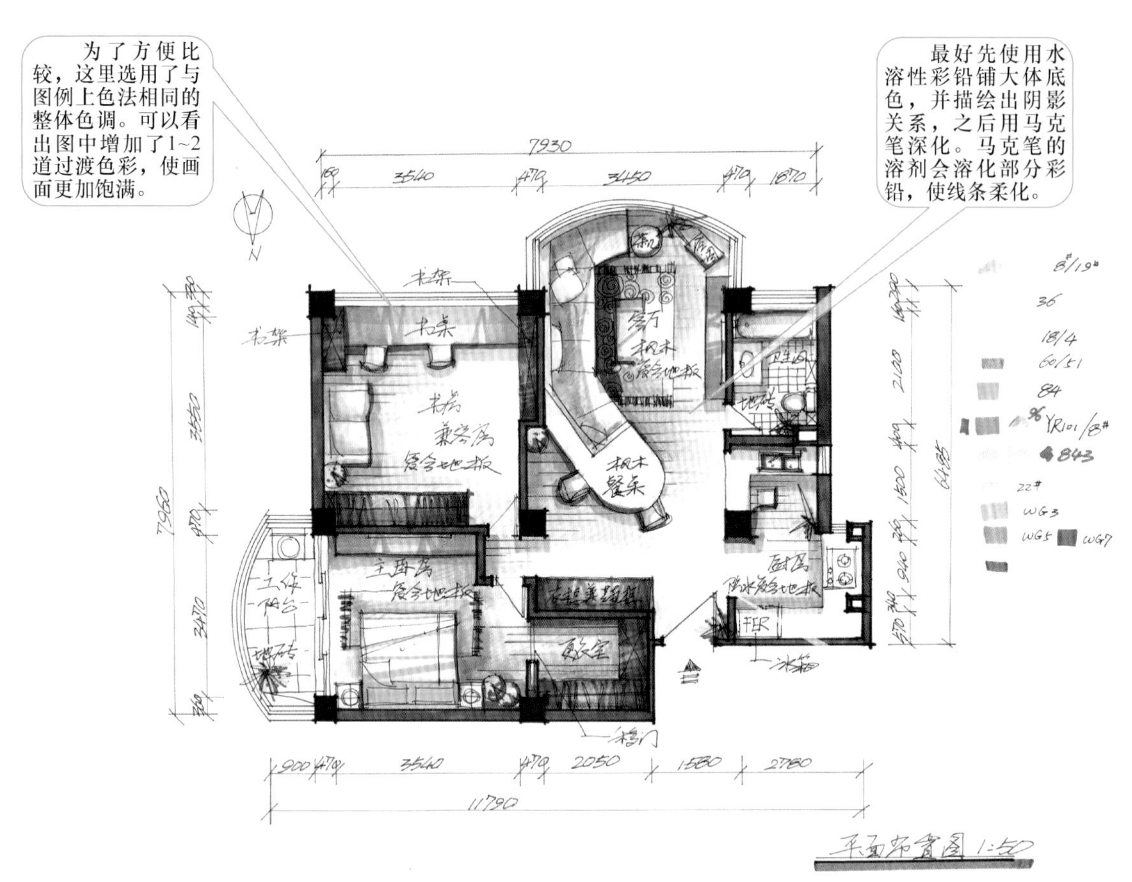
为了方便比较，这里选用了与图例上色法相同的整体色调。可以看出图中增加了1~2道过渡色彩，使画面更加饱满。
最好先使用水溶性彩铅铺大体底色，并描绘出阴影关系，之后用马克笔深化。马克笔的溶剂会溶化部分彩铅，使线条柔化。
7930
3540
3450
1670
11790
3540
2050
1580
2780
7960
客厅
枫木
餐桌
书房
主卧房
厨房
卫生间
冰箱
平面布置图 1:50

快题平面图的绘制

三、快题顶面图的绘制

顶面不必用草图纸详细设计后再上正式图，可以直接参考平面图绘制在答题纸上。顶面的设计重点是合理，要与平面的布局相对应。此外，灯具的选择不要过于单一，不同色光、不同形式的灯具可以组合使用，使室内照明效果细腻、有序。（见下页图）

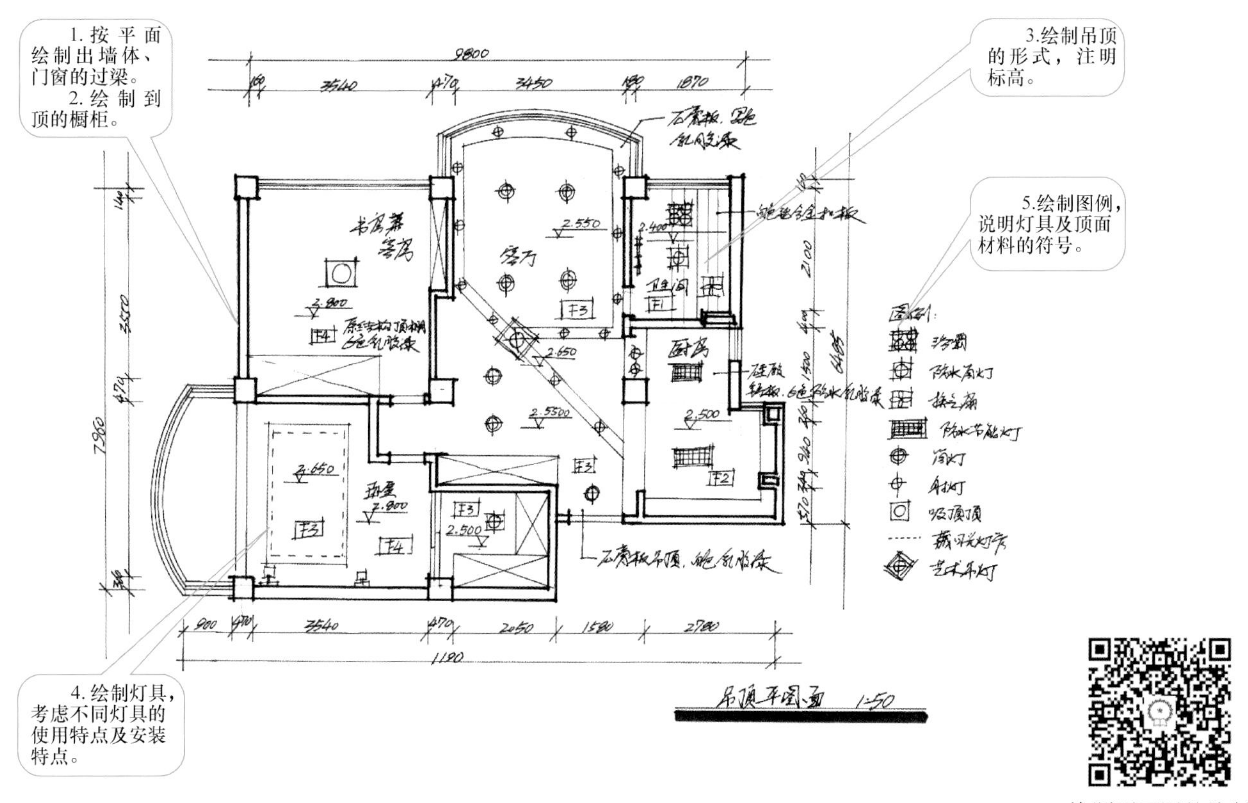

1. 按平面绘制出墙体、门窗的过梁。
2. 绘制到顶的橱柜。
3.绘制吊顶的形式，注明标高。
5.绘制图例，说明灯具及顶面材料的符号。
4. 绘制灯具，考虑不同灯具的使用特点及安装特点。
9800
3540
3450
1870
2050
1580
2780
2.550
2.650
2.500

快题顶面图的绘制

四、快题立面图的绘制

立面图要选择能代表方案特色的主要墙面，如客厅、书房、卧室的墙面。绘制立面时最好不要将墙体断开，只画一部分，墙面要绘制完整。对于较开放的居室空间，客厅、厨房、玄关可能共用一面墙，那么绘制时要将此墙完全绘制进去。（见下图）

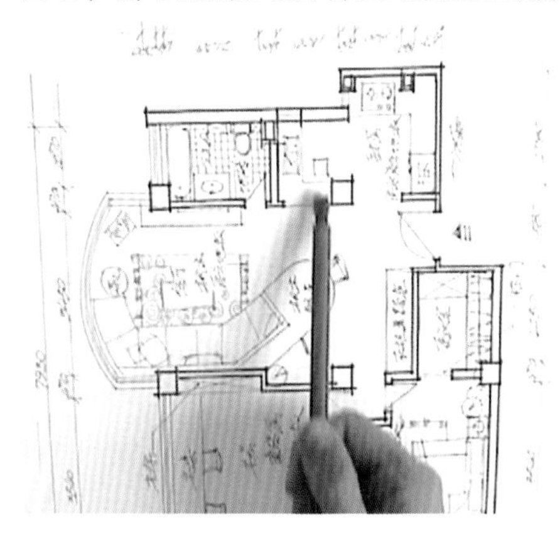

立面图不必绘制顶面的构造形式，只要绘制出墙面与顶面、梁的交界线即可。一般的快题考试立面图会要求1∶30绘制，因此考生一定要带上比例尺。如果没有比例尺，那么图面尺寸为实际尺寸除以30。立面图不必绘制楼地板，但它的外框和底线要加粗。（见下图）

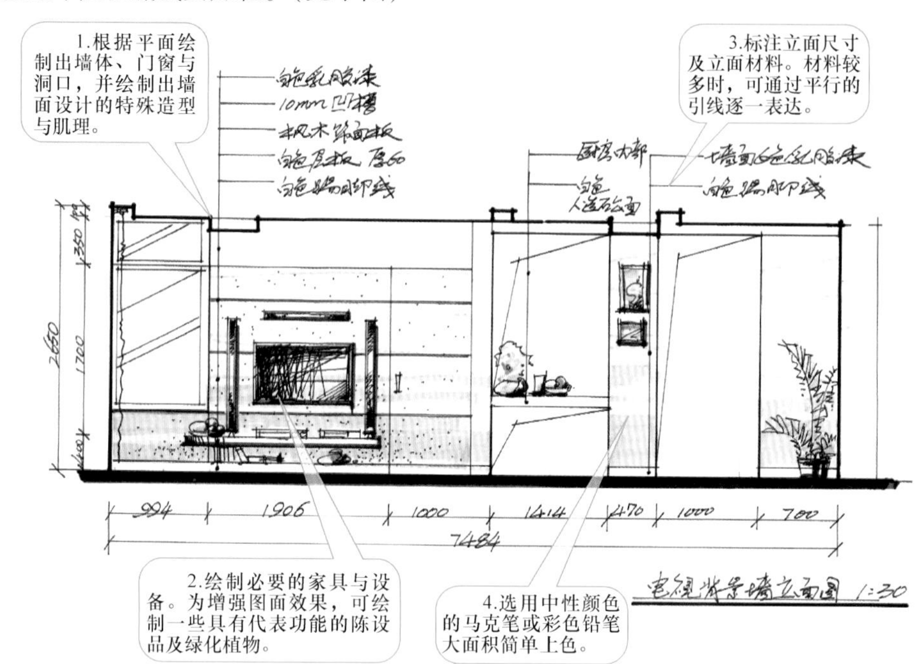

快题立面图的绘制

五、快题透视图的绘制

透视图的具体画法已经在第二篇中详细说明。这里简单介绍一下如何在快题考试的短时间内绘制出一张透视准确的效果图。以上面的方案为例，采用七个步骤绘制一张卧室的效果图。（见下图）

步骤一：按比例绘制真高面。

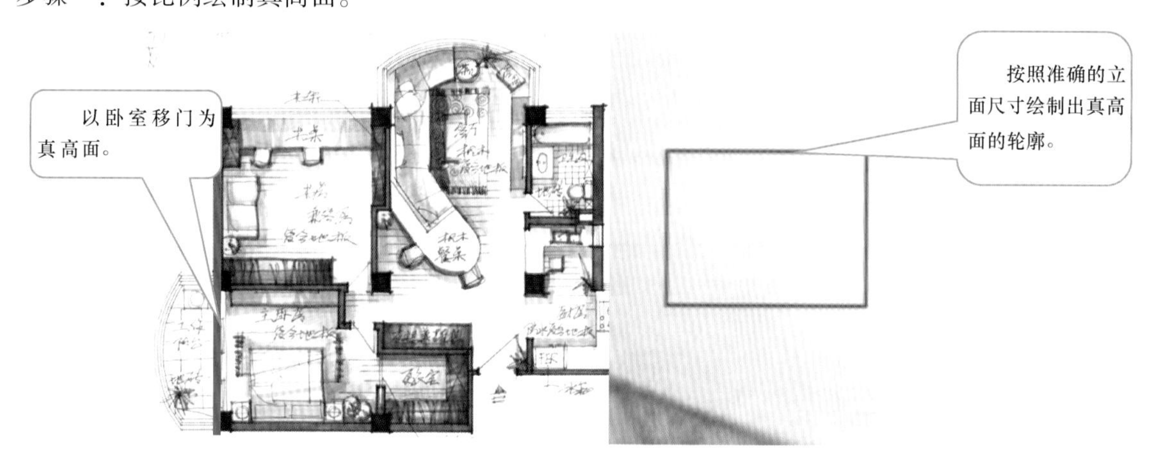

步骤二：定视高及灭点。

一般来说视高定在1.2～1.5m绘制出的透视感比较接近人的视觉习惯。切忌视线过高，那样不仅会失真，而且会因为要绘制更多桌面、台面而增加很多工作量。（见右图）

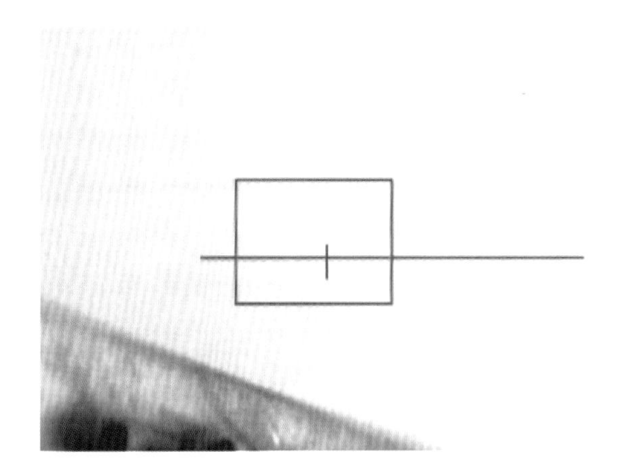

快速设计中采用简单的一点透视是省时的窍门之一。灭点不要居中，这样画出来的空间是非对称的。灭点的位置要距离主要表现的面远一点，接近次要表现的面。

步骤三：采用棋盘格法控制空间大小。

根据真高面上的开间将空间分成棋盘格。进深的格子不用准确求得，只要凭视觉习惯绘制即可。（见下图）

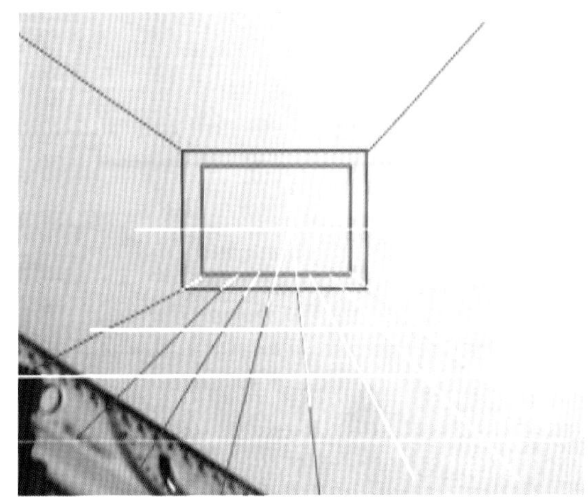

步骤四：在真高面上量取真高控制线。

根据真高面上的尺寸与棋盘格可以定出房间内个家具的位置与大小。高度方向的尺寸也在真高面上量取。（见下图）

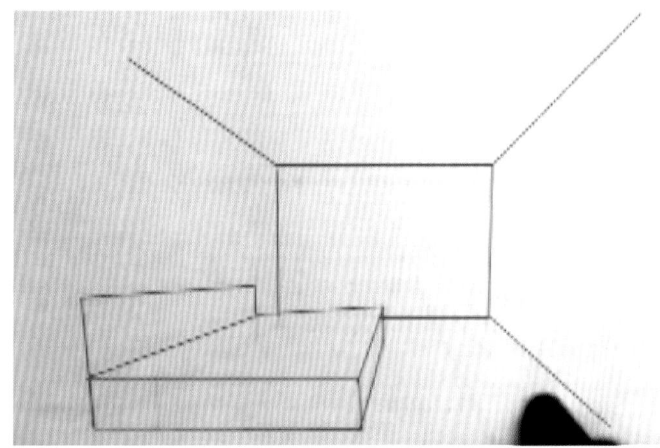

步骤五：完成框架。

步骤六：由前至后上墨线，同时添加配景。（见下图）

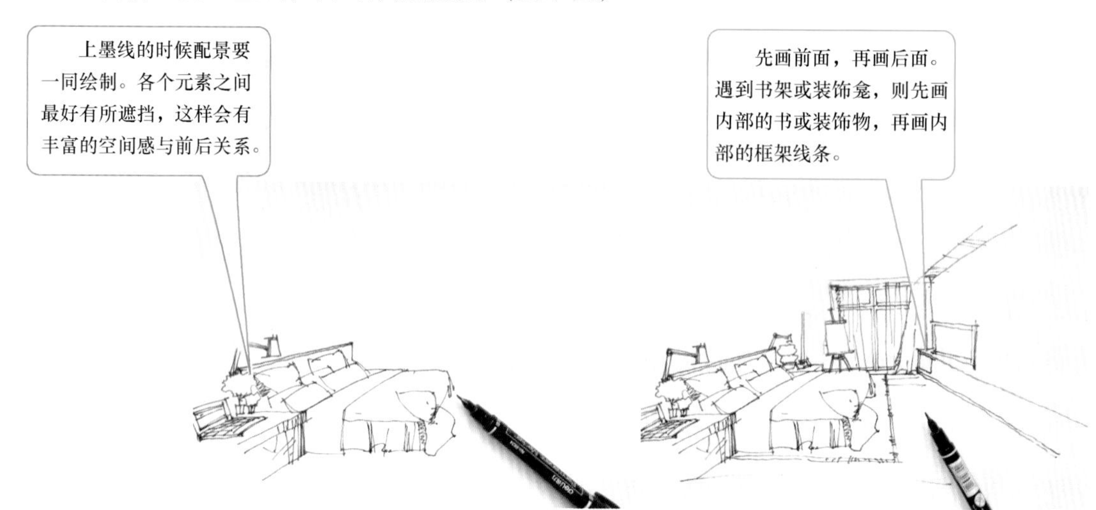

上墨线的时候配景要一同绘制。各个元素之间最好有所遮挡，这样会有丰富的空间感与前后关系。
先画前面，再画后面。遇到书架或装饰龛，则先画内部的书或装饰物，再画内部的框架线条。

步骤七：确定色彩组合，采用叠加法上色。（见下图及下页图）

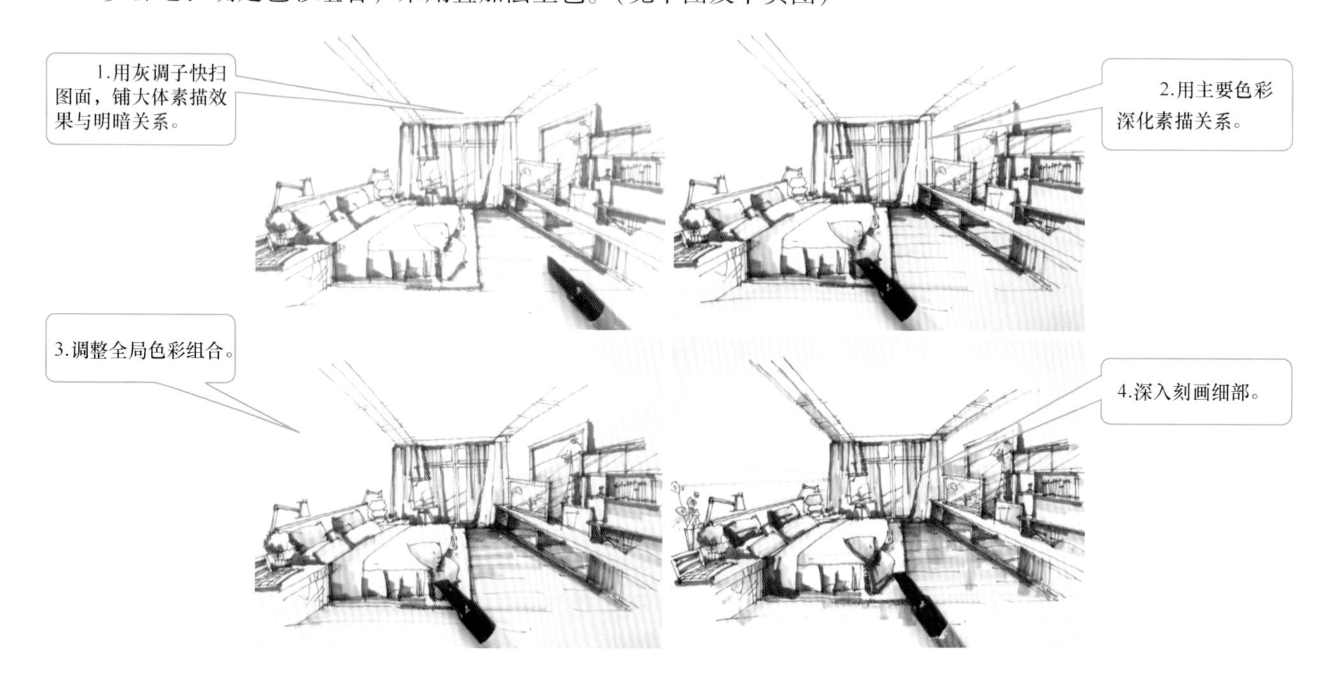

1.用灰调子快扫图面，铺大体素描效果与明暗关系。
2.用主要色彩深化素描关系。
3.调整全局色彩组合。
4.深入刻画细部。

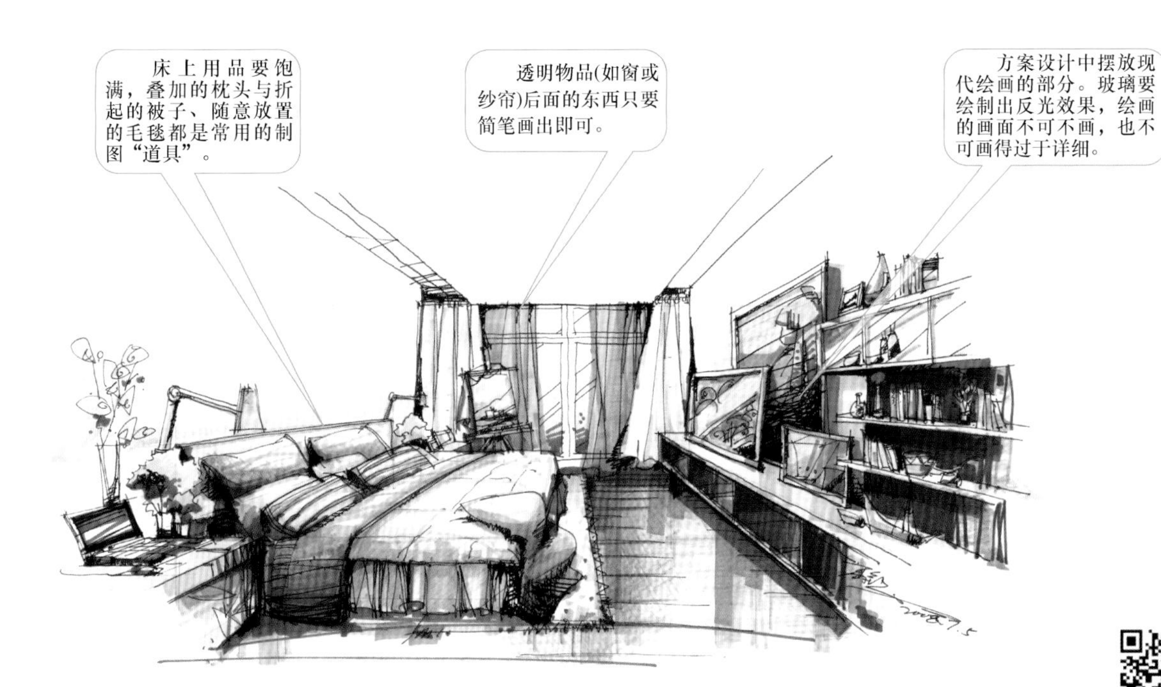
床上用品要饱满，叠加的枕头与折起的被子、随意放置的毛毯都是常用的制图“道具”。
透明物品(如窗或纱帘)后面的东西只要简笔画出即可。
方案设计中摆放现代绘画的部分。玻璃要绘制出反光效果，绘画的画面不可不画，也不可画得过于详细。

透视图的快速表现

附录A　室内设计大作业评分标准

序　号	阶　段	总　分	分数控制体系	分项分值
1	创意表达	5	语言表达清晰	2
2			准确地描述感官的感受及相应产生的情感	2
3			将此情感进行引申思考	1
4	图形表达	15	选择的图片图形能够很好地表达情感内涵	5
5			图形展示构图和谐，符合构成原理	5
6			展示板具有美感	5
7	空间设计	20	空间设计及造型创意新颖	5
8			空间尺度合理、咬合紧密	5
9			空间心理与要表达的概念一致	5
10			满足基本使用功能	5
11	色彩、材质设计	15	材质选择定位准确	5
12			色彩设计整体感强	5
13			色彩及材质设计有创意	5
14	陈设家具配置	10	陈设、家具选择与整体方案统一	4
15			能够很好地烘托、提升设计效果	2
16			陈设、家具配置符合使用功能	4
17	图样	10	图样符合制图标准	6
18			图样表达清晰	7
19			图面效果好	7
20	模型	15	模型制作方法正确	3
21			模型制作材料准确、做工精良	2
22			正确地表达方案	5
23			模型视觉效果良好	5
总计		100		100

附录 B　二维码视频目录

参考文献

[1] 詹妮·吉布斯. 室内设计培训教程 [M]. 陈德民，浦焱青，译. 上海：上海人民美术出版社，2006.
[2] 来增祥，陆震纬. 室内设计原理 [M]. 北京：中国建筑工业出版社，2002.
[3] 劳动和社会保障部教材办公室，上海职业培训指导中心. 室内装饰设计 [M]. 北京：中国劳动社会保障出版社，2005.
[4] 张绮曼，郑曙旸. 室内设计资料集 [M]. 北京：中国建筑工业出版社，1991.
[5] 苏丹. 住宅室内设计 [M]. 北京：中国建筑工业出版社，1999.
[6] 吴剑锋，林海. 室内与环境设计实训 [M]. 上海：东方出版中心，2008.
[7] 张绮曼. 室内设计的风格样式与流派 [M]. 北京：中国建筑工业出版社，2002.
[8] 徐令. 室内设计 [M]. 北京：中国水利水电出版社，2007.
[9] 格兰·W. 雷德. 景观设计绘图技巧 [M]. 王俊，韩燕芳，译. 合肥：安徽科学技术出版社，1998.
[10] 倪霞娟，吴明珠，葛敏敏. 建筑制识图与构造 [M]. 上海：中国纺织大学出版社，2001.